数控机床
装调与维修

主　编　韩鸿鸾　王吉明
副主编　王大伟　陈黎丽　王秀珠
参　编　陈青　王向阳　卢亮亮　王鹏
主　审　李书伟

中国电力出版社
CHINA ELECTRIC POWER PRESS

内 容 提 要

本书根据《教育部关于"十二五"职业教育教材建设的若干意见》及教育部新颁布的《中等职业学校专业教学标准（试行）》与《高等职业学校专业教学标准（试行）》，同时参考《数控机床装调维修工》职业资格标准编写的。本书包括数控机床装调维修的基础、数控机床的强电与抗干扰技术、数控系统的装调与维修、数控机床主传动系统的装调与维修、数控机床进给传动系统的装调与维修、自动换刀装置的装调与维修、数控机床辅助装置的装调与维修及数控机床的安装与验收 8 个模块的内容，在每一模块后列有综合测试，书后还附有数控机床装调与维修大赛试题，以供读者应用。

本书适用于中高职高专、成人教育高校及本科院校的二级职业技术学院、技术（技师）学院、高级技工学校、继续教育学院和民办高校机电专业、数控专业作为教材使用；也可作为数控机床装调与维护人员的岗位培训教材和参考书。

图书在版编目（CIP）数据

数控机床装调与维修/韩鸿鸾，王吉明主编. —北京：中国电力出版社，2016.1（2016.8重印）
ISBN 978-7-5123-8005-9

Ⅰ.①数…　Ⅱ.①韩…②王…　Ⅲ.①数控机床-安装-中等专业学校-教材②数控机床-调试方法-中等专业学校-教材③数控机床-维修-中等专业学校-教材　Ⅳ.①TG659

中国版本图书馆 CIP 数据核字（2015）第 154303 号

中国电力出版社出版、发行
（北京市东城区北京站西街 19 号　100005　http://www.cepp.sgcc.com.cn）
汇鑫印务有限公司印刷
各地新华书店经售

*

2016 年 1 月第一版　2016 年 8 月北京第二次印刷
787 毫米×1092 毫米　16 开本　23.25 印张　571 千字
印数 2001—4000 册　定价 **59.00** 元

前 言

　　数控机床的装调与维修指的是对数控机床进行保养、安装和调试，并且当数控机床出现故障时，能够对其故障现象进行检查和分析，确认故障原因，完成维护与维修的综合能力和技术，是数控机床大量应用在现代化制造业中不可或缺的重要环节。

　　本书根据《教育部关于"十二五"职业教育教材建设的若干意见》及教育部新颁布的《中等职业学校专业教学标准（试行）》与《高等职业学校专业教学标准（试行）》，同时参考《数控机床装调维修工》职业资格标准编写的。本书包括数控机床装调维修的基础、数控机床的强电与抗干扰技术、数控系统的装调与维修、数控机床主传动系统的装调与维修、数控机床进给传动系统的装调与维修、自动换刀装置的装调与维修、数控机床辅助装置的装调与维修及数控机床的安装与验收 8 个模块的内容，在每一模块后列有综合测试，书后还附有数控机床装调与维修大赛试题，以供读者应用。

　　本书由威海职业学院的韩鸿鸾与王吉明任主编，王大伟、陈黎丽、王秀珠任副主编，河南省周口市技工学校的李书伟任主审。其中，威海职业学院韩鸿鸾编写模块三，威海职业学院的王吉明编写模块五，东营市技师学院王大伟编写模块一，东营市技师学院王向阳编写模块二，东营市技师学院卢亮亮编写模块四，西安电子科技大学陈黎丽编写模块六，威海工业学校的王鹏与山东邹城市第五中学的王秀珠编写模块七，威海职业学院的陈青编写模块八。

　　本书在编写过程中，参阅了国内外出版的有关教材和资料，得到了全国数控网络培训中心、常州技师学院、临沂技师学院、东营职业学院、烟台职业学院、华东数控有限公司、山东推土机厂、联桥仲精机械有限公司（日资），豪顿华工程有限公司（英资）的有益指导，在此一并表示衷心感谢！

　　由于编者水平有限，书中不妥之处在所难免，恳请读者批评指正。

编 者

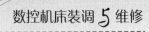

目　录

前言

模块一　数控机床装调维修的基础 1
　　任务一　认识数控机床 1
　　任务二　认识数控机床装调维修常用工具 22
模块二　数控机床的强电与抗干扰技术 33
　　任务一　认识数控机床的强电部分 33
　　任务二　认识数控机床的抗干扰技术 49
模块三　数控系统的装调与维修 60
　　任务一　数控系统硬件的连接 60
　　任务二　数控系统的参数设置 77
　　任务三　数控系统参数的备份与恢复 84
模块四　数控机床主传动系统的装调与维修 95
　　任务一　认识数控机床主传动系统 96
　　任务二　数控机床主传动系统装调与维修 112
　　任务三　主轴驱动的装调与维修 124
模块五　数控机床进给传动系统的装调与维修 145
　　任务一　认识数控机床的进给传动 146
　　任务二　滚珠丝杠螺母副装调与维修 155
　　任务三　数控机床用导轨装调与维修 168
　　任务四　进给驱动系统的装调与维修 184
　　任务五　数控机床有关参考点的安装与调整 198
　　任务六　反向间隙与螺距误差的补偿 209

模块六　自动换刀装置的装调与维修 ………………………………………… 228

　　任务一　刀架换刀装置的装调与维修 ………………………………………… 230

　　任务二　刀库的装调与维修 ………………………………………………… 243

　　任务三　换刀机械手的装调与维修 ………………………………………… 255

模块七　数控机床辅助装置的装调与维修 …………………………………… 271

　　任务一　数控车床辅助装置的装调与维修 ………………………………… 272

　　任务二　数控铣床/加工中心辅助装置的装调与维修 ……………………… 281

　　任务三　数控机床其他辅助装置的装调与维修 …………………………… 298

模块八　数控机床的安装与验收 ……………………………………………… 313

　　任务一　数控机床的安装 …………………………………………………… 314

　　任务二　数控机床的精度检验 ……………………………………………… 321

附录A　数控机床装调维修工中技大赛样题 ………………………………… 339

附录B　数控机床装调维修工高技大赛样题 ………………………………… 350

附录C　综合测试答案 ………………………………………………………… 362

参考文献 ……………………………………………………………………… 365

模块一

数控机床装调维修的基础

　　数控机床是高精度和高生产率的自动化机床，其加工过程中的动作顺序、运动部件的坐标位置及辅助功能等都是通过数字信息自动控制的。整个加工过程由数控系统通过数控程序控制自动完成。期间，操作者一般不进行干预，不像在普通机床上那样，可以人工随时控制与干预，进行薄弱环节和缺陷的人为补偿。因此，数控机床在结构与控制上，提出了比普通机床更高的要求。

模块目标

　　通过本模块的学习要求学生能够掌握数控机床的工作原理、数控机床的组成、数控机床机械维修常用工具、仪表，了解数控机床的分类方法、数控机床维修常用仪器；掌握闭环、半闭环数控机床的工作原理，掌握数控机床的分类。

任务一　认识数控机床

任务引入

　　图 1-1 是在数控机床上加工零件的照片，数控机床是现代机械工业的重要技术装备，也是先进制造技术的基础装备。随着微电子技术、计算机技术、自动化技术的发展，数控机床也得到了飞速发展，在我国几乎所有的机床品种都有了数控机床，并且还发展了一些新的品种。通过本任务的实施掌握数控机床的有关知识。

任务目标

- 掌握数控机床的分类
- 掌握数控机床的组成
- 掌握数控机床的特点
- 掌握数控机床的工作原理
- 了解数控机床的产生

图 1-1　数控机床上加工零件

任务实施

理论讲解

在普通机床（如车床、铣床等）上加工零件时，首先要对零件图样进行工艺分析，制定出零件加工工艺规程（工序卡）。工序卡规定了加工工序、使用的机床、刀具、夹具等内容。其次，操作人员根据工序卡的要求，选定切削用量、进给路线和安排工序内的工步等。然后，操作人员按照工步操作普通机床，使刀具对工件进行切削加工，从而得到所需要的零件。

在自动化程度较高的数控机床上，数控系统自动控制机床完成零件的加工。这取代了传统加工方式中的人工操作。数控机床的工作过程如下：首先，操作人员分析零件图样并制定数控加工工艺；其次将零件图样上的几何信息和工艺信息数字化（即编成零件程序），填写加工程序单；再将加工程序单中的内容记录在 CF 卡等控制介质上，然后将该程序送入数控系统；数控系统按照程序的要求，进行相应的运算、处理，然后发出控制命令，使机床的主轴、工作台及各辅助部件协调运动，实现刀具与工件的相对运动，自动完成零件的加工。传统加工与数控加工的比较如图 1-2 所示。

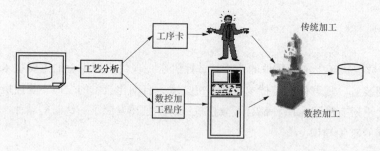

图 1-2　传统加工与数控加工的比较

一、数控机床的产生

1949 年美国空军后勤司令部为了在短时间内造出经常变更设计的火箭零件与帕森斯（John C. Parson）公司合作，并选择麻省理工学院伺服机构研究所为协作单位，于 1952 年研制成功了世界上第一台数控机床。1958 年，美国的克耐·杜列克公司（Keaney&Treeker corp-K&T 公司）在一台数控镗铣床上增加了自动换刀装置，第一台加工中心问世了，现代意义上的加工中心是 1959

年由该公司开发出来的。我国是从 1958 年开始研制数控机床的。

二、基本概念

数字控制（Numerical Control）简称数控（NC），是一种借助数字、字符或其他符号对某一工作过程（如加工、测量、装配等）进行可编程控制的自动化方法。

数控技术（Numerical Control Technology）是指用数字量及字符发出指令并实现自动控制的技术，它已经成为制造业实现自动化、柔性化、集成化生产的基础技术。

数控系统（Numerical Control System）是指采用数字控制技术的控制系统。

计算机数控系统（Computer Numerical Control）是以计算机为核心的数控系统。

数控机床（Numerical Control Machine Tools）是指采用数字控制技术对机床的加工过程进行自动控制的一类机床。国际信息处理联盟（IFIP）第五技术委员会对数控机床定义如下：数控机床是一个装有程序控制系统的机床，该系统能够逻辑地处理具有使用号码或其他符号编码指令规定的程序。定义中所说的程序控制系统即数控系统。

三、数控机床的特点

1. 适应性强

数控机床加工形状复杂的零件或新产品时，不必像通用机床那样采用很多工装，仅需要少量工夹具。一旦零件图有修改，只需修改相应的程序部分，就可在短时间内将新零件加工出来。因而生产周期短，灵活性强，为多品种小批量的生产和新产品的研制提供了有利条件。

2. 适合加工复杂型面的零件

由于计算机具有高超的运算能力，可以准确地计算出每个坐标轴瞬间应该运动的运动量，因此数控机床能完成普通机床难以加工或根本不能加工的复杂型面的零件，如图 1-3 所示。所以在航天、航空领域（如飞机的螺旋桨及蜗轮叶片）及模具加工中，得到了广泛应用。

图 1-3　复杂型面的零件

3. 加工精度高、加工质量稳定

数控机床所需的加工条件，如进给速度、主轴转速、刀具选择等，都是由指令代码事先规定好的，整个加工过程是自动进行的，人为造成的加工误差很小，而且传动中的间隙及误差还可以由数控系统进行补偿。因此，数控机床的加工精度较高。此外，数控机床能进行重复性的操作，尺寸一致性好，减少了废品率。最近，数控系统中增加了对机床误差、加工误差等修正补偿的功能，使数控机床的加工精度及重复定位精度进一步提高。

4. 自动化程度高

数控机床对零件的加工是按事先编好的程序自动完成的，操作者除了操作键盘，装卸工件，进行关键工序的中间检测以及观察机床运行外，不需要进行繁杂的重复性手工操作，劳动强度与紧张程度均可大为减轻。另外，数控机床一般都具有较好的安全防护、自动排屑、自动冷却和自动润滑等装置。

5. 加工生产率高

数控机床能够减少零件加工所需的机动时间和辅助时间。数控机床的主轴转速和进给量范围比通用机床的范围大，每一道工序都能选用最佳的切削用量，数控机床的结构刚性允许数控机床进行大切削用量的强力切削，从而有效节省了机动时间。数控机床移动部件在定位中均采用加减速控制，并可选用很高的空行程运动速度，缩短了定位和非切削时间。使用带有刀库和自动换刀装置的加工中心时，工件往往只需进行一次装夹就可完成所有的加工工序，减少了半成品的周转时间，生产效率非常高。数控机床加工质量稳定，还可减少检验时间。数控机床可比普通机床提高效率2～3倍，复杂零件的加工，生产率可提高十几倍甚至几十倍。

图 1-4　一机多用

6. 一机多用

某些数控机床，特别是加工中心，一次装夹后，几乎能完成零件的全部工序的加工，可以代替5～7台普通机床。如图1-4所示，就是在一台车削中心上完成了车、铣、钻等加工。

7. 减轻操作者的劳动强度

数控机床的加工是由程序直接控制的，操作者一般只需装卸零件和更换刀具并监视数控机床的运行，大大减轻了操作者的劳动强度，同时也节省了劳动力（一人可看管多台机床）。

8. 有利于生产管理的现代化

数控系统采用数字信息与标准化代码输入，并具有通信接口，易实现数控机床之间的数据通信，最适宜计算机之间的连接，组成工业控制网络。同时用数控机床加工零件，能准确地计算零件的加工工时，并有效地简化了检验、工装和半成品的管理工作，这些都有利于生产管理现代化。

9. 价格较贵

数控机床是以数控系统为代表的新技术对传统机械制造产业渗透形成的机电一体化产品，它涵盖了机械、信息处理、自动控制、伺服驱动、自动检测、软件技术等许多领域，尤其是采用了许多高、新、尖的先进结构，使得数控机床的整体价格较高。

10. 调试和维修较复杂，需专门的技术人员

由于数控机床结构复杂，所以要求调试与维修人员应经过专门的技术培训，才能胜任此项工作。

此外，由于许多零件形状较为复杂，目前数控机床编程又以手工编程为主，故编程所需时间较长，这样会使机床等待时间长，导致数控机床的利用率不高。

四、数控机床的组成

数控机床一般由计算机数控系统和机床本体两部分组成，其中计算机数控系统是由输入/输出设备、计算机数控装置（CNC装置）、可编程控制器、主轴驱动系统和进给伺服驱动系统等组成的一个整体系统，如图1-5所示。

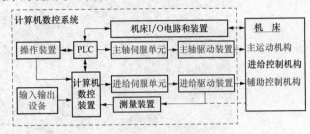

图1-5　数控机床的组成

1. 输入/输出装置

数控机床在进行加工前，必须接收由操作人员输入的零件加工程序（根据加工工艺、切削参数、辅助动作以及数控机床所规定的代码和格式编写的程序，简称为零件程序，现代数控机床上该程序通常以文本格式存放），然后才能根据输入的零件程序进行加工控制，从而加工出所需的零件。此外，数控机床中常用的零件程序有时也需要在系统外备份或保存。

因此数控机床中必须具备必要的交互装置，即输入/输出装置来完成零件程序或系统参数的输入或输出。

零件程序一般存放在便于与数控装置交互的一种控制介质上，早期的数控机床常用穿孔纸带、磁带等控制介质，现代数控机床常用移动硬盘、Flash（U盘）、CF卡（见图1-6）及其他半导体存储器等控制介质。此外，现代数控机床可以不用控制介质，直接由操作人员通过手动数据输入（Manual Data Input，MDI）键盘输入零件程序；或采用通信方式进行零件程序的输入/输出。目前数控机床常采用通信的方式有：串行通信（RS232、RS422、RS485等）；自动控制专用接口和规范，如DNC（Direct Numerical Control）方式，MAP（Manufacturing Automation Protocol）协议等；网络通信（internet、intranet、LAN等）及无线通信[无线接收装置（无线AP）、智能终端]等。

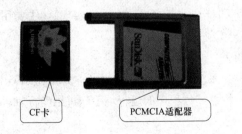

图1-6　CF卡

2. 操作装置

操作装置是操作人员与数控机床（系统）进行交互的工具，一方面，操作人员可以通过它对数控机床（系统）进行操作、编程、调试或对机床参数进行设定和修改，另一方面，操作人员也可以通过它了解或查询数控机床（系统）的运行状态，它是数控机床特有的一个输入输出部件。操作装置主要由显示装置、NC键盘（功能类似于计算机键盘的按键阵列或标准计算机键盘）、机床控制面

板（Machine Control Panel，MCP）、状态灯、手持单元等部分组成，如图 1-7 为 FANUC 系统的操作装置，其他数控系统的操作装置布局与之相比大同小异。

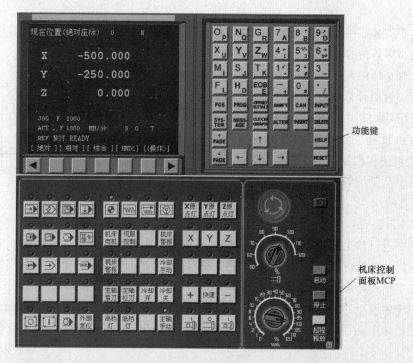

图 1-7　FANUC 系统的操作装置

（1）显示装置。数控系统通过显示装置为操作人员提供必要的信息，根据系统所处的状态和操作命令的不同，显示的信息可以是正在编辑的程序、正在运行的程序、机床的加工状态、机床坐标轴的指令/实际坐标值、加工轨迹的图形仿真、故障报警信号等。

较简单的显示装置只有若干个数码管，只能显示字符，显示的信息也很有限；较高级的系统一般配有 CRT 显示器或点阵式液晶显示器，一般能显示图形，显示的信息较丰富。

（2）NC 键盘。NC 键盘包括 MDI 键盘及软键功能键等。

MDI 键盘一般具有标准化的字母、数字和符号（有的通过上档键实现），主要用于零件程序的编辑、参数输入、MDI 操作及系统管理等。

功能键一般用于系统的菜单操作，如图 1-7 所示。

（3）机床控制面板。机床控制面板集中了系统的所有按钮（故可称为按钮站），这些按钮用于直接控制机床的动作或加工过程，如启动、暂停零件程序的运行，手动进给坐标轴，调整进给速度等，如图 1-7 所示。

（4）手持单元。手持单元不是操作装置的必需件，有些数控系统为方便用户配有手持单元，用于手摇方式增量进给坐标轴。

手持单元一般由手摇脉冲发生器 MPG、坐标轴选择开关等组成，图 1-8 所示为手持单元的一种形式。

3. 计算机数控装置（CNC 装置或 CNC 单元）

计算机数控（CNC）装置是计算机数控系统的核心（见图 1-9），其主要作用是根据输入的零件程序和操作指令进行相应的处理（如运动轨迹处理、机床输入输出处理等），然后输出控制命令到相应的执行部件（伺服单元、驱动装置和PLC等），控制其动作，加工出需要的零件。所有这些工作是由CNC装置内的系统程序（亦称控制程序）进行合理的组织，在CNC装置硬件的协调配合下，有条不紊地进行。

图1-8　手持单元的一种形式

4. 伺服机构

伺服机构是数控机床的执行机构，由驱动和执行两大部分组成，如图1-10所示。它接受数控装置的指令信息，并按指令信息的要求控制执行部件的进给速度、方向和位移。

图1-9　计算机数控装置

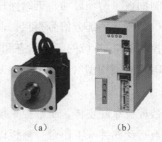

(a)　　　　　(b)

图1-10　伺服机构

(a) 伺服电动机；(b) 驱动装置

目前数控机床的伺服机构中，常用的位移执行机构有步进电动机、交流伺服电动机和直线电动机。

5. 检测装置

检测装置（也称反馈装置）对数控机床运动部件的位置及速度进行检测，通常安装在机床的工作台、丝杠或驱动电动机转轴上，相当于普通机床的刻度盘和人的眼睛，它把机床工作台的实际位移或速度转变成电信号反馈给CNC装置或伺服驱动系统，与指令信号进行比较，以实现位置或速度的闭环控制。

数控机床上常用的检测装置有光栅［见图1-11（a）］、光电编码器［见图1-11（b）］、感应同步器、旋转变压器、磁栅、磁尺、双频激光干涉仪等。

6. 可编程控制器

可编程控制器（Programmable Logic Controller，PLC）是一种以微处理器为基础的通用型自动控制装置，如图1-12所示。它是专为在工业环境下应用而设计的。

在数控机床中，PLC主要完成与逻辑运算有关的一些顺序动作的I/O控制，它和实现I/O控制的执行部件——机床I/O电路和装置（由继电器、电磁阀、行程开关、接触器等组成的逻辑电路）一起，共同完成以下任务。

接受CNC装置的控制代码M（辅助功能）、S（主轴功能）、T（刀具功能）等顺序动作信息，对其进行译码，转换成对应的控制信号，一方面，它控制主轴单元实现主轴转速控制；另一方面，它控制辅助装置完成机床相应的开关动作，如卡盘夹紧松开（工件的装夹）、刀具的自动更换、切削液的开关、机械手取送刀、主轴正反转和停止、准停等动作。

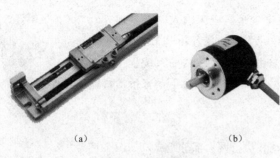

图 1-11 检测装置   图 1-12 可编程控制器（PLC）

（a）光栅；（b）光电编码器

接受机床控制面板（循环启动、进给保持、手动进给等）和机床侧（行程开关、压力开关、温控开关等）的 I/O 信号，一部分信号直接控制机床的动作，另一部分信号送往 CNC 装置，经其处理后，输出指令控制 CNC 系统的工作状态和机床的动作。用于数控机床的 PLC 一般分为两类：内装型（集成型）PLC 和通用型（独立型）PLC。

7. 机床本体

机床本体是数控机床的主体，是数控系统的被控对象，是实现制造加工的执行部件。它主要由主运动部件、进给运动部件（工作台、拖板以及相应的传动机构）、支撑件（立柱、床身等）以及特殊装置（刀具自动交换系统、工件自动交换系统）和辅助装置（如冷却润滑、排屑、转位和夹紧装置等）组成。数控机床机械部件的组成与普通机床相似，但传动结构较为简单，在精度、刚度、抗震性等方面要求高，而且其传动和变速系统要便于实现自动化控制。图 1-13 为数控车床的机床本体。

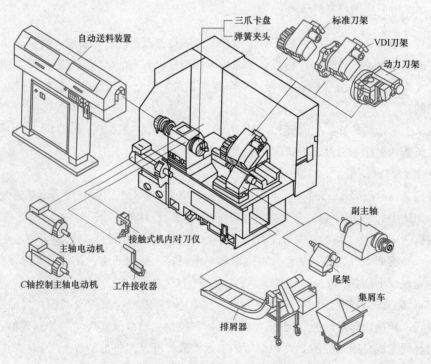

图 1-13 数控车床的机床本体

五、数控机床的工作原理

数控机床的主要任务就是根据输入的零件程序和操作指令，进行相应的处理，控制机床各运动部件协调动作，加工出合格的零件，图 1-14 为数控机床（数控车床）的工件原理图。

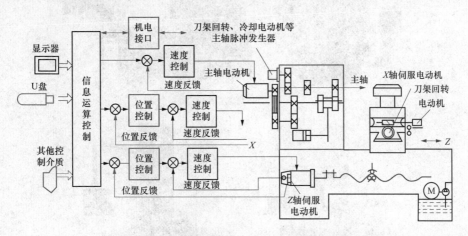

图 1-14　数控机床（数控车床）的工作原理图

根据零件图制订工艺方案，采用手工或计算机进行零件程序的编制，并把编好的零件程序存放于某种控制介质上；经相应的输入装置把存放在该介质上的零件程序输入至 CNC 装置；CNC 装置根据输入的零件程序和操作指令，进行相应的处理，输出位置控制指令到进给伺服驱动系统以实现刀具和工件的相对移动；输出速度控制指令到主轴伺服驱动系统以实现切削运动；输出指令到 PLC 以实现顺序动作的控制，从而加工出符合图样要求的零件。

　注意：到工厂中去参观，要注意安全。

▶▶工厂参观

在教师的带领下，让学生到当地工厂中去参观，并对工厂中的数控机床进行分类（若条件不允许，教师可通过视频让学生了解数控机床）。

六、数控机床的分类

目前数控机床的品种很多，通常按下面几种方法进行分类。

1. 按工艺用途分类

（1）一般数控机床。最普通的数控机床有钻床、车床、铣床、镗床、磨床和齿轮加工机床。如图 1-15 所示。初期它们和传统的通用机床工艺用途虽然相似，但是它们的生产率和自动化程度比传统机床高，都适合加工单件、小批量和复杂形状的零件。现在的数控机床其工艺用途已经有了很大的发展。

（2）数控加工中心。这类数控机床是在一般数控机床上加装一个刀库和自动换刀装置，构成一种带自动换刀装置的数控机床。这类数控机床的出现打破了一台机床只能进行单工种加工的传统概念，实行一次安装定位，完成多工序加工方式。加工中心机床有较多的种类，一般按以下几种方式分类：

1）按加工范围分类。车削加工中心、钻削加工中心、镗铣加工中心、磨削加工中心、电火花加工中心等。一般镗铣类加工中心简称加工中心。其余种类加工中心要有前面的定语。现在发展的复合加工功能的机床，也常称为加工中心，常见的加工中心见表 1-1。

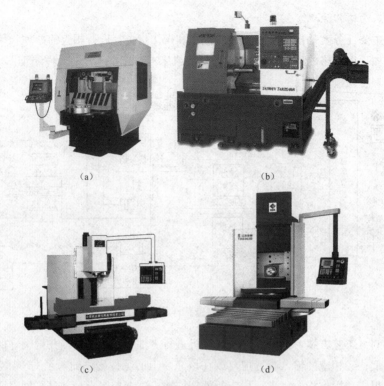

图 1-15　常见数控机床

(a) 立式数控车床；(b) 卧式数控车床；(c) 立式数控铣床；(d) 卧式数控铣床

表 1-1 　　　　　　　　　　　　　常见的加工中心

名　称	图　示	说　明
车削加工中心		
钻削加工中心		

续表

名　称	图　示	说　明
磨削加工中心		五轴螺纹磨削加工中心
车铣复合加工中心		德马吉公司
		WFL 车铣复合加工中心
	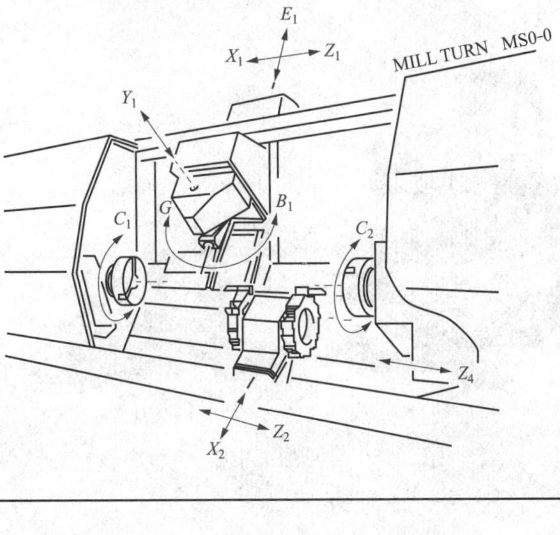	WFL 车铣复合加工中心的坐标

续表

名　称	图　示	说　明
车铣磨插复合中心		瑞士宝美 S-191 车铣磨插复合中心
铣磨复合中心		德国罗德斯铣磨复合中心 RXP600DSH
激光堆焊与高速铣削机床		Roeders RFM760 激光堆焊与高速铣削机床

2）按机床结构分类。立式加工中心、卧式加工中心（见图 1-16）、五面加工中心和并联加工中心（虚拟加工中心）。

（a）　　　　　　　　　　（b）

图 1-16　常见加工中心

（a）立式加工中心；（b）卧式加工中心

3）按数控系统联动轴数分类。有 2 坐标加工中心、3 坐标加工中心和多坐标加工中心。

4）按精度分类。可分为普通加工中心和精密加工中心。

2. 按加工路线分类

数控机床按其进刀与工件相对运动的方式，可以分为点位控制、直线控制和轮廓控制，见表 1-2。

表 1-2　　　　　　　　　　　　数控机床按照加工路线分类

加工路线控制	图示与说明	应用
点位控制	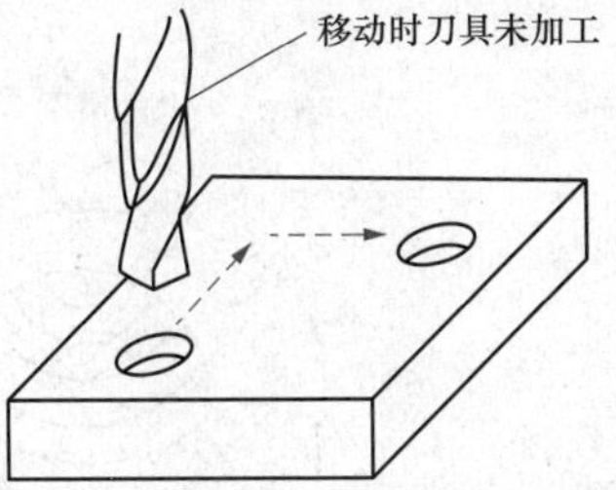 移动时刀具未加工 刀具与工件相对运动时，只控制从一点运动到另一点的准确性，而不考虑两点之间的运动路径和方向	多应用于数控钻床、数控冲床、数控坐标镗床和数控点焊机等
直线控制	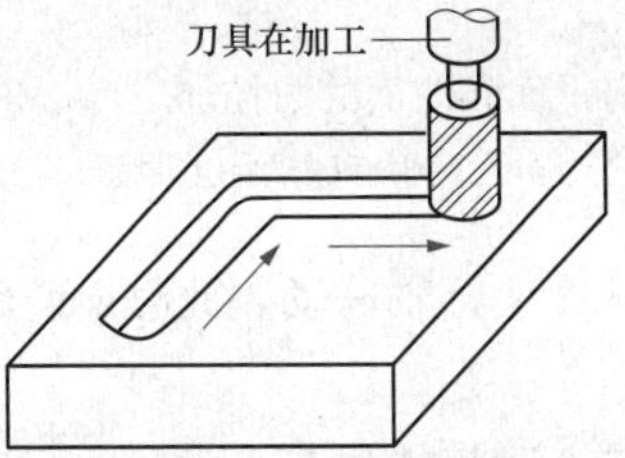 刀具在加工 刀具与工件相对运动时，除控制从起点到终点的准确定位外，还要保证平行坐标轴的直线切削运动	有的由于只作平行坐标轴的直线进给运动（可以加工与坐标轴呈 45°角的直线），因此不能加工复杂的零件轮廓，多用于简易数控车床、数控铣床、数控磨床等
轮廓控制	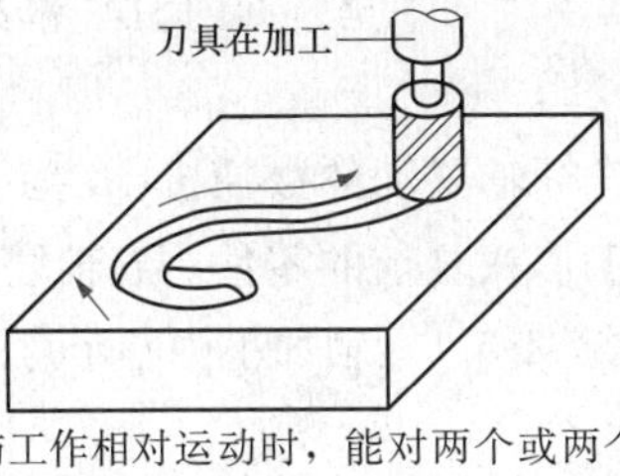 刀具在加工 刀具与工作相对运动时，能对两个或两个以上坐标轴的运动同时进行控制	可以加工平面曲线轮廓或空间曲面轮廓，多用于数控车床、数控铣床、数控磨床、加工中心等

 查一查：点位控制、直线控制、轮廓控制数控机床的特点

3. 按可控制联动的坐标轴分类

所谓数控机床可控制联动的坐标轴，是指数控装置控制几个伺服电动机，同时驱动机床移动部件运动的坐标轴数目。

（1）两坐标联动。数控机床能同时控制两个坐标轴联动，即数控装置同时控制 X 和 Z 方向运动，可用于加工各种曲线轮廓的回转体类零件。或机床本身有 X、Y、Z 三个方向的运动，数控装置中只能同时控制两个坐标，实现两个坐标轴联动，但在加工中能实现坐标平面的变换，用于加工图 1-17（a）所示的零件沟槽。

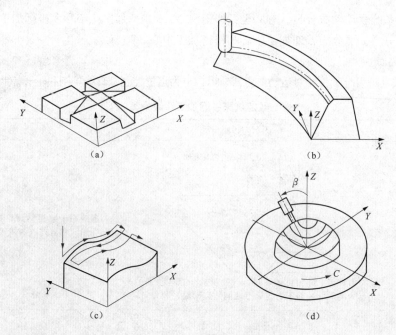

图 1-17　空间平面和曲面的数控加工

（a）零件沟槽面加工；（b）三坐标联动曲面加工；（c）两坐标联动加工曲面；（d）五轴联动铣床加工曲面

（2）三坐标联动。数控机床能同时控制三个坐标轴联动，此时，铣床称为三坐标数控铣床，可用于加工曲面零件，如图 1-17（b）所示。

（3）两轴半坐标联动。数控机床本身有三个坐标能作三个方向的运动，但控制装置只能同时控制两个坐标，而第三个坐标只能作等距周期移动，可加工空间曲面，如图 1-17（c）所示零件。数控装置在 ZX 坐标平面内控制 X、Z 两坐标联动，加工垂直面内的轮廓表面，控制 Y 坐标作定期等距移动，即可加工出零件的空间曲面。

（4）多坐标联动。能同时控制四个以上坐标轴联动的数控机床，多坐标数控机床的结构复杂、精度要求高、程序编制复杂，主要应用于加工形状复杂的零件。五轴联动铣床加工曲面形状零件，如图 1-17（d）所示，常见的五轴加工中心见表 1-3。六轴加工中心示意图如图 1-18 所示。

表 1-3　　　　　　　　　　　　　常见的五轴加工中心

特　点	图　样	说　明
摆头		瑞士威力铭 W-418 五轴联动加工中心

续表

特 点	图 样	说 明
摆头	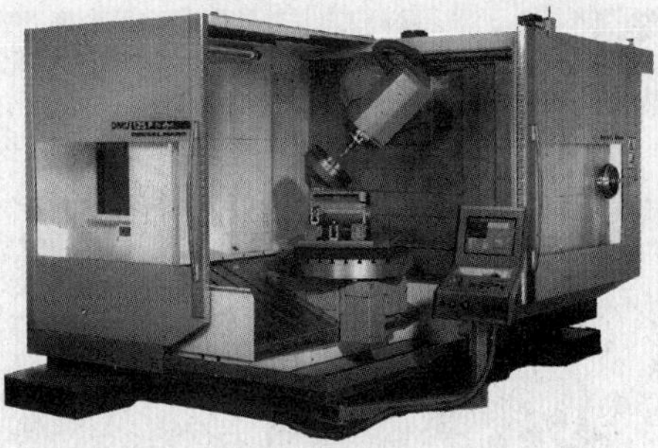	DMG公司的DMU125P
铣头与分度头联动回转	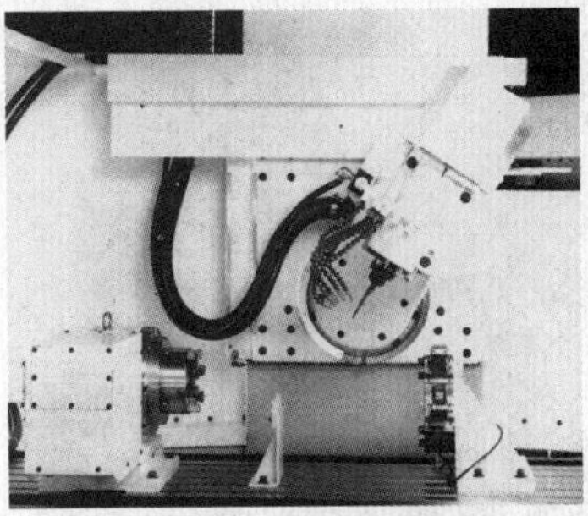	
工作台两轴回转加工中心		
摇篮		德国哈默的C30U不仅能作镜面切削，还可加工伞齿轮、螺旋伞齿轮等

续表

特 点	图 样	说 明
摇篮		德国哈默的摇篮式可倾工作台
摇篮		牧野摇篮式加工中心

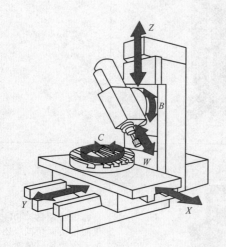

图 1-18　六轴加工中心示意图

4. 按控制方式分类

数控机床按照对被控量有无检测反馈装置可分为开环控制和闭环控制两种。在闭环系统中，根据测量装置安放的部位又分为全闭环控制和半闭环控制两种。具体见表 1-4。

表1-4　数控机床按照控制方式分类

控制方式	图示与说明	特点	应用
开环控制	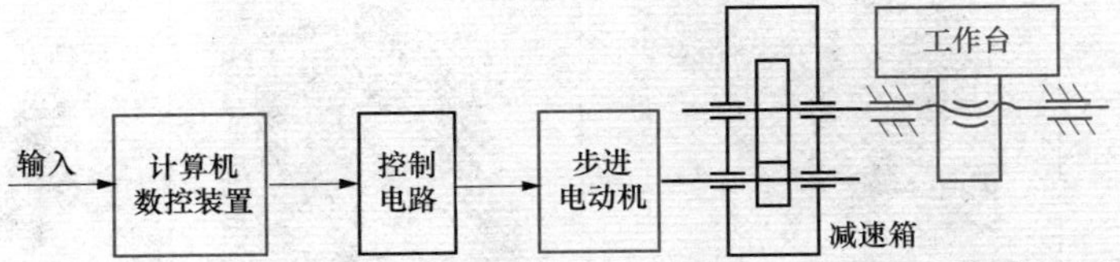 输入 → 计算机数控装置 → 控制电路 → 步进电动机 → 减速箱 → 工作台 数控装置将工件加工程序处理后，输出指令号给伺服驱动系统，驱动机床运动。由于不没有检测反馈装置，因为没有位置反馈信号。因此，指令信息在控制系统中单方向传送，不反馈	采用步进电动机作为驱动元件。开环系统的速度和精度都较低；但是，控制结构简单、调试方便，容易维修，成本较低	广泛应用于经济型数控机床上
闭环控制（全闭环）	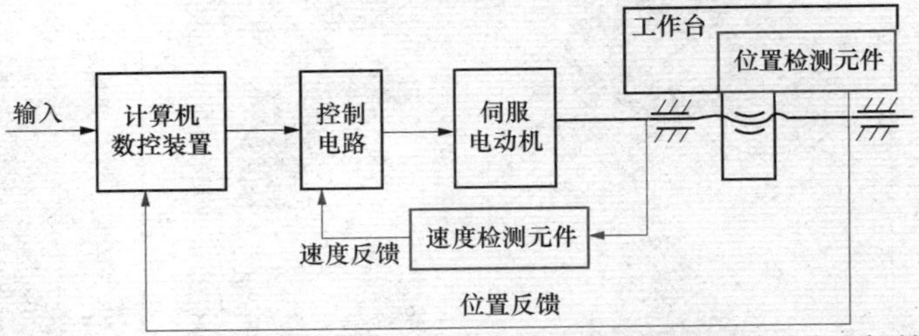 输入 → 计算机数控装置 → 控制电路 → 伺服电动机 → 工作台；位置检测元件；速度检测元件；速度反馈；位置反馈 安装在工作台上的检测元件将工作台的实际位移量反馈到计算机中，与所要求的位置指令进行比较，用比较的差值进行控制，直到差值消除为止	采用直流伺服电动机或交流伺服电动机作为驱动元件。加工精度高，移动速度快；但是电动机的控制电路比较复杂，检测元件价格昂贵，因而调试和维修比较复杂，成本高	广泛应用于加工精度高的精密型数控机床中
闭环控制（半闭环）	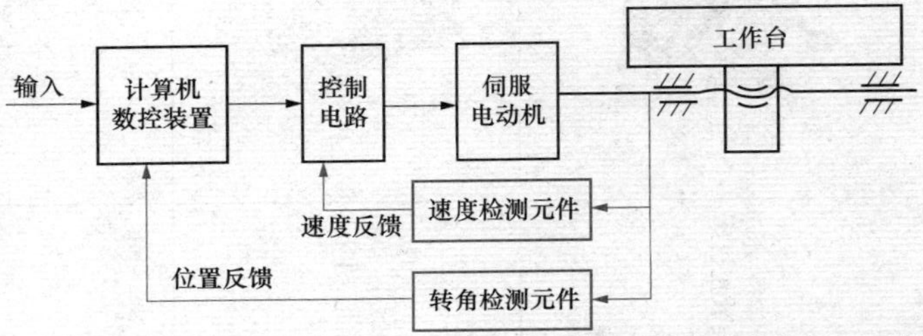 输入 → 计算机数控装置 → 控制电路 → 伺服电动机 → 工作台；速度检测元件；转角检测元件；速度反馈；位置反馈 系统反馈环内不包含工作台。系统不直接检测工作台的实际位移量，而是采用转角位移检测元件，测出伺服电动机或丝杠转的转角，推算工作台的实际位移量，反馈到计算机中进行位置比较，用比较的差值进行控制	控制精度比闭环控制差，但稳定性好，成本较低，调试维修也较容易，兼具开环控制和闭环控制两者的特点	应用比较普遍

💡 想一想：开环数控机床有没有检测装置？若有这些检测装置是做什么用的？

5. 按照加工方式分类（见表 1-5）

表 1-5　　　　　　　　　　　按照加工方式分类

加工方式	图 示 举 例
金属切削类数控机床	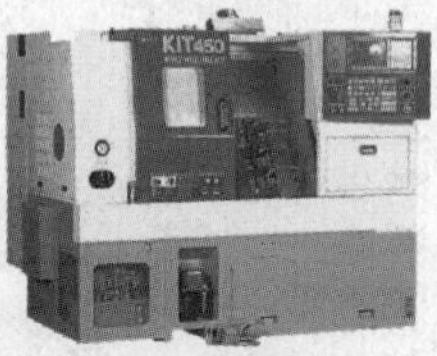 数控车床 　　　　加工中心 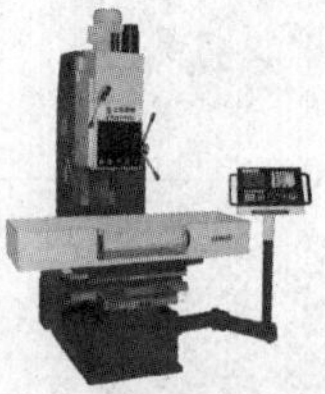　　　　数控钻床  数控磨床 　　　　数控镗床
金属成型类数控机床	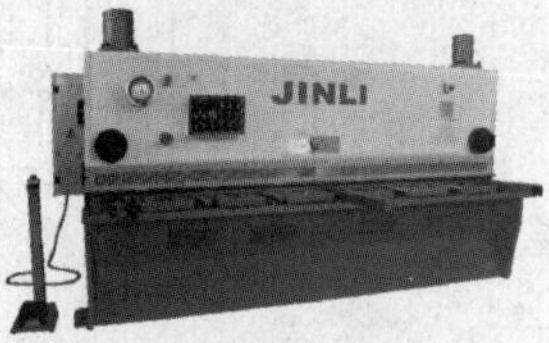 数控折弯机 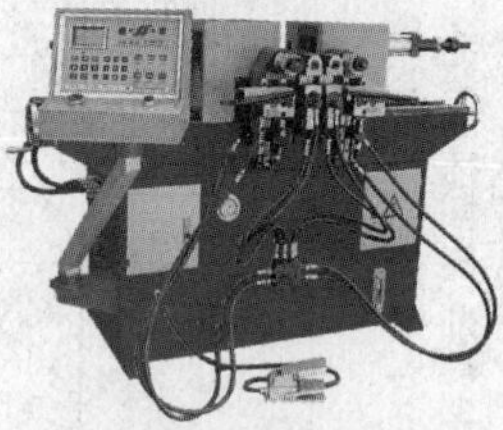　　　数控全自动弯管机 　　　数控旋压机
数控特种加工机床	 数控电火花线切割机床 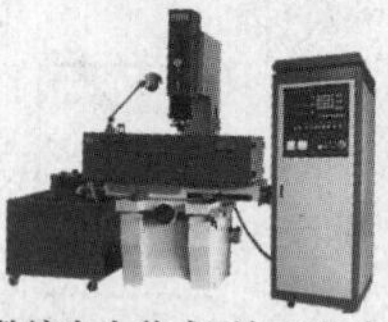　数控电火花成型加工机床 　数控激光切割机
其他类型数控机床	 数控火焰切割机 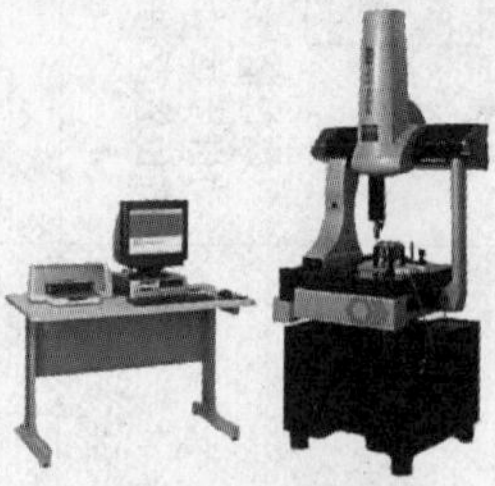　　　数控三坐标测量机

任务扩展——数控机床的发展

1. 并联数控机床

基于并联机械手发展起来的并联机床，因仍使用直角坐标系进行加工编程，故称虚拟坐标轴机床。并联机床发展很快，有六杆机床与三杆机床，一种六杆加工中心的结构如图1-19所示。图1-20是其加工示意图，图1-21是另一种六杆数控机床的示意图，图1-22是这种六杆数控机床的加工图。六杆数控机床既有采用滚珠丝杠驱动又有采用滚珠螺母驱动。三杆机床传动副如图1-23所示。在三杆机床上加装了一副平行运动机构，主轴可水平布置，总体结构如图1-24所示。

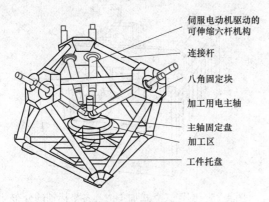

图1-19　六杆数控机床的结构示意图之一

图1-20　六杆加工中心的示意图之一

图1-21　六杆数控机床的结构示意图之二

图1-22　六杆加工中心的示意图之二

图1-23　三杆机床传动副

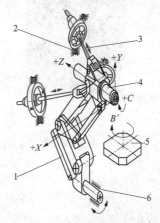

图1-24　加装平行运动机构的三杆机床

1—平行运动机构；2、6—床座；3—两端带万向联
轴器的传动杆；4—主轴；5—回转工作台

2. 倒置式机床

1993 年德国 EMAG 公司发明了倒置立式车床，特别适宜对轻型回转体零件的大批量加工，随即，倒立加工中心、倒立复合加工及倒立焊接加工等新颖机床应运而生。图 1-25 所示是倒置式立式加工中心示意图，图 1-26 所示是其各坐标轴分布情况，倒置式立式加工中心发展很快，倒置的主轴在 XYZ 坐标系中运动，完成工件的加工。这种机床便于排屑，还可以用主轴取放工件，即自动装卸工件。

图 1-25　倒置式立式加工中心示意图

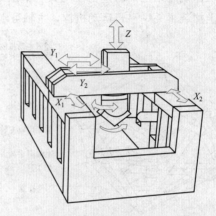

图 1-26　倒置式立式加工中心各坐标轴的分布

3. 没有 X 轴的加工中心

通过极坐标和笛卡尔坐标的转换来实现 X 轴运动。主轴箱是由大功率扭矩电动机驱动，绕 Z 轴作 C 轴回转，同时又迅速作 Y 轴上下升降，这两种运动方式的合成就完成了 X 轴向的运动，如图 1-27 所示。由于是两种运动方式的叠加，故机床的快进速度达到 120m/min，加速度为 2g。

（a）

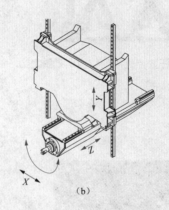

（b）

图 1-27　德国 ALFING 公司的 AS 系列（没有 X 轴的加工中心）

（a）加工图；（b）示意图

4. 立柱倾斜或主轴倾斜

机床结构设计成立柱倾斜（见图 1-28）或主轴倾斜（见图 1-29），其目的是为了提高切削速度，因为在加工叶片、叶轮时，X 轴行程不会很长，但 Z 和 Y 轴运动频繁，立柱倾斜能使铣刀更快切至叶根深处，同时也为了让切削液更好地冲走切屑并避免与夹具碰撞。

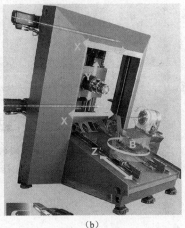

（a）　　　　　　　　　　　　　　　　　（b）

图 1-28　立柱倾斜型加工中心

（a）瑞士 Liechti 公司的立柱倾斜型加工中心；（b）瑞士 Liechti 公司的斜立柱模型

5. 四立柱龙门加工中心

图 1-30 为日本新日本工机开发的类似模架状的四立柱龙门加工中心，将铣头置于中央位置。机床在切削过程中，受力分布始终在框架范围之中，这就克服了龙门加工中心铣削中，主轴因受切削力而前倾的弊端，从而增强刚性并提高加工精度。

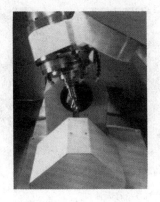

图 1-29　铣头倾斜式叶片加工中心　　　　　图 1-30　日本新日本工机开发的类似

（瑞士 Starrag 公司的铣头倾斜式叶片加工中心）　　　模架状的四立柱龙门加工中心

6. 特殊机床

特殊数控机床是为特殊加工而设计的数控机床，如图 1-31 为轨道铣磨机床（车辆）。

7. 未来机床

未来机床应该是 SPACE CENTER，也就是具有高速（SPEED）、高效（POWER）、高精度（ACCURACY）、通信（COMMUNICATION）、环保（ECOLOGY）功能。MAZAK 建立的未来机床模型是主轴转速 100000r/min，加速度 8g，切削速度 2 马赫，同步换刀，干切削，集车、铣、激光加工、磨、测量于一体，如图 1-32 所示。

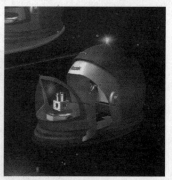

图 1-31　轨道铣磨机床（车辆）　　　　　　　　　图 1-32　未来数控机床

任务二　认识数控机床装调维修常用工具

任务引入

数控机床的装调与维修是一项复杂的工作，对试验检测手段及技术要求也很高，它将用到各种工具及仪器，如图 1-33 所示就是激光干涉仪在数控机床装调与维修中的应用。

图 1-33　激光干涉仪在数控机床装调与维修中的应用

任务目标

- 掌握数控机床机械装调维修常用工具及其使用
- 掌握逻辑测试笔的应用

任务实施

▷ 工厂参观

在教师的带领下，让学生到当地工厂中去参观，并对工厂中数控机床机械装调维修常用工具进行分类。

▶▶讨论总结

一、数控机床机械装调维修常用工具

1. 拆卸及装配工具（见表1-6）

表1-6　　　　　　　　　　　拆卸及装配工具

名　称	外观图	说　明
单手钩形扳手		单头钩形扳手：有固定式和调节式，可用于扳动在圆周方向上开有直槽或孔的圆螺母
断面带槽或孔的圆螺母扳手	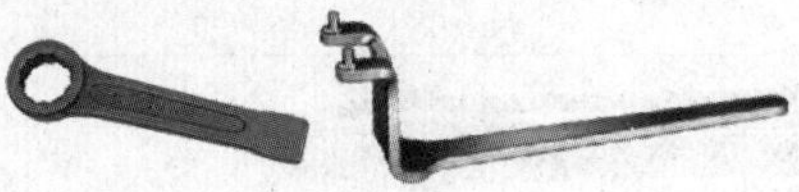	端面带槽或孔的圆螺母扳手：可分为套筒式扳手和双销叉形扳手
弹性挡圈装拆用钳子	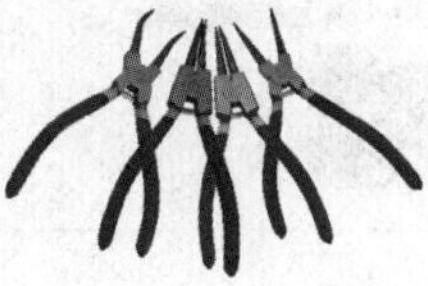	弹性挡圈装卸用钳子：分为轴用弹性挡圈装卸用钳子和孔用弹性挡圈装卸用钳子
弹性锤子	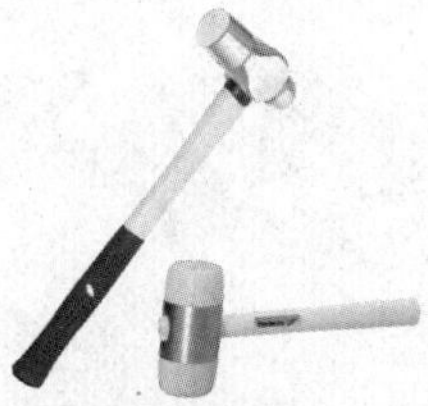	弹性手锤：可分为木锤和铜锤
平键工具	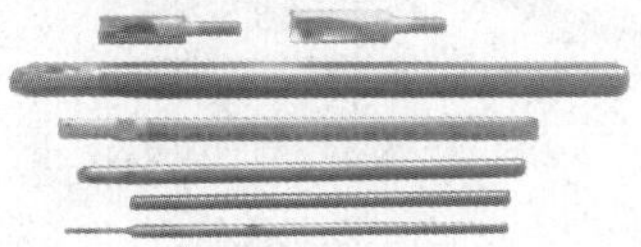	拉带锥度平键工具：可分为冲击式拉锥度平键工具和抵拉式拉锥度平键工具
拔销器	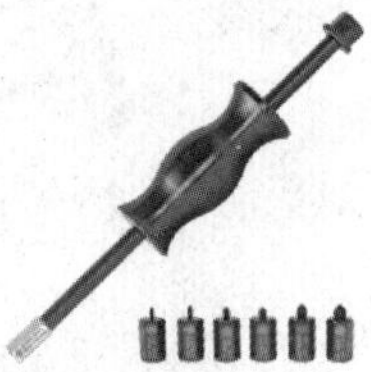	拉带内螺纹的小轴、圆锥销工具
拉卸工具	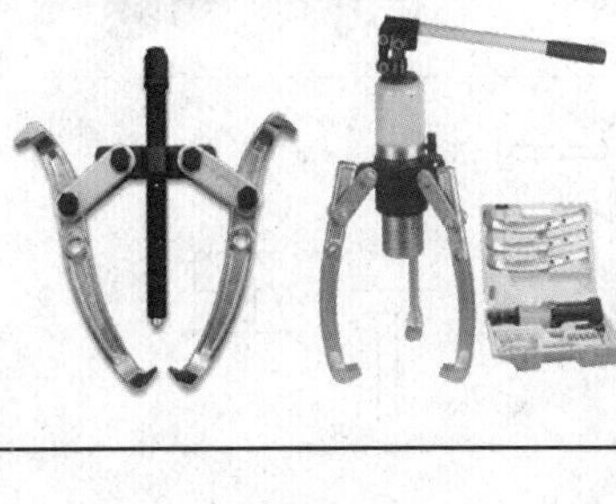	拆装在轴上的滚动轴承、皮带轮式联轴器等零件时，常用拉卸工具，拉卸工具常分为螺杆式及液压式两类，螺杆式拉卸工具分两爪、三爪和铰链式

续表

名 称	外观图	说 明
尺		有平尺、刀口尺和90°角尺
垫铁		角度面为90°的垫铁、角度面为55°的垫铁和水平垫铁
检验棒		有带标准锥柄检验棒、圆柱检验棒和专用检验棒
杠杆千分尺		当零件的几何形状精度要求较高时，使用杠杆千分尺可满足其测量要求，其测量精度可达0.001mm
万能角度尺	游标万能角度尺	用来测量工件内外角度的量具，按其游标读数值可分为2′和5′两种，按其尺身的形状可分为圆形和扇形两种
限力扳手	预置式扭矩扳手 电子式　机械式	又称为扭矩扳手、扭力扳手
装轴承胎具		适用于庄轴承的内、外圈
钩头楔键拆卸工具		用于拆卸钩头楔键

2. 数控机床装调与维修常用仪表（仪器）（见表 1-7）

表 1-7　　　　　　　　　　　数控机床装调与维修常用仪表（仪器）

名　称	外观图	说　明
百分表	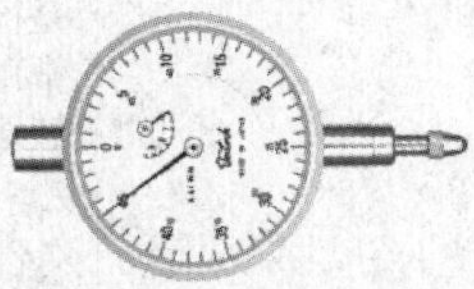	百分表用于测量零件相互之间的平行度、轴线与导轨的平行度、导轨的直线度、工作台台面平面度以及主轴的端面圆跳动、径向圆跳动和轴向窜动
杠杆百分表	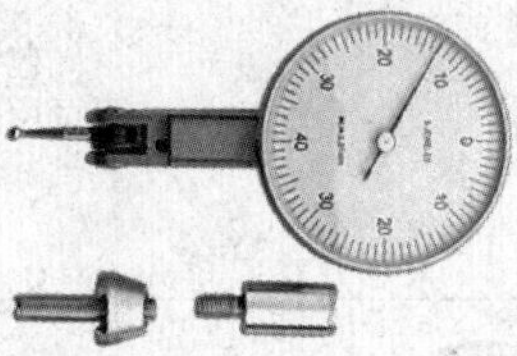	杠杆百分表用于受空间限制的工件测量，如内孔跳动等的测量。使用时应注意使测量运动方向与测头中心垂直，以免产生测量误差
千分表及杠杆千分表	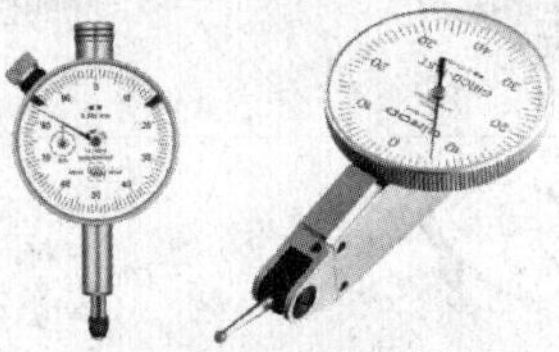	千分表及杠杆千分表的工作原理与百分表和杠杆百分表一样，只是分度值不同，常用于精密机床的修理
水平仪	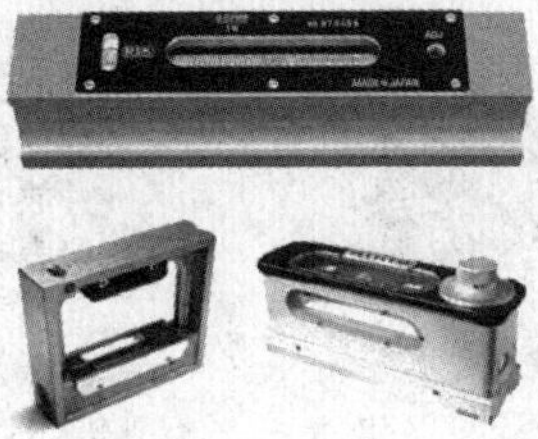	水平仪是机床制造和修理中最常用的测量仪器之一，用来测量导轨在垂直面内的直线度，工作台台面的平面度以及两件相互之间的垂直度、平行度等，水平仪按其工作原理可分为水准式水平仪和电子水平仪
光学平直仪		在机械维修中，常用来检查床身导轨在水平面内和垂直面内的直线度、检验用平板的平面度，光学平直仪是导轨直线度测量方法中较先进的仪器之一
经纬仪		经纬仪是机床精度检查和维修中常用的高精度的仪器之一，常用于数控铣床和加工中心的水平转台和万能转台的分度精度的精确测量，通常与平行光管组成光学系统来使用

续表

名　称	外观图	说　明
转速表		转速表常用于测量伺服电动机的转速，是检查伺服调速系统的重要依据之一，常用的转速表有离心式转速表和数字式转速表等
万用表		包含有机械式和数字式两种，万用表可用来测量电压、电流和电阻等
相序表	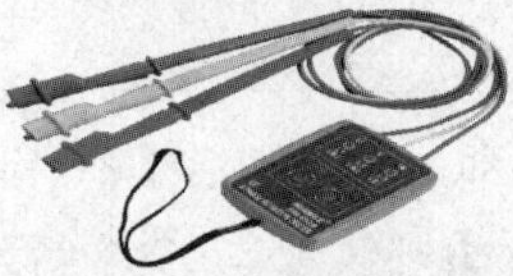	用于检查三相输入电源的相序，在维修晶闸管伺服系统时是必需的
逻辑脉冲测试笔	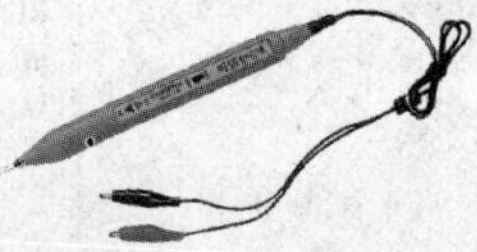	对芯片或功能电路板的输入端注入逻辑电平脉冲，用逻辑测试笔检测输出电平，以判别其功能是否正常
测振仪器	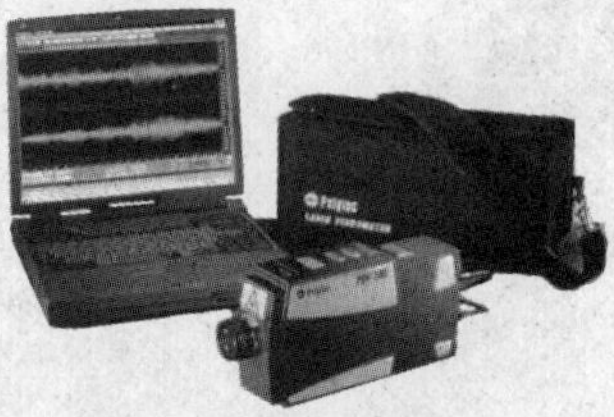	测振仪是振动检测中最常用、最基本的仪器，它将测振传感器输出的微弱信号放大、变换、积分、检波后，在仪器仪表或显示屏上直接显示被测设备的振动值大小。为了适应现场测试的要求，测振仪一般都做成便携式与笔式测振仪
故障检测系统		由分析软件、微型计算机和传感器组成多功能的故障检测系统，可实现多种故障的检测和分析
红外测温仪	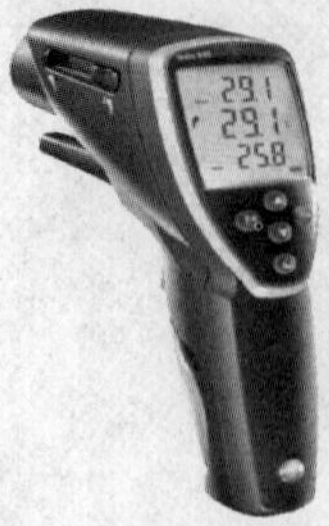	红外测温是利用红外辐射原理，将对物体表面温度的测量转换成对其辐射功率的测量，采用红外探测器和相应的光学系统接受被测物不可见的红外辐射能量，并将其变成便于检测的其他能量形式予以显示和记录

续表

名　称	外观图	说　明
激光干涉仪		激光干涉仪可对机床、三坐标测量机及各种定位装置进行高精度的精度校正，可完成各项参数的测量，如位置精度、重复定位精度、角度、直线度、垂直度、平行度及平面度等。其次它还具有一些选择功能，如自动螺距误差补偿、机床动态特性测量与评估、回转坐标分度精度标定、触发脉冲输入输出功能等
短路追踪仪		短路是电气维修中经常碰到的故障现象，使用万用表寻找短路点往往很费劲。如遇到电路中某个元器件击穿电路，由于在两条线之间可能并接有多个元器件，用万用表测量出哪个元件短路比较困难。再如对于变压器绕组局部轻微短路的故障，一般万用表测量也无能为力。而采用短路故障追踪仪可以快速找出电路板上的任何短路点
示波器		主要用于模拟电路的测量，它可以显示频率相位、电压幅值，双频示波器可以比较信号相位关系，可以测量测速发电机的输出信号，其频带宽度在 5MHz 以上，两个通道。
逻辑分析仪		按多线示波器的思路发展而成，不过它在测量幅度上已经按数字电路的高低电平进行了 1 和 0 的量化，在时间轴上也按时钟频率进行了数字量化。因此可以测得一系列的数字信息，再配以存储器及相应的触发机构或数字识别器，使多通道上同时出现的一组数字信息与测量者所规定的目标字相符合时，触发逻辑分析仪，以便将需要分析的信息存储下来

续表

名　称	外观图	说　明
微机开发系统	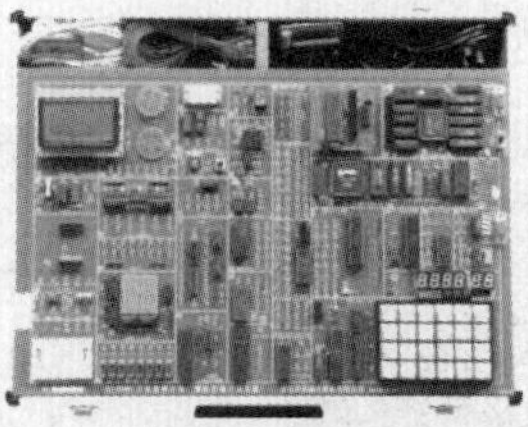	这种系统配置是进行微机开发的硬软件工具。在微机开发系统的控制下对被测系统中的 CPU 进行实时仿真，从而取得对被测系统实时控制
特征分析仪	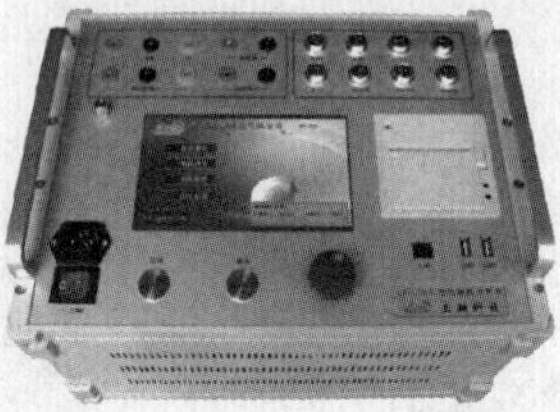	它可从被测系统中取得 4 个信号，即启动、停止、时钟和数据信号，使被测电路在一定信号的激励下运行起来。其中时钟信号决定进行同步测量的速率。因此，可将一对信号"锁定"在窗口上，观察数据信号波形特征
故障检测仪	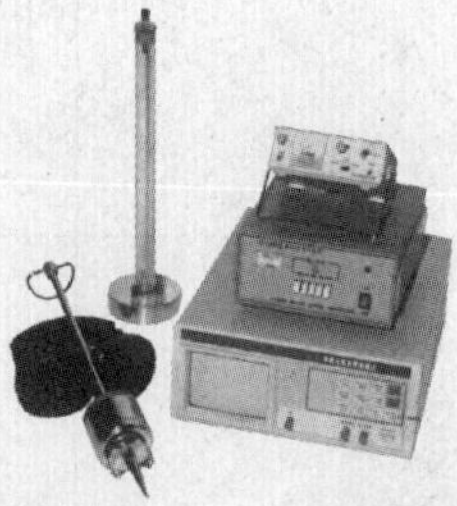	这种新的数据检测仪器各自出发点不同，具有不同的结构和测试方法。有的是按各种不同时序信号来同时激励标准板和故障板，通过比较两种板对应节点响应波形的不同来查找故障。有些则是根据某一被测对象类型，利用一台微机配以专门接口电路及连接工装夹具与故障机相连，再编写相关的测试程序对故障进行检测
IC 在线测试仪	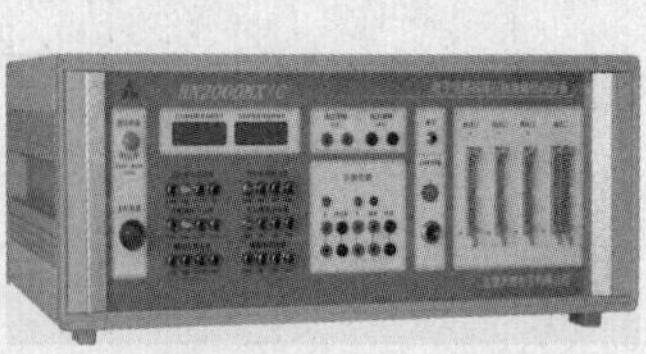	这是一种使用通用微机技术的新型数字集成电路在线测试仪器。它的主要特点是能对电路板上的芯片直接进行功能、状态和外特性测试，确认其逻辑功能是否失效
比较仪	 扭簧比较仪 　　　杠杆齿轮比较仪	可分为扭簧比较仪与杠杆齿轮比较仪。尤其扭簧比较仪特别适用于精度要求较高的跳动量的测量

续表

名　　称	外观图	说　　明
PLC 编程器		这类编程器型号不少，如 SIEMENS 的 S7、S5，OMRON 的 PRO-13 ~ PRO-27 等。可以对 PLC 程序进行编辑和修改，监视输入和输出状态及定时器、移位寄存器的变化值，在运行状态下修改定时器和计数器的设置值，可强制内部输出，对定时器、计数器和移位寄存器进行置位和复位等。带有图形功能的编程器还可显示 PLC 梯形图
存储器测试仪		由产生测试图案的专用计算机（微型机或小型机）加上接口电路、定时装置、I/O 装置及电源等组成，用以产生测试图案和标准信息

 想一想：以上介绍的仪表、工具您用过哪几种？

⊳⊳技能训练

二、逻辑测试笔的应用

逻辑测试笔可以方便地测量数字电路的脉冲、电平，从其发光管指示可以判断是上升沿或下降沿，是电平或连续脉冲，可以粗略估计逻辑芯片的好坏，如图 1-34 所示。逻辑测试笔的用法如图 1-35 所示。

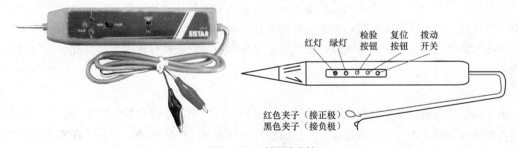

红灯　绿灯　检验按钮　复位按钮　拨动开关

红色夹子（接正极）
黑色夹子（接负极）

图 1-34　逻辑测试笔

（1）逻辑指针：把指针置于被测点上，就可以检测逻辑电路的信号。

（2）红色指示灯：在做电平及脉冲极性检验时，用作高电平及正脉冲指示。

（3）绿色指示灯：在做电平及脉冲极性检验时，作为低电平及正脉冲指示。

图 1-35 逻辑测试笔的用法

（4）检验按钮：用于测试被测点是处于高电平、低电平还是假高电平。

（5）复位按钮：按下该按钮时，不论拨动开关是处于电平位置还是脉冲位置，红、绿指示灯均熄灭；在拨动开关置于电平位置时，记忆电路复位。

（6）拨动开关：该开关处于电平位置时，检测电平，此时被测点的电平直接控制指示灯而不经过记忆电路；该开关处于脉冲位置时，检测脉冲，此时被测点是用记忆电路输出控制指示的。只要有一个脉冲通过，红灯或绿灯之一就亮（除非记忆电路复位）。

任务扩展 ——数控机床故障率曲线

与一般设备相同，数控机床的故障率随时间变化的规律可用如图 1-36 所示的浴盆曲线（也称失效率曲线）表示。整个使用寿命期，根据数控机床的故障频率大致分为 3 个阶段，即早期故障期、偶发故障期和耗损故障期。

一、早期故障期

这个时期数控机床故障率高，但随着使用时间的增加迅速下降。这段时间的长短，随产品、系统的设计与制造质量而异，约为 10 个月。数控机床使用初期之所以故障频繁，原因大致如下。

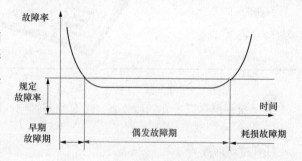

图 1-36 数控机床故障规律（浴盆曲线）

1. 机械部分

机床虽然在出厂前进行过磨合，但时间较短，而且主要是对主轴和导轨进行磨合。由于零件的加工表面存在着微观的和宏观的几何形状偏差，部件的装配可能存在误差，因而，在机床使用初期会产生较大的磨合磨损，使设备相对运动部件之间产生较大的间隙，导致故障的发生。

2. 电气部分

数控机床的控制系统使用了大量的电子元器件，这些元器件虽然在制造厂经过了严格的筛选和整机考机处理，但在实际运行时，由于电路的发热，交变负荷、浪涌电流及反电势的冲击，性能较差的某些元器件经不住考验，因电流冲击或电压击穿而失效，或特性曲线发生变化，从而导致整个系统不能正常工作。

3. 液压部分

由于出厂后运输及安装阶段的时间较长，使得液压系统中某些部位长时间无油，气缸中润滑油干涸，而油雾润滑又不可能立即起作用，造成油缸或气缸可能产生锈蚀。此外，新安装的空气管道若清洗不干净，一些杂物和水分也可能进入系统，造成液压气动部分的初期故障。

除此之外，还有元件、材料等原因会造成早期故障，这个时期一般在保修期以内。因此，数控机床购买后，应尽快使用，使早期故障尽量显示在保修期内。

二、偶发故障期

数控机床在经历了初期的各种老化、磨合和调整后，开始进入相对稳定的偶发故障期—正常运行期。正常运行期为 7～10 年。在这个阶段，故障率低而且相对稳定，近似常数。偶发故障是由于偶然因素引起的。

三、耗损故障期

耗损故障期出现在数控机床使用的后期，其特点是故障率随着运行时间的增加而升高。出现这种现象的基本原因是数控机床的零部件及电子元器件经过长时间的运行，由于疲劳、磨损、老化等原因，使用寿命已接近完结，从而处于频发故障状态。

数控机床故障率曲线变化的三个阶段，真实地反映了从磨合、调试、正常工作到大修或报废的故障率变化规律，加强数控机床的日常管理与维护保养，可以延长偶发故障期。准确地找出拐点，可避免过剩修理或修理范围扩大，以获得最佳的投资效益。

> 想一想：数控机床买来后为什么要尽快投入使用？

综合测试

一、填空题

1. 伺服机构是数控机床的执行机构，由＿＿＿和＿＿＿两大部分组成。

2. 数控机床的伺服机构中，常用的位移执行机构有＿＿＿＿＿、直流伺服电动机、交流伺服电动机和＿＿＿＿＿。

3. 伺服机构接受数控装置的指令信息，并按指令信息的要求控制执行部件的＿＿＿＿、＿＿＿和＿＿＿。

4. PLC 接受 CNC 装置的控制代码＿＿＿＿＿等顺序动作信息，对其进行译码，转换成对应的控制信号。

5. 单头钩形扳手分为＿＿＿＿和＿＿＿＿，可用于扳动在圆周方向上＿＿＿＿＿或＿＿的圆螺母。

6. 水平仪按其工作原理可分为＿＿＿＿＿和＿＿＿＿＿。

二、选择题（请将正确答案的代号填在空格中）

1. 第一台数控机床诞生于（　　　）年。

A. 1950　　　　　　　　B. 1952　　　　　　　　C. 1955

2. 开环控制系统用于（　　　）数控机床上。

A. 经济型　　　　　　　B. 中、高档　　　　　　C. 精密

3. 数控铣床多为三坐标、两坐标联动的机床，也称两轴半控制，即在（　　　）三个坐标轴，任意两轴都可以联动。

A. U、V、W　　　　B. X、O、Y　　　　C. X、Z、C　　　　D. X、Y、Z

4. 数控机床的种类很多，如果按加工轨迹分则可分为（　　　）。

A. 二轴控制、三轴控制和连续控制　　　　B. 点位控制、直线控制和连续控制

C. 二轴控制、三轴控制和多轴控制

5. 全闭环伺服系统与半闭环伺服系统的区别取决于运动部件上的（　　　）。

A. 执行机构　　　　　　B. 反馈信号　　　　　　C. 检测元件

6. 闭环进给伺服系统与半闭环进给伺服系统主要区别在于（　　　）。

A. 位置控制器　　　　B. 检测单元　　　　C. 伺服单元　　　　D. 控制对象

7. 数控车床通常采用的是（　　　）。

A. 点位控制系统　　　　　　　　　　B. 直线控制系统

C. 轮廓控制系统　　　　　　　　　　D. 其他系统

8. 数控机床四轴三联动的含义是（　　　）。

A. 四轴中只有三个轴可以运动

B. 有四个控制轴、其中任意三个轴可以联动

C. 数控系统能控制机床四轴运动，其中三个轴能联动

9.（　　　）是振动检测中最常用、最基本的仪器。

A. 激光干涉仪　　　　B. 三坐标测量仪

C. 红外测温仪　　　　D. 测振仪

三、判断题（正确的划"√"，错误的划"×"）

1. 数控机床的控制系统是计算机控制系统。（　　　）

2. 计算机数控系统的核心是存储器。（　　　）

3. 开环数控机床的控制精度取决于检测装置的精度。（　　　）

4. 闭环数控机床的精度取决于步进电动机和丝杠的精度。（　　　）

5. 数控机床适合加工单件、小批量和复杂形状的零件。（　　　）

6. 数控铣床能够实现一次定位完成多工序的加工。（　　　）

7. 轮廓控制用于数控钻床和数控冲床。（　　　）

8. 多轴联动的数控机床是指其拥有的坐标轴数目。（　　　）

9. 三坐标轴联动的数控机床可用于加工曲面零件。（　　　）

10. 数控机床按工艺用途分类，可分为数控切削机床、数控电加工机床、数控测量机等。（　　　）

11. 杠杆千分尺的测量精度可达 0.001mm。（　　　）

12. 万能角度尺按其尺身的形状可分为圆形（Ⅱ型）和扇形（Ⅰ型）两种。（　　　）

模块二

数控机床的强电与抗干扰技术

数控机床电气系统包括交流主电路、机床辅助功能控制电路和电子控制电路，一般将前者称为强电部分，后者称为弱电部分。强电电路是 24V 以上供电，以电器元件、电力电子功率器件为主组成的电路；弱电电路是 24V 以下供电，以半导体器件、集成电路为主组成的控制系统电路。数控机床的主要故障是电气系统的故障，电气系统故障又以机床本体上的低压电器故障为主。

模块目标

让学生掌握数控机床常用开关的种类，会对数控机床的强电电路进行分析；会对数控机床的电路与系统进行维护；了解数控机床的干扰种类，掌握数控机床的抗干扰技术。

任务一　认识数控机床的强电部分

任务引入

图 2-1 是数控机床电气连接实物图，图 2-2 是强电连接部分实物图。虽然数控机床与普通机床的电气系统有很大的区别，但也要用到普通机床常用的电器元件，如低压电器、配电电器、控制电器等。

任务目标

- 掌握数控机床常用电器元件
- 知道数控机床电路分析的原则
- 会对常见数控机床的电路进行分析
- 会对数控机床的强电部分进行维护与维修

图 2-1　数控机床电气连接实物图

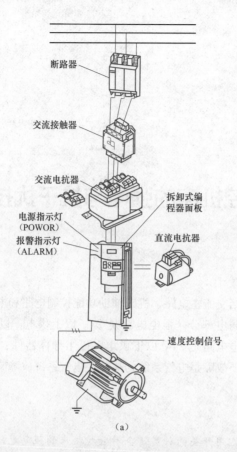

断路器

交流接触器

交流电抗器

电源指示灯
（POWOR）

拆卸式编
程器面板

报警指示灯
（ALARM）

直流电抗器

速度控制信号

（a）

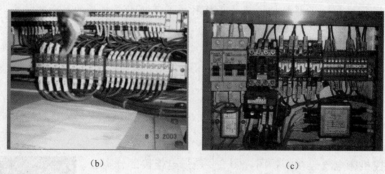

（b）   （c）

图 2-2 强电连接部分实物图

（a）实物示意图；（b）接线图；（c）实物图

任务实施

工厂参观

到工厂或实训车间中去参观数控机床的电气组成，并由技术人员或教师简单介绍数控机床电气系统的作用，在参观时要特别注意安全。

一体化教学

教师把学生带到数控机床边，边操作这些常用电器边教学。当然，也可以让学生操作。

一、数控机床常用的电器

数控机床常用的电器主要是低压电器（低压电器通常是指工作在交流电压 1200V、直流电压 1500V 及以下的电器）。低压电器按其用途又可分为低压配电电器和低压控制电器。

配电电器，包括熔断器、断路器、接触器与继电器（过流继电器与热继电器）以及各类低压开关等，主要用于低压配电电路（低压电网）或动力装置中，对电路和设备起保护、通断、转换电源或转换负载的作用。

控制电器，包括控制电路中用作发布命令或控制程序的开关电器（电气传动控制器、电动机启/停/正反转兼作过载保护的启动器）、电阻器与变阻器（不断开电路的情况下可以分级或平滑地改变电阻值）、操作电磁铁、中间继电器（速度继电器与时间继电器）等。现仅对数控机床常用的开关进行介绍。

1. 控制开关

在数控机床的操作面板上，常见的控制开关有：①用于主轴、冷却、润滑及换刀等控制按钮，这些按钮往往内装有信号灯，一般绿色用于启动，红色用于停止；②用于程序保护，钥匙插入方可旋转操作的按钮式可锁开关；③用于紧急停止，装有突出蘑菇形钮帽的红色急停开关；④用于坐标轴选择、工作方式选择、倍率选择等，手动旋转操作的转换开关等；⑤在数控车床中，用于控制卡盘夹紧、放松，尾架顶尖前进、后退的脚踏开关等。图 2-3（a）所示为控制按钮结构示意图，图 2-3（b）所示为控制开关图形符号。

在图 2-3（a）中，常态（未受外力）时，在复位弹簧 2 的作用下，静触点 3 与桥式动触点 4 闭合，习惯上称为动断触点；静触点 5 与桥式动触点 4 分断，称之为动合触点。

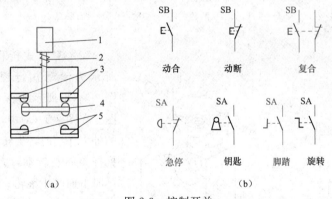

(a)　　　　　　　　　　　(b)

图 2-3　控制开关

（a）控制按钮结构示意图；（b）控制开关图形符号

1—按钮帽；2—复位弹簧；3—动断触点；4—桥式动触点；5—动合触点

2. 行程开关

行程开关又称限位开关，它将机械位移转变为电信号，以控制机械运动。按结构可分为直动式、滚动式和微动式。

（1）直动式行程开关。图 2-4（a）所示为直动式行程开关结构示意图，其动作过程与控制按钮类似，只是用运动部件上的撞块来碰撞行程开关的推开，触点的分合速度取决于撞块移动的速度。这类行程开关在机床上主要用于坐标轴的限位、减速或执行机构，如液压缸、气缸塞的行程控制。图 2-4（b）所示为直动式行程开关推杆的形式，图 2-4（c）所示为柱塞式行程开关外形图，图 2-4（d）为其图形符号。

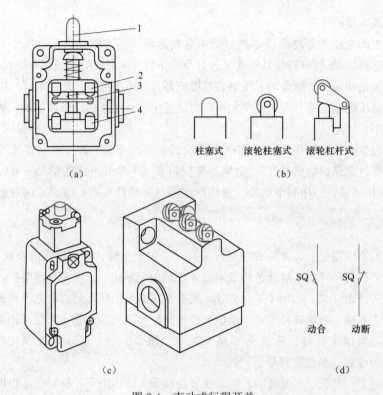

图 2-4　直动式行程开关

（a）结构示意图；（b）推杆的形式；（c）柱塞式行程开关外形图；（d）图形符号

1—推杆；2—动断触点；3—动触点；4—动合触点

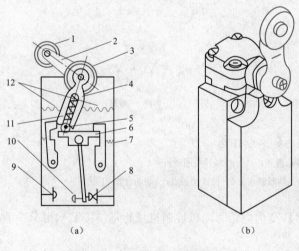

（a）　　　　　　（b）

图 2-5　滚动式行程开关

（a）结构示意图；（b）外形图

1—滚轮；2—上专臂；3—盘形弹簧；4—推杆；

5—滚轮；6—擒纵；7—弹簧（1）；8—动断触点；

9—动合触点；10—动触点；11—压缩弹簧；12—弹簧（2）

（2）滚动式行程开关。图 2-5（a）所示为滚动式行程开关结构示意图，图 2-5（b）所示为滚动式行程开关外形图。在图 2-5（a）中，当滚轮 1 受到向左的外力作用时，上转臂 2 向左下方转动、推杆 4 向右转动，并压缩右边弹簧 12，同时下面的小滚轮 5 也很快沿着擒纵件 6 向右转动，小滚轮滚动又压缩弹簧 11，当滚轮 5 走过擒纵件 6 的中点时，盘形弹簧 3 和弹簧 7 都使擒纵件 6 迅速转动，因而使动触点 10 迅速与右边的静触点 8 分开，并与左边的静触点 9 闭合。这类行程开关在机床上常用于各类防护门的限位控制。

（3）微动式的行程开关。图 2-6（a）所示为采用弯片状弹簧的微动开关结构示意图，图 2-6（b）所示为微动开关外形图。

当推杆 2 被压下时，弓簧片 3 产生变形，当到达预定的临界点时，弹簧片连同动触点 1 产生瞬时跳跃，使动断触点 5 断开，动合触点 4 闭合，从而导致电路的接通、分断或转换。微动开关的体积小，动作灵敏，在数控机床上常用于回转工作台和托盘交换等装置控制。

从以上各个开关的结构及动作过程来看，失效的形式一是弹簧片卡死，造成触点不能闭合或断开；二是触点接触不良。诊断方法为：用万用表测量接线端，在动合、动断状态下观察是否断路或短路。另外要注意的是，与行程开关相接触的撞块，如图 2-7 所示，如果撞块设定的位置由于松动而发生偏移，就可能使行程开关的触点无动作或误动作，因此撞块的检查和调整是行程开关维护很重要的一个方面。

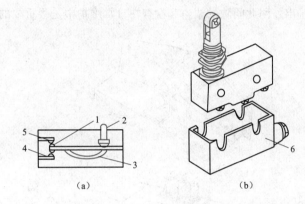

（a）　　　　　　　　　（b）

图 2-6　微动开关

（a）结构示意图；（b）外形图

1—动触点；2—推杆；3—弓簧片；4—动合触点；5—动断触点；6—外形盒

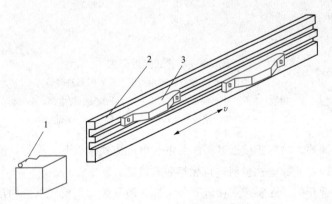

图 2-7　行程开关撞块

1—行程开关；2—槽板；3—撞块

3. 接近开关

这是一种在一定的距离（几毫米至十几毫米）内检测有无物的传感器。它给出的是高电平或低电平的开关信号，有的还具有较大的负载能力，可直接驱动电器工作。接近开关具有灵敏度高、频率响应快、重复定位精度高、工作稳定可靠、使用寿命长等优点。许多接近开关将检测头与测量转换电路及信号处理电路做在一个壳体内，壳体上多带有螺纹，以便安装和调整距离，同时在外部有指示灯，以指示传感器的通断状态。常用的接近开关有电感式、电容式、磁感式、光电式、霍尔式等。

（1）电感式接近开关。图 2-8（a）所示为电感式接近开关的外形图，图 2-8（b）所示为电感式接近开关位置检测示意图，图 2-8（c）所示为接近开关图形符号。

电感式接近开关内部大多由一个高频振荡器和一个整形放大器组成。振荡器振荡后，在开关的感应面上产生交变磁场，当金属物体接近感应面时，金属体产生涡流，吸收了振荡器的能量，使振荡减弱以致停振。振荡和停振两种不同的状态，由整形放大器转换成开关信号，从而达到检测位置的目的。在数控机床中，电感式接近开关常用于刀库、机械手及工作台的位置检测。判断电感式接近开关好坏最简单的方法，就是用一块金属片去接近该开关，如果开关无输出，就可判断该开关已坏或外部电源短路。在实际位置控制中，如果感应块和开关之间的间隙变大后，就会使接近开关的灵敏度下降甚至无信号输出，因此间隙的调整和检查在日常维护中是很重要的。

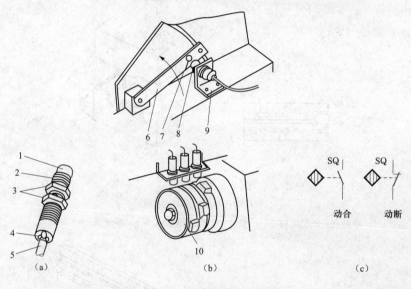

图 2-8　电感式接近开关

（a）外形图；（b）位置检测示意图；（c）图形符号

1—检测头；2—螺纹；3—螺母；4—指示灯；5—信号输出及电源电缆；6—运动部件；
7—感应块；8—电感式接近开关；9—安装支架；10—轮轴感应盘

（2）电容式接近开关。电容式接近开关的外形与电感应式接近开关类似，除了对金属材料的无接触式检测外，还可以对非导电性材料进行无接触式检测。

（3）磁感应式接近开关。磁感应式接近开关又称磁敏开关，主要对气缸内活塞位置进行非接触式检测。图 2-9 所示为磁感应式接近开关安装结构图。

固定在活塞上的永久磁铁由于其磁场的作用，使传感器内振荡线圈的电流发生变化，内部放大器将电流转换成输出开关信号，根据气缸形式的不同，磁感应式接近开关有绑带式安装、支架式安装等类型。

（4）光电式接近开关。图 2-10（a）所示的光电式接近开关是一种遮断型的光电开关，又称光电继器。当被测物 4 从发光二极管 1 和光敏元件 3 中间槽通过时，红外光 2 被遮断，接收器接收不到红外线，而产生一个电脉冲信号。有些遮断型的光电式接近开关，其发射器和接收器做成第 2 个独立的器件，如图 2-10（b）所示。这种开关除了方形外观外，还有圆柱形的螺纹安装形式。

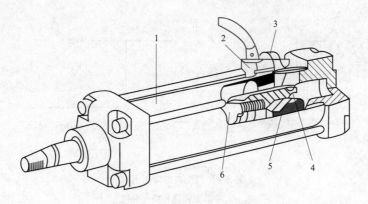

图 2-9 磁感应式接近开关

1—气缸；2—磁感应式接近开关；3—安装支架；4—活塞；5—磁性环；6—活塞杆

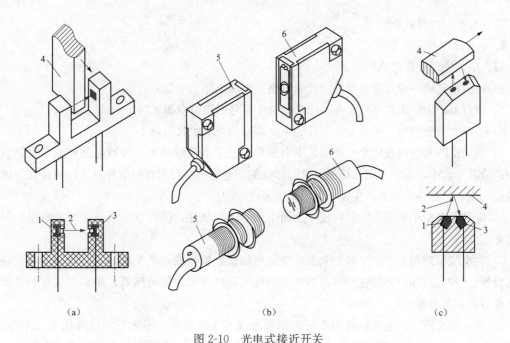

(a)   (b)   (c)

图 2-10 光电式接近开关

（a）光电断续器外形及结构；（b）遮断型光电开关外形；（c）反射型光电开关外形及结构

1—光电二极管；2—红外光；3—光敏元件；4—被测物；5—发射器；6—接收器

图 2-10（c）所示为反射型光电开关。当被测物 4 通过光电开关时，发射器 1 发射的红外光 2 通过被测物上的黑白标记反射到光敏元件 3，从而产生一个电脉冲信号。

在数控机床中，光电式接近开关常用于刀架的刀位检测和柔性制造系统中物料传送的位置控制等。

（5）霍尔式接近开关。霍尔式接近开关是将霍尔元件、稳压电器、放大器、施密特触发器和 OC 门等电路做在同一个芯片上的集成电路（见图 2-11），因此，有时称霍尔式接近开关为霍尔集成电路，典型的有 UGM3020 等。

当外加磁场强度超过规定的工作点时，OC 门由高电阻态变为导电状态，输出低电平；当外加磁场强度低于释放点时，OC 门重新变为高阻态，输出高电平。

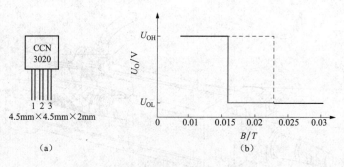

图 2-11　霍尔式接近开关

（a）外形图；（b）特性曲线

▷▷教师讲解

二、电气原理图的分析

1. 电气原理图的识图

（1）电气原理图识图原则。

1）电气原理图一般分为主电路、控制电路和辅助电路三个部分。

2）电气原理图中所有电气元件的图形和文字符号必须符合国家规定的统一标准。

3）在电气原理图中，所有电气元件的可动部分均按原始状态画出。

4）动力电路的电源线应水平画出，主电路应垂直于电源线画出；控制电路和辅助电路应垂直于两条或几条水平电源线之间，耗能元件（如线圈、电磁阀、照明灯和信号灯等）应接在下面一条电源线一侧，而各种控制触点应接在另一条电源线上。

5）电气原理图中采用自左向右或自上而下表示操作顺序，同时应尽量减少线条数量，避免线条交叉。

6）在电气原理图上应标出各个电源电路的电压值、极性或频率及相数，对某些元器件还应标注其特性（如电阻、电容的数值等），不常用的电气元件（如位置传感器、手动开关等）还要标注其操作方式和功能等。

7）为方便阅图，在电气原理图中可将图幅分成若干个图区，图区行的代号用英文字母表示，一般可省略，列的代号用阿拉伯数字表示，其图区编号写在图的下面。上方为该区电路的用途和作用。

8）在继电器、接触器线圈下方均列有触点表以说明线圈和触点的从属关系，即"符号位置索引"。也就是在相应线圈的下方，给出触点的图形符号（有时也可省去），对未使用的触点用"×"表明（或不作表明）。

（2）文字符号补充说明。在不违背国家标准的条件下，可采用国家标准中规定的电气文字符号，并优先采用基本文字符号和辅助文字符号，也可补充国家标准中未列出的双字母文字符号和辅助文字符号。使用文字符号时，应采用电气名词术语国家标准或专业技术标准中规定的英文术语缩写。

1）单字母符号：按拉丁字母顺序将各种电气设备、装置和元器件划分成为 23 大类，每一类用一个专用单字母符号表示，如 "C" 表示电容器类，"R" 表示电阻器类等。

2）双字母符号：由一个表示种类的单字母符号与另一个字母组成，且以单字母符号在前，另一字母在后的次序列出，如"F"表示保护器件类，"FU"则表示为熔断器。

3）辅助文字符号：表示电气设备、装置和元器件以及电路的功能、状态和特征。如"RD"表示红色，"L"表示限制等。

4）基本文字符号不得超过两位字母，辅助文字符号一般不超过三位字母。文字符号采用拉丁字母大写正体字，且拉丁字母中"I"和"O"不允许单独作为文字符号使用。电气原理图的全部电动机、电气元件的型号、文字符号、用途、数量、额定技术数据，均应填写在元件明细表内。

5）三相交流电源引入线采用 L1、L2、L3 标记，中性线采用 N 标记，保护接地用 PE 标记，电源开关之后的三相交流电源主电分别按 U、V、W 顺序标记。分级三相交流电源主电路采用三相文字代号 U、V、W 前加上阿拉伯数字 1、2、3 等来标记，如 1U、1V、1W、2U、2V、2W 等。各电动机分支电路各接点标记，采用三相文字代号后面加数字来表示，数字中的个位数表示电动机代号，十位数表示该支路各接点的代号，从上到下按数字大小顺序标记。如 U11 表示电动机 M1 的第一相的第一个接点，U21 表示电动机 M1 的第一相的第二个接点代号，依此类推。

2. 电气原理图分析的方法与步骤

电气控制电路一般由主回路、控制电路和辅助电路等部分组成。首先要了解电气控制系统的总体结构、电动机和电器元件的分布状况及控制要求等内容，然后阅读分析电气原理图。

（1）分析主回路。从主回路入手，根据伺服电动机、辅助机构电动机和电磁阀等执行电器的控制要求，分析它们的控制内容，包括启动、方向控制、调速和制动等。

（2）分析控制电路。根据主回路中各伺服电动机、辅助机构电动机和电磁阀等执行电器的控制要求，逐一找出控制电路中的控制环节，按功能不同划分成若干个局部控制线路来进行分析。

（3）分析辅助电路。辅助电路包括电源显示、工作状态显示、照明和故障报警等部分，它们大多是由控制电路中的元件来控制的，在分析时，还要回头来对照控制电路进行分析。

（4）分析连锁与保护环节。机床对于安全性和可靠性有很高的要求，实现这些要求，除了合理地选择元器件和控制方案以外，在控制线路中还设置了一系列电气保护和必要的电气连锁。

（5）总体检查。经过"化整为零"，逐步分析了每一个局部电路的工作原理以及各部分之间的控制关系之后，还必须用"集零为整"的方法，检查整个控制线路，看是否有遗漏。特别要从整体角度去进一步检查和理解各控制环节之间的联系，理解电路中每个元器件所起的作用。

3. 数控机床电气线路的分析

（1）主回路分析。图 2-12 所示是 TK40A 强电回路。图中 QF1 为电源总开关。QF3、QF2、QF4、QF5 分别为主轴强电、伺服强电、冷却电动机、刀架电动机的空气开关，作用是接通电源及短路、过流时起保护作用；其中 QF4、QF5 带辅助触头，该触点输入 PLC，作为报警信号，并且该空气开关的保护电流为可调的，可根据电动机的额定电流来调节空气开关的设定值，起过流保护作用。KM3、KM1、KM6 分别为主轴电动机、伺服电动机、冷却电动机交流接触器，由它们的主触点控制相应电动机；KM4、KM5 为刀架正反转交流接触器，用于控制刀架的正反转。TC1 为三相伺服变压器，将交流 380V 变为交流 200V 供给伺服电源模块；RC1、RC3、RC4 为阻容吸收，当相应的电路断开后，吸收伺服电源模块、冷却电动机、刀架电动机中的能量，避免产生过电压而损坏器件。

（2）电源电路分析。图 2-13 所示为 TK40A 电源回路图。图中 TC2 为控制变压器，一次侧为 AC 380V，二次侧为 AC 110V、AC 220V、AC 24V，其中 AC 110V 给交流接触器线圈和强电柜风扇提供电源；AC 24V 给电柜门指示灯、工作灯提供电源；AC 220V 通过低通滤波器滤波给伺服模

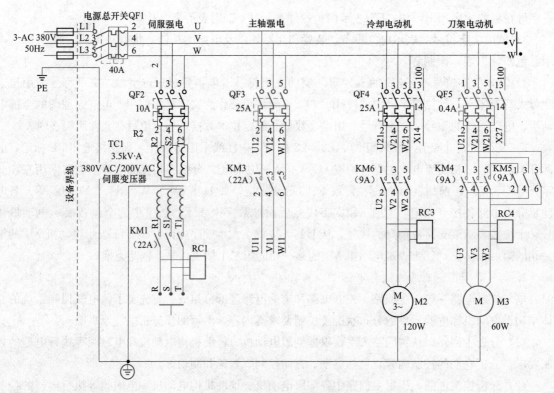

图 2-12 TK40A 强电回路

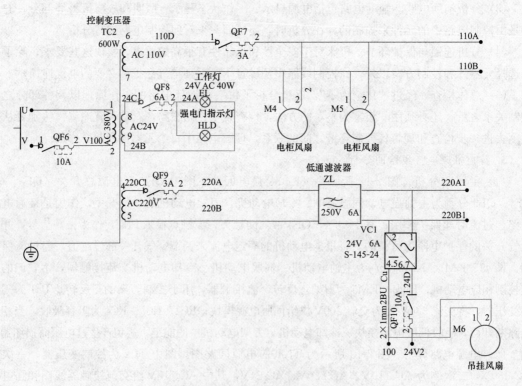

图 2-13 TK40A 电源回路图

块、电源模块、24V 电源提供电源；VC1 为 24V 电源，将 AC 220V 转换为 DC 24V 电源，给世纪星数控系统、PLC 输入/输出、24V 继电器线圈、伺服模块、电源模块、吊挂风扇提供电源；QF6、QF7、QF8、QF9、QF10 空气开关为电路的短路保护。

（3）控制电路分析。

1）主轴电动机的控制。图 2-14、图 2-15 分别为 TK40A 交流控制回路图和 TK40A 直流控制回路图。先将 QF2、QF3 空气开关合上，见图 2-12 强电回路，当机床未压限位开关、伺服未报警、急停未压下、主轴未报警时，KA2、KA3 继电器线圈通电，继电器触点吸合，并且 PLC 输出点 Y00 发出伺服允许信号，KA1 继电器线圈通电，继电器触点吸合，KM1 交流接触器线圈通电，交流接触器触点吸合，KM3 主轴交流接触器线圈通电，交流接触器主触点吸合，主轴变频器加上 AC 380V 电压，若有主轴正转或主轴反转及主轴转速指令时（手动或自动），PLC 输出主轴正转 Y10 或主轴反转 Y11 有效，主轴 AD 输出对应于主轴转速的直流电压值（0～10V），主轴按指令值的转速正转或反转；当主轴速度到达指令值时，主轴变频器输出主轴速度到达信号给 PLC 输入 X31（未标出），主轴转动指令完成。主轴的启动时间、制动时间由主轴变频器内部参数设定。

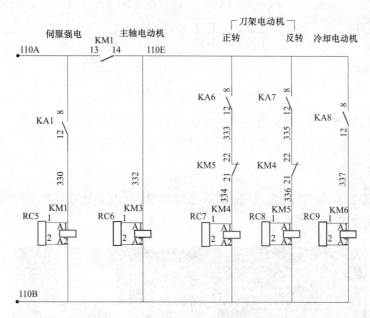

图 2-14　TK40A 交流控制回路图

2）刀架电动机的控制。当有手动换刀或自动换刀指令时，经过系统处理转变为刀位信号，这时是 PLC 输出 Y06 有效，KA6 继电器线圈通电，继电器触点闭合，KM4 交流接触器线圈通电，交流接触器主触点吸合，刀架电动机正转，当 PLC 输入点检测到指令刀具所对应的刀位信号时，PLC 输出 Y06 有效撤消、刀架电动机正转停止；PLC 输出 Y07 有效，KA7 继电器线圈通电，继电器触点闭合，KM5 交流接触器线圈通电，交流接触器主触点吸合，刀架电动机反转，延时一定时间后（该时间由参数设定，并根据现场情况作调整），PLC 输出 Y07 有效撤消，KM5 交流接触器主触点断开，刀架电动机反转停止，选刀完成。为了防止电源短路，在刀架电动机正转继电器线圈、接触器线圈回路中串入了反转继电器、接触器动断触点，如图 2-14 所示。请注意，这里刀架转位选刀只能一个方向转动，需刀架电动机正转。刀架电动机反转只为刀架定位。

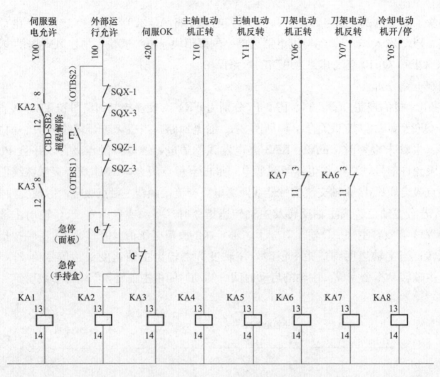

图 2-15　TK40A 直流控制回路图

3）冷却电动机控制。当有手动或自动冷却指令时，这时 PLC 输出 Y05 有效，KA8 继电器线圈通电，继电器触点闭合，KM6 交流接触器线圈通电，交流接触器主触点吸合，冷却电动机旋转，带动冷却泵工作。

注意：如图 2-16 所示，数控机床的好多故障都是因为接线端子压不紧而使其接触不良造成的。在进行接线时要注意观察。

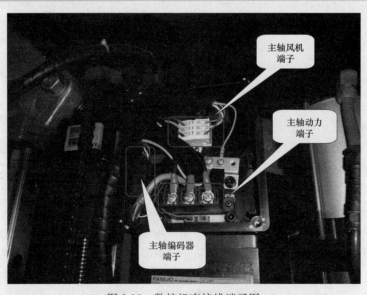

图 2-16　数控机床接线端子图

⊛ *技能训练*

三、故障维修

【例 2-1】 故障现象：一台配套 SIEMENS 系统的数控机床，有时在自动加工过程中，系统突然断电。

分析及处理：测量其 24V 直流供电电源发现只有 22V 左右，电网电压向下波动时，引起这个电压降低，导致 NC 系统采取保护措施，自动断电。经确认为整流变压器匝间短路，造成容量不够。更换新的整流变压器后，故障排除。

【例 2-2】 故障现象：一台配套 SIEMENS 系统的数控机床，当系统加上电源后，系统开始自检，当自检完毕进入基本画面时，系统断电。

分析及处理：经检查，故障原因是 X 轴抱闸线圈对地短路。系统自检后，伺服条件准备好，抱闸通电释放。抱闸线圈采用 24V 电源供电，由于线圈对地短路，致使 24V 电压瞬间下降。

【例 2-3】 故障现象：一台 FANUC-0T 数控车床，开机后 CRT 无画面，电源模块报警指示灯亮。

分析及处理：根据维修说明书所述，发现 CRT 和 I/O 接口公用的 24EDC 电源正端与直流地之间仅有 $1\sim 2\Omega$ 电阻，而同类设备应有 155Ω 电阻，这类故障一般在主板，而本例故障较特殊。先拔掉 M18 电缆插头，故障仍在，后拔掉公用的 24EDC 电源插头后，电阻值恢复正常，顺线查出插头上有短路现象。排除后，机床恢复正常。

【例 2-4】 故障现象：一台数控机床，某天开机，主轴报警，显示器显示"Saxis not ready"（主轴没准备好）。

分析及处理：打开主轴伺服单元电箱，发现伺服单元无任何显示。用万用表测主轴伺服驱动 BKH 电源进线供电正常，而伺服单元数码管无显示，说明该单元损坏。检查该单元供电线路，发现供电线路实际接线与电气图不符，如图 2-17 所示。该单元通电启动时，KM5 先闭合，2~3s 后，KM6 闭合，将电阻 R 短接。电阻与扼流圈 L 的作用是在启动时防止浪涌电流对主轴单元的冲击。

实际接线中三只电阻却接成了三相并联形式，起不到保护作用，导致通电时主轴单元被损坏，同时三只电阻因长期通电烧煳。

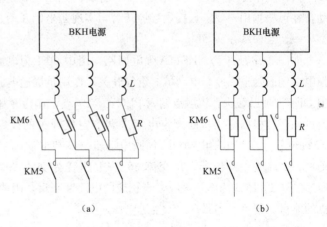

图 2-17　接线图
（a）实际接线；（b）电气图接线

按电气图重新接线，更换新主轴单元后，机床恢复正常。

⊛ *讨论总结*

在工厂技术人员、教师的参与下讨论线路故障诊断，在讨论前学生应在图书馆或上网查过资料。表 2-1 是线路的常见故障及处理方法。

表 2-1　　　　　　　　　　　　　　　　线路的常见故障及处理方法

故障现象	可能原因	处理方法
熔断器熔断	操作电路中有一相接地	检查绝缘并消除接地现象
接触器不能接通	1) 线路无电压。 2) 闸刀未合或未合紧。 3) 紧急开关未合或未合紧。 4) 过电流保护元件的联锁触点未闭合。 5) 控制电路的熔断器烧断。 6) 线路主接触的吸引线圈烧断或断路	1) 检查有无电压。 2) 检查各电器元件。 3) 检查熔断器。 4) 更换线圈。 5) 找出断线并消除故障
主接触器接通时，过电流继电器动作	控制器的电路接地	找出接地故障点，并消除故障
主接触器接通时，熔断器熔断	该相接地	将该相电源切断并查找故障点
控制器合上时，过电流继电器动作	1) 过电流继电器的整定值不符。 2) 定子线路中有接地。 3) 机械部分有故障	1) 调整继电器的电流。 2) 找出接地点。 3) 检查机械部分
当控制器合上后，电动机只能往一个方向转动	1) 配线发生故障。 2) 限位开关发生故障	1) 找出故障点。 2) 检查限位开关
限位开关动作时电动机不断电	1) 限位开关出现短路。 2) 接至接触器控制器的导线次序错乱	1) 检查限位开关。 2) 检查接触器

◎ 任务扩展——数控铣床电气线路的分析

以 XK714A 数控铣床为例来介绍数控铣床的电路分析方法。XK714A 数控铣床采用变频主轴，X、Y、Z 三向进给均由伺服电动机驱动滚珠丝杠。机床采用 HNC-21M 数控系统，实现三坐标联动，并可根据用户要求，提供数控转台，实现四坐标联动。

一、主回路分析

如图 2-18 所示为 XK714A 强电回路，图中 QF1 为电源总开关。QF3、QF2、QF4 分别为主轴强电、伺服强电、冷却电动机的空气开关；作用是接通电源及电源在短路、过流时起保护作用；其中 QF4 带辅助触头，该触点输入 PLC 的 X27 点，作为冷却电动机报警信号，并且该空气开关为电流可调，可根据电动机的额定电流来调节空气开关的设定值，起到过流保护作用。KM2、KM1、KM3 分别为控制主轴电动机、伺服电动机、冷却电动机交流接触器，由它们的主触点控制相应电动机；TC1 为主变压器，将交流 380V 电压变为交流 200V 电压；供给伺服电源模块主回电路；RC1、RC2、RC3 为阻容吸收，当相应的电路断开后，吸收伺服电源模块、主轴变频器、冷却电动机的能量，避免上述器件上产生过电压。

二、电源电路分析

如图 2-19 所示为 XK714A 电源回路，图中 TC2 为控制变压器，一次侧为 AC 380V，二次侧为 AC 110V、AC 220V、AC 24V，其中 AC 110V 给交流接触器线圈、电柜热交换器风扇电动机提供电源；AC 24V 给工作灯提供电源；AC 220V 给主轴风扇电动机、润滑电动机和 24V 电源供电，通过低通滤波器滤波给伺服模块、电源模块、24V 电源提供电源控制；VC1、VC2 为 24V 电源，将 AC 220V 转换为 AD 24V，其中 VC1 给世纪星数控系统、PLC 输入/输出、24V 继电器线圈、伺服模块、电源模块、吊挂风扇提供电源，VC2 给 Z 轴电动机提供直流 24V，将 Z 轴抱闸打开；QF7、QF10、QF11 空气开关为电路的短路保护。

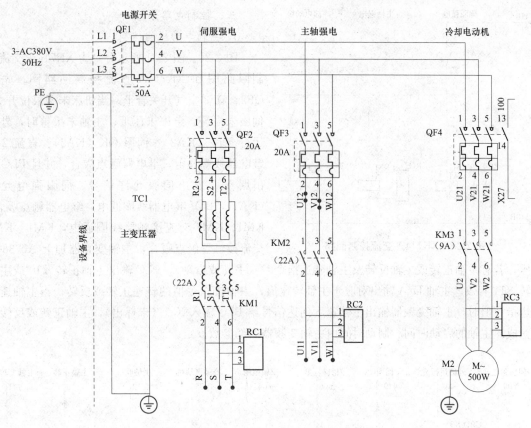

图 2-18　XK714A 强电回路图

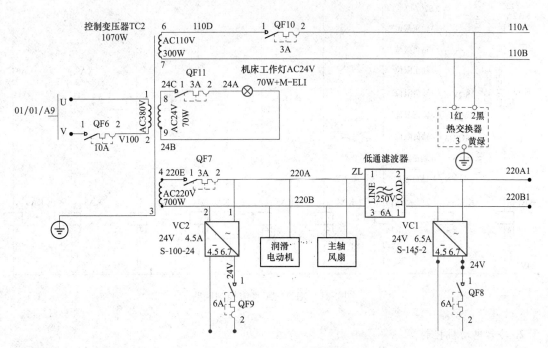

图 2-19　XK714A 电源回路

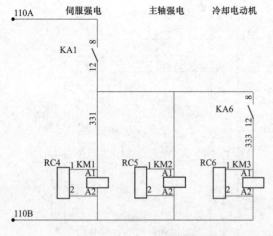

图 2-20　XK714A 交流控制回路

三、控制电路分析

1. 主轴电动机的控制

图 2-20、图 2-21 所示分别为 XK714A 交流控制回路图和 XK714A 直流控制回路图。先将 QF2、QF3 空气开关合上，当机床未压限位开关、伺服未报警、急停未压下、主轴未报警时，外部运行允许（KA2）、伺服 OK（KA3）、直流 24V 继电器线圈通电，继电器触点吸合，并且 PLC 输出点 Y00 发出伺服允许信号，伺服强电允许（KA1），24V 继电器线圈通电，继电器触点吸合，KM1、KM2 交流接触器线圈通电，KM1、KM2 交流接触器触点吸合，主轴变频器加上 AC 380V 电压，若有主轴正转或主轴反转及主轴转速指令时（手动或自动），PLC 输出主轴正转 Y10 或主轴反转 Y11 有效，主轴 D/A 输出对应于主轴转速值，主轴按指令值的转速正转或反转；当主轴速度到达指令值时，主轴变频器输出主轴速度到达信号给 PLC 输入 X31（未标出），主轴正转或反转指令完成。主轴的启动时间、制动时间由主轴变频器内部参数设定。

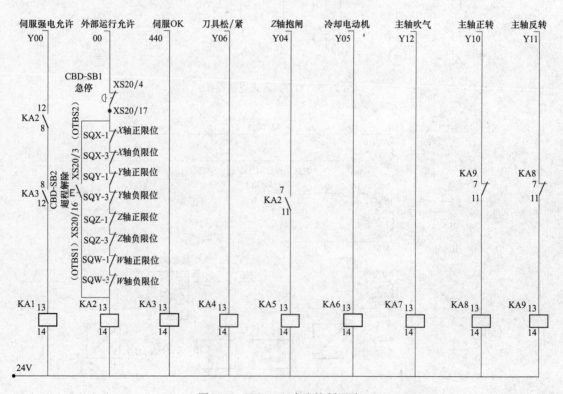

图 2-21　XK714A 直流控制回路

2. 冷却电动机控制

当有手动或自动冷却指令时，这时 PLC 输出 Y05 有效，KA6 继电器线圈通电，继电器触点闭合，KM3 交流接触器线圈通电，交流接触器主触点吸合，冷却电动机旋转带动冷却泵工作。

3. 换刀控制

当有手动或自动刀具松开指令时，机床 CNC 装置控制 PLC 输出 Y06 有效，KA4 继电器线圈通电，继电器触点闭合，刀具松/紧电磁阀通电，刀具松开，手动将刀具拔下，延时一定时间后，PLC 输出 Y12 有效，KA7 继电器线圈通电，继电器触点闭合，主轴吹气电磁阀通电，清除主轴灰尘，延时一定时间后，PLC 输出 Y12 有效撤消，主轴吹气电磁阀断电；将加工所需刀具放入主轴后，机床 CNC 装置控制 PLC 输出 Y06 有效撤消，刀具松/紧电磁阀断电，刀具夹紧，换刀结束。

任务二　认识数控机床的抗干扰技术

任务引入

干扰一般是指数控系统在工作过程中出现的一些与有用信号无关的，并且对数控系统性能或信号传输有害的电气变化现象。这些有害的电气变化现象使得有用信号的数据发生瞬态变化，增大误差，出现假象，甚至使整个系统出现异常信号而引起故障。例如几毫伏的噪声可能淹没传感器输出的模拟信号，构成严重干扰，影响系统正常运行。对于精密数控机床来说，克服干扰的影响显得尤为重要。

任务目标

- 了解干扰的概念与分类
- 掌握数控机床的抗干扰技术
- 会对数控系统进行维护

任务实施

▶ 理论讲解

一、干扰的分类

干扰根据其现象和信号特征有不同的分类方法。

1. 按干扰性质分

（1）自然干扰。主要由雷电、太阳异常电磁辐射及来自宇宙的电磁辐射等自然现象形成的干扰。

（2）人为干扰。分有意干扰和无意干扰。有意干扰指由人有意制造的电磁干扰信号。人为无意干扰很多，如工业用电、高频及微波设备等引起的干扰。

（3）固有干扰。主要是电子元器件固有噪声引起的干扰，包括信号线之间的相互串扰，长线传输时由于阻抗不匹配而引起的反射噪声、负载突变而引起的瞬变噪声以及馈电系统的浪涌噪声干扰等。

2. 按干扰的耦合模式分

（1）电场耦合干扰。电场通过电容耦合的干扰，包括电路周围物件上聚积的电荷直接对电路的泄放，大载流导体产生的电场通过寄生电容对受扰装置产生的耦合干扰等。

（2）磁场耦合干扰。大电流周围磁场对装置回路耦合形成的干扰。动力线、电动机、发电机、电源变压器和继电器等都会产生这种磁场。

(3) 漏电耦合干扰。绝缘电阻降低而由漏电流引起的干扰。多发生于工作条件比较恶劣的环境或器件性能退化、器件本身老化的情况下。

(4) 共阻抗感应干扰。电路各部分公共导线阻抗、地阻抗和电源内阻压降相互耦合形成的干扰。这是机电一体化系统普遍存在的一种干扰。

(5) 电磁辐射干扰。由各种大功率高频、中频发生装置、各种电火花以及电台电视台等产生的高频电磁波，向周围空间辐射，形成电磁辐射干扰。

一体化教学

二、数控机床的抗干扰技术

1. 信号的分组

机床所使用的电缆分类见表 2-2，每组电缆应按表中所述处理方法处理，并按分组走线，电缆走线方法如图 2-22 所示。

表 2-2　　　　　　　　　　机床所使用的电缆分类

组别	信号线	处理方法
A	一次侧交流电源线	B、C组的电缆必须与其他组电缆分开走线[①]或进行电磁屏蔽[②]
	二次侧交流电源线	
	交/直流动力线（包括伺服电动机、主轴电动机动力线）	
	交/直流线圈	
	交/直流继电器	
B	直流线圈（DC24V）	在直流线圈和继电器上连接二极管，A组电缆要与其他组电缆分开走线或电磁屏蔽；尽量使 C 组远离其他组；最好进行屏蔽处理
	直流继电器（DC24V）	
	CNC—强电柜之间的 DI/DO 电缆	
	CNC—机床之间的 DI/DO 电缆	
	控制单元及其外围设备的 DC24V 输入电源电缆	
C	CNC—伺服放大器之间的电缆	A组电缆要和其他组电缆分开走线，要进行电磁屏蔽；B组电缆尽量与其他组电缆分开；必须实施屏蔽处理
	位置反馈、速度反馈用的电缆	
	CNC—主轴放大器之间的电缆	
	位置编码器电缆	
	手摇脉冲发生器电缆	
	CRT（LCD）MDI 用的电缆	
	RS-232C，RS-422 用的电缆	
	电池电缆	
	其他需要屏蔽用的电缆	

① 分开走线指每组间的电缆间隔要在 10cm 以上。
② 电磁屏蔽指各组间用接地的钢板屏蔽。

2. 屏蔽

屏蔽是利用导电或导磁材料制成的盒状或壳状屏蔽体将干扰源或干扰对象包围起来，从而割断或削弱干扰场的空间耦合通道，阻止其电磁能量的传输。按需要屏蔽的干扰场性质的不同，可分为电场屏蔽、磁场屏蔽和电磁场屏蔽。

电场屏蔽是为了消除或抑制由于电场耦合引起的干扰。通常用铜和铝等导电性能良好的金属材料作屏蔽体。屏蔽体结构应尽量完整严密并保持良好的接地。

磁场屏蔽是为了消除或抑制由于磁场耦合引起的干扰。对静磁场及低频交变磁场，可用高磁导率的材料作屏蔽体，并保证磁路畅通。对高频交变磁场，由于主要靠屏蔽体壳体上感生的涡流所产生的反磁场起排斥原磁场的作用，因此，应选用良导体材料，如铜、铝等作屏蔽体。

一般情况下，单纯的电场或磁场是很少见的，通常是电磁场同时存在的，因此应将电磁场同时屏蔽。例如，在电子仪器内部，最大的工频磁场来自电源变压器，对变压器进行屏蔽是抑制其干扰的有效措施，在变压器绕组线包

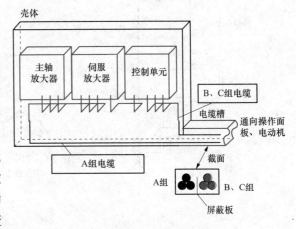

图 2-22　信号线分组与走线

的外面包一层铜皮作为漏磁短路环。当漏磁通穿过短路环时，在铜环中感生涡流，因此会产生反磁通以抵消部分漏磁通，使变压器外的磁通减弱。对变压器或扼流圈的侧面也须屏蔽，一般采用包一层铁皮来做屏蔽盒。包的层数越多，短路环越厚，屏蔽效果越好。

与 CNC 连接的电缆，均需经过屏蔽处理，应按图 2-23 所示方法紧固。装夹屏蔽线时除夹住电缆外，还兼屏蔽处理作用，这对系统的稳定性极为重要，因此，必须实施。如图 2-23 所示，剥开部分电缆皮使屏蔽层露出，将其用紧固夹子拧到机床厂家制作的地线板上。紧固夹子附在 CNC 上。屏蔽线的屏蔽地只许接在系统侧，而不能接在机床侧，否则会引起干扰。

3. 接地

数控机床安装中的"接地"有严格要求，如果数控装置、电气柜等设备不能按照使用手册要求接地，一些干扰会通过"接地"这条途径对机床起作用。数控机床的地线系统有三种。

（1）信号地。用来提供电信号的基准电位（0V）。

（2）框架地。框架地是防止外来噪声和内部噪声为目的的地线系统，它是设备的面板、单元的外壳、操作盘及各装置间连接的屏蔽线。

（3）系统地。是将框架地和大地相连接。

图 2-24 是数控机床的地线系统示意图，图 2-25 为数控机床实际接地的方法。图 2-25（a）是将所有金属部件连在多点上的接地方法，把主接地点和第二接地点用截面积足够大的电缆连接起来，图 2-25（b）的接地方法是设置一个接地点。

1）接地标准及办法需遵守国家标准 GB/T 5226.1—1996"工业机械电气设备第一部分：通用技术条件"；

2）中性线不能作为保护地使用；

3）PE 接地只能集中在一点接地，接地线截面积必须$\geqslant 6\text{mm}^2$，接地线严格禁止出现环绕。

4. 导线捆扎处理

在配线过程中，通常将各类导线捆扎成圆形线束，线束的线扣节距应力求均匀，导线线束的规定见表 2-3。

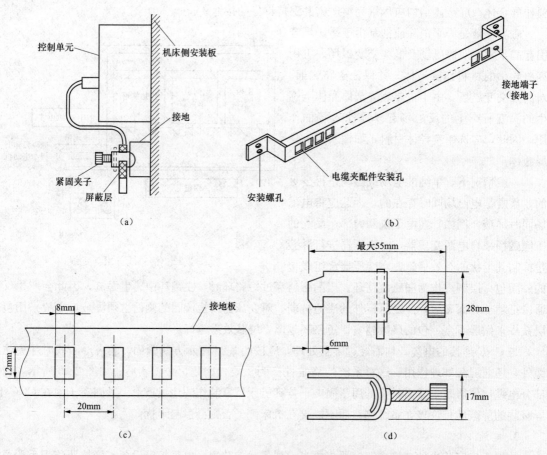

图 2-23　电缆的装夹与屏蔽处理

(a) 电缆夹的应用；(b) 接地板；(c) 接地板开孔图；(d) 电缆夹配件的外形

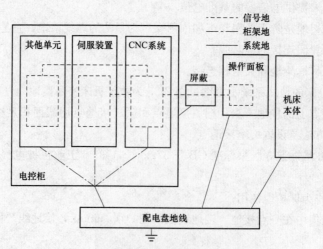

图 2-24　数控机床的地线系统示意图

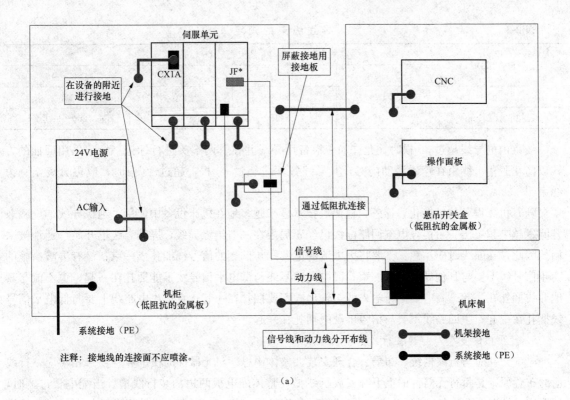

（a）

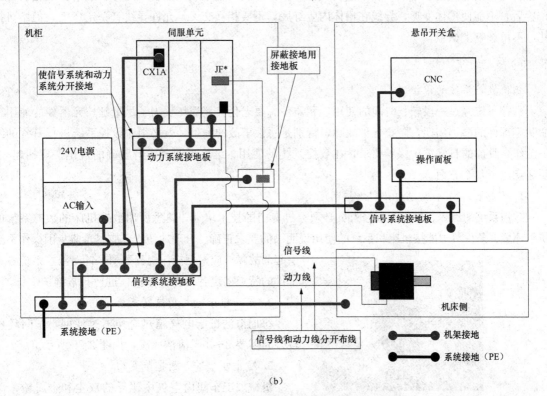

（b）

图 2-25　FANUC 系统数控机床接地系统示意图

（a）多点接地方式概略图；（b）单点接地方式概略图

表 2-3　　　　　　　　　　　　　　　　导线线束的规定

项　　目	线束直径 D/mm			
	5～10	>10～10	>20～30	>30～40
捆扎带长度 L/mm	50	80	120	180
线扣节距 L/mm	50～100	100～150	150～200	200～300

线束内的导线超过 30 根时，允许加一根备用导线并在其两端头进行标记。标记采用回插的方式以防止脱落。线束在跨越活动门时，其导线数不应超过 30 根，超过 30 根时，应再分离出一束线束。

随着机床设备的智能化，遥感、遥测等技术越来越多地在机床设备中使用，绝缘导线的电磁兼容问题越来越突出。目前，电气回路配线已经不局限在一般绝缘导线，屏蔽导线也开始广泛地被采用。因此，在配线时应注意：不要将大电流的电源线与低频的信号线捆扎成一束；没有屏蔽措施的高频信号线不要与其他导线捆成一束；高电平信号线与低电平信号线不能捆扎在一起，也不能与其他导线捆扎在一起；高电平信号输入线与输出线不要捆扎在一起；直流主电路线不要与低电平信号线捆扎在一起；主回路线不要与信号屏蔽线捆扎在一起。

5. 行线槽的安装与导线在行线槽内的布置

电气元件应与行线槽统一布局、合理安装、整体构思。与元器件的横平竖直要求相对应，行线槽的布置原则是每行元器件的上下都安放行线槽，整体配电板两边加装行线槽。当配电板过宽时，根据实际情况在配电板中间加装纵向行线槽。根据导线的粗细、根数多少选择合适的行线槽。导线布置后，不能使槽体变形，导线在槽体内应舒展，不要相互交叉。允许导线有一定弯度，但不可捆扎，不可影响上槽盖。

▶▶ *技能训练*

三、数控系统的维护

数控系统经过一段较长时间的使用，元器件总要老化甚至损坏。为了尽量延长元器件的使用寿命和零部件的磨损周期，防止各种故障，特别是恶性事故的发生，就必须对数控系统进行日常的维护工作。具体的日常维护保养要求，在数控系统的使用、维修说明书中有明确的规定。概括起来，要注意以下几个方面。

1. 严格遵守操作规程和日常维护制度

数控系统的编程、操作和维修人员必须经过专门的技术培训，熟悉所用数控机床的数控系统的使用环境、条件等，能按机床和系统的使用说明书的要求正确、合理地使用，应尽量避免因操作不当引起的故障。应根据操作规程要求，针对数控系统各个部件的特点确定各自保养条例，进行日常维护工作。

2. 清洁机床电气箱热交换器过滤网

每周清洁机床电气箱热交换器过滤网，车间环境较差时需要 2～3 天清洁一次，如图 2-26 所示。

3. 防止灰尘进入数控装置内

机械加工车间内空气中飘浮的灰尘和金属粉末落在印制电路板和电器插件上，容易引起元器件间绝缘

过滤网

图 2-26　清洁过滤网

电阻下降，从而出现故障甚至损坏元器件。因此，除非进行调整和维修，否则不允许随意开启数控柜门，更不允许在使用时敞开柜门。已经受外部尘埃、油雾污染的电路板、接插件等，可采用专用电子清洁剂喷洗。

4. 定时清扫数控柜的散热通风系统及电动机

为防止数控装置过热，应经常检查数控柜、数控装置上各冷却风扇工作是否正常。应根据车间环境状况，按照数控机床使用说明书中的规定，每半年或一个季度清扫检查一次。如果环境温度过高，造成数控柜内的温度超过60℃时，应及时加装空调装置，并定期清洁数控机床上的各种电动机，如图 2-27 所示。

5. 经常监视数控系统的电网电压

通常，数控系统允许的电网电压范围在额定值的 85%～110%，如果超出此范围，轻则使数控系统不能稳定工作，重则会造成重要电子部件的损坏。因此，要经常注意电网电压的波动，对于电网质量比较差的地区，应配置交流稳压装置。

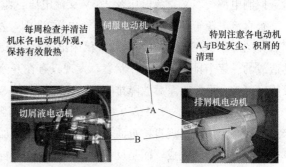

6. 定期更换存储器用电池

数控系统中部分 CMOS 存储器中的存储

图 2-27 定期清洁数控机床上的各种电动机

内容在关机时靠电池供电保持（见图 2-28），一般采用锂电池或可充电的镍镉电池，电池电压降到一定值就会造成参数丢失。因此，要定期检查电池电压，当电池电压降到限定值时，机床就会报警提示操作人员及时更换电池。更换电池时一定要在数控系统通电状态下进行，这样才不会造成存储参数丢失。另外，为了防止参数丢失，可将数控系统中的参数事先备份，一旦参数丢失，在更换新电池后，可将参数重新输入。

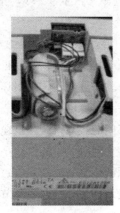

图 2-28 数控机床用电池

7. 数控系统长期不用时的维护

数控机床应尽量避免长期不用。数控机床长期不用时，为了避免数控系统的损坏，应对数控系统进行定期维护保养。应经常给数控系统通电或让数控机床运行温机程序，在空气湿度大的雨季，应该 2～3 天开机一次，运行 1～2h，利用电气元件本身发热驱走数控柜内的潮气，以保证电子元器件的性能稳定可靠。而且，温机程序可使油膜均匀地覆盖在丝杠、导轨等部件上，达到保护目的。

8. 备用电路板的维护

印制电路板长期不用也容易出现故障,因此,数控机床中的备用电路板,应定期装到数控系统中通电运行一段时间,以防损坏。

四、维修实例

【例 2-5】 TH7640 加工中心,采用 SIEMENS802D 系统,在加工过程中出现无规律"3000 急停"报警。关机后重新开机,能继续工作,但上述现象会反复。

急停后再开机床能够工作,说明 CNC 系统及驱动系统正常。此现象可能是电源波动引起的。检查控制电源+24V 直流电压及 220V 交流电压,监控故障出现前后是否出现波动。

查直流电源+24V,正常。查交流电源 220V,发现开机正常,在 218V 左右。机床工作一段时间后突然降至 180V。过了一会儿,机床出现急停报警。这说明该机床急停是由于控制电源 220V 波动造成的。逐个排查各种工作状态,发现只有在开液压泵的情况下出现急停。但液压泵电动机绕组及绝缘正常,更换水泵后故障排除。

【例 2-6】 CNC—B4H250—600 数控 4 轴单面卧式枪钻机床,采用 SIEMENS802S 系统。该机床正常状态为开机出现自检页面,自检通过后进入加工页面。故障状态是,开机出现自检页面,但自检过程不能顺利完成,而是反复不停地从头开始自检,无法进入加工页面,但无报警。

出现这一现象的一种可能是系统有问题,无法完成自检。另一种可能是外部干扰自检过程。考虑到系统无报警,故先从外部入手。CNC 系统电源由开关电源+24V 供电。查+24V 电源,开始正常,自检过程中突然降至 5V,然后自动变为 24V,使 CNC 系统自检中断,又重新开始启动自检。怀疑可能是开关电源有问题。用开关电源接一模拟负载,+24V 稳定,基本上可以排除开关电源问题。该电源除了给 CNC 系统供电外,还同时给 PLC 供电。查 PLC 有关部件,发现有一开关上的电源线接地,至使 CNC 系统自检。进入 PLC 后,由于该开关接地而使开关电源输出电压突降,引起 CNC 系统自检中断。排除故障,自动退出 PLC 后,电源又恢复+24V,重新开始启动自检。将开关处理好后,开机自检通过,机床正常工作。

【例 2-7】 故障现象:某配套 SIEMENS 3M 的加工中心,在使用过程中经常无规律地出现"死机"、系统无法正常启动等故障。机床故障后,进行重新开机,又可以恢复正常工作。

分析及处理:可以初步判断数控系统本身的组成模块、软件及硬件均无损坏,发生故障的原因主要来自系统外部的电磁干扰或外部电源干扰等。

考虑到该机床为德国进口设备,在数控系统、机床、车间的接地系统,电缆屏蔽连接,电缆的布置、安装,系统各模块的安装、连接等基础性工作方面存在问题的可能性较小。

机床的安装环境条件较差,厂房内大型设备较多,电源的干扰与波动及电磁干扰可能是引起系统工作不正常的主要原因。为此,维修时对系统的电源进线增加了干扰滤波环节;在采取以上措施后,"死机"现象消除,机床长时间工作正常。

【例 2-8】 故障现象:配套 SIEMENS 802D 系统的数控铣床,开机时出现报警:ALM380500,驱动器显示报警号 ALM504。

分析与处理:驱动器 ALM504 报警的含义是,编码器的电压太低,编码器反馈监控失效。

经检查,开机时伺服驱动器可以显示"RUN",表明伺服驱动系统可以通过自诊断,驱动器的硬件应无故障。经观察发现,每次报警都是在伺服驱动系统"使能"信号加入的瞬间出现,由此可以初步判定,报警是由于伺服电动机加入电枢电压瞬间的干扰引起的。

重新连接伺服驱动的电动机编码器反馈线，进行正确的接地连接后，故障清除，机床恢复正常。

【例 2-9】 故障现象：某配套国产 KND100M 的数控落地镗床，在使用过程中经常无规律地出现系统报警"WATCH DOG"、系统无法正常启动等故障。机床故障后，只要进行一次重新开机，一般可以恢复正常工作；但有时需要开、关机多次或对系统的连接插头进行几次插、拔操作，系统报警才能消除。

经过检查确认：数控系统、机床、车间的接地系统，系统的电缆屏蔽连接，电缆的布置、安装、系统各模块的安装、连接、固定均符合要求，排除了以上基础工作缺陷造成"软故障"的原因。

进一步检查发现：在机床正常工作时，系统电源模块的输出电压 DC5V 电压值为 4.9V 左右，其值偏低，它可能是导致系统工作不正常的主要原因。维修时对系统电源模块的输出电压进行了调整，考虑到该机床的各类连接电缆均较长（长度在 20m 左右），为了保证编码器侧的 DC5V 达到规定的电压值，实际调整电源模块的输出 DC5V 电压为 5.1V 左右。调整后经长时间的运行证明，系统报警"WATCH DOG"不再出现，机床故障被排除。

任务扩展——浪涌吸收器的使用

为了防止来自电网的干扰，在异常输入时起到保护作用，电源的输入应该设有保护措施，通常采用的保护装置是浪涌吸收器。浪涌吸收器包括两部分，一个为相间保护，另一个为线间保护，如图 2-29 所示。

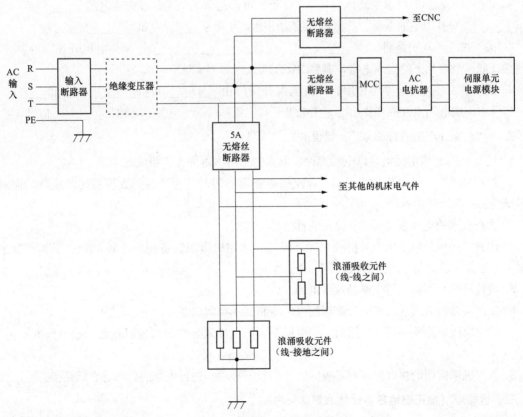

图 2-29 浪涌吸收器的连接

从图 2-29 可以看出，浪涌吸收器除了能够吸收输入交流的干扰信号以外，还可以起到保护的作用。当输入的电网电压超出浪涌吸收器的钳位电压时，会产生较大的电流，该电流即可使 5A 断路器断开，而输送到其他控制设备的电流随即被切断。

综合测试

一、填空题（将正确答案填写在横线上）

1. 机床电气箱热交换器过滤网需要_____清洁一次，车间环境较差时需要_____天清洁一次。

2. 如果数控机床使用环境温度过高，造成数控柜内的温度超过_____时，应及时加装空调装置。

3. 通常，数控系统允许的电网电压波动范围在额定值的_____之间。

4. 数控机床长期不用时，为了避免数控系统的损坏应经常给数控系统通电或让数控机床运行温机程序，在空气湿度大的雨季，应该_____开机一次，运行_____，利用电气元件本身发热驱走数控柜内的潮气，以保证电子元器件的性能稳定可靠。

5. 数控系统维护中要特别关注的易击穿件有：_____、_____。

6. 数控系统中部分 CMOS 存储器中的存储内容在关机时靠电池供电保持，一般采用锂电池或可充电的镍镉电池，电池电压降到一定值就会造成_____丢失。

7. 数控机床常用的电器主要是_____。低压电器通常是指工作在交流电压_____V、直流电压_____V 及以下的电器。低压电器按其用途又可分为_____和_____。

8. 霍尔式接近开关是将_____、_____、_____、_____和集电极开路（OC）门等电路做在同一个芯片上的集成电路，典型的霍尔集成电路有 UGN 3020 等。

9. 霍尔集成电路受到磁场作用时，集电极开路门由_____变为_____，输出_____信号；当霍尔集成电路离开磁场作用时，集电极开路门重新变为_____，输出_____信号。

二、判断题（正确的打"√"，错误的打"×"）

1. 强电是 24V 以上供电，以电器元件、电力电子功率器件为主组成的电路。（　　）

2. 数控机床应尽量避免长期不用。数控机床长期不用时，为了避免数控系统的损坏，应对数控系统进行定期维护保养。（　　）

3. 数控机床的电气系统要具有高可靠性。（　　）

4. 印制电路板长期不用容易出现故障，因此，数控机床中的备用电路板，应定期装到数控系统中通电运行一段时间，以防损坏。（　　）

5. 数控机床常用的电器主要是低压电器。（　　）

6. 低压电器按其用途又可分为低压配电电器和低压控制电器。（　　）

7. 霍尔集成电路受到磁场作用时，集电极开路门由导通态变为高电阻状态，输出低电平信号。（　　）

8. 数控机床常用的强电元件有了故障后，一般没有对其进行维修的，而是直接更换。（　　）

三、选择题（把正确地答案代号填到括号内）

1. 数控机床电气系统强电电路是指工作电压为（　　）V 以上。

A. 36　　　　　　　　B. 110　　　　　　　　C. 24　　　　　　　　D. 220

2. 为防止数控装置过热，当数控柜内的温度超过（　　）时，应及时加装空调装置。

A. 45℃　　　　　　　B. 80℃　　　　　　　C. 60℃　　　　　　　D. 80℃

3. 通常，数控系统允许的电网电压范围在额定值的（　　）。

A. 70%~120%　　　B. 85%~110%　　　C. 50%~140%　　　D. 80%~110%

4. 按照数控机床使用说明书中的规定，每（　　）清扫检查一次数控柜及数控装置上各冷却风扇。

A. 二个季度　　　　　　　　　　　　B. 一年或二个季度

C. 二年或四个季度　　　　　　　　　D. 半年或一个季度

模块三

数控系统的装调与维修

CNC 系统主要由硬件和软件两大部分组成。其核心是计算机数字控制装置。它通过系统控制软件配合系统硬件，合理地组织、管理数控系统的输入、数据处理、插补和输出信息，控制执行部件，使数控机床按照操作者的要求进行自动加工。

图 3-1 所示为整个计算机数控系统的结构框图。数控系统主要是指图 3-1 中的 CNC 控制器，CNC 控制器由计算机硬件、系统软件和相应的 I/O 接口构成的专用计算机与可编程控制器 PLC 组成。前者处理机床的轨迹运动的数字控制，后者处理开关量的逻辑控制。

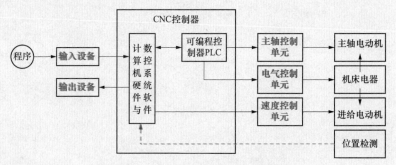

图 3-1　整个计算机数控系统的结构框图

模块目标

让学生掌握数控系统各元器件在实物上的位置，了解数控系统硬件的连接；了解数控系统的参数的分类，能调出数控系统的参数，并对参数进行设置；能对数控系统参数进行备份与恢复。

任务一　数控系统硬件的连接

任务引入

FANUCi 系列机箱共有两种形式，一种是内装式，另一种是分离式。所谓内装式就是系统线路板安装在显示器背面,数控系统与显示器(LCD 液晶显示器)是一体的,如图 3-2 所示,图 3-3 是内装式 CNC 与 LCD 的实装图。分离式结构如图 3-4 所示,它的系统部分与显示器是分离的,显示器可以是 CRT(阴极射线管)也可是 LCD(液晶显示器)。两种系统的功能基本相同,内装式系统体积小,分离式系统使用更灵活些,如大型龙门镗铣床显示器需要安装在吊挂上,系统更适宜安装在控制柜中,显然分离式系统更适合。

图 3-2　FANUCi 系列内装式系统

图 3-3　内装式 CNC 与 LCD 的实装图

无论是内装式结构还是分离式结构,它们均由"基本系统"和"选择板"组成。

基本系统,它可以形成一个最小的独立系统,实现最基本的数控功能。如基本的插补功能(FS16i 可达 8 轴控制,0iC 最多可达 4 轴控制),形成独立加工单元。

发那科 0iD 数控系统主机硬件如图 3-5 所示,图 3-6 是方框图,图 3-7 是系统各板插接位置图,图 3-8 是控制单元的实物图。

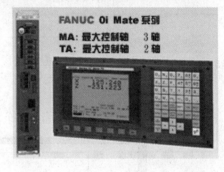

图 3-4　FANUCi 系列分离式系统

任务目标

- 能对数控系统的硬件进行连接
- 能对数控系统的硬件进行调整
- 能排除数控系统硬件的典型故障

任务实施

现场教学

由教师把学生带到数控机床边,由教师或工厂技术人员介绍数控系统控制单元的组成,在介绍时要注意人身与机床的安全。

数控机床控制单元由主板和 I/O 两个模块构成。主板模块包括主 CPU、内存、PMC 控制、I/O Link 控制、伺服控制、主轴控制、内存卡 I/F、LED 显示等;I/O 模块包括电源、I/O 接口、通信接口、MDI 控制、显示控制、手摇脉冲发生器控制和高速串行总线等。各部分与机床、外部设备连接插槽或插座如图 3-9 所示。

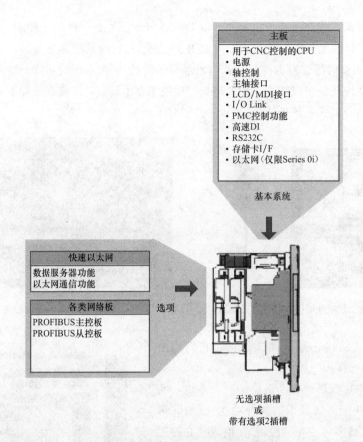

图 3-5　发那科 0iD 数控系统主机硬件

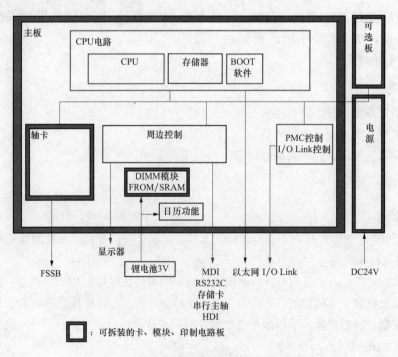

图 3-6　发那科 0iD 数控系统主机方框图

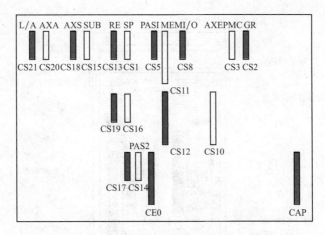

图 3-7　FANUC 0i 系统各板插接位置图

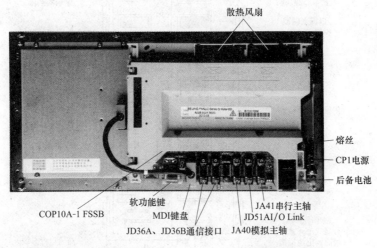

图 3-8　FANUC 0i 系统各板插接位置实物图

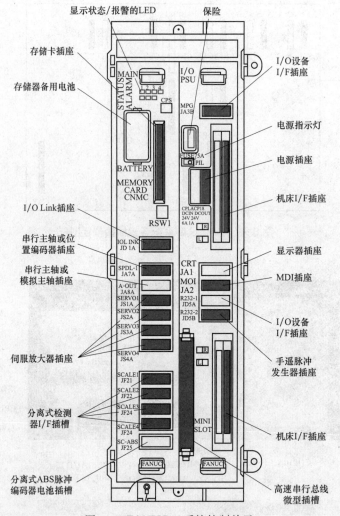

图 3-9　FANUC 0i 系统控制单元

▶▶技能训练

一、硬件连接

图 3-10 是 FANUC 0i-TD 系统结构示意图。图 3-11 为 FANUC 0i 系统的连接图。系统输入电压

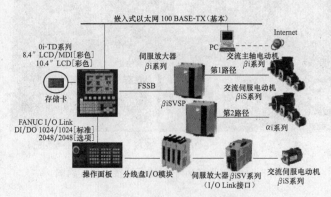

图 3-10　FANUC 0i-TD 系统结构示意图

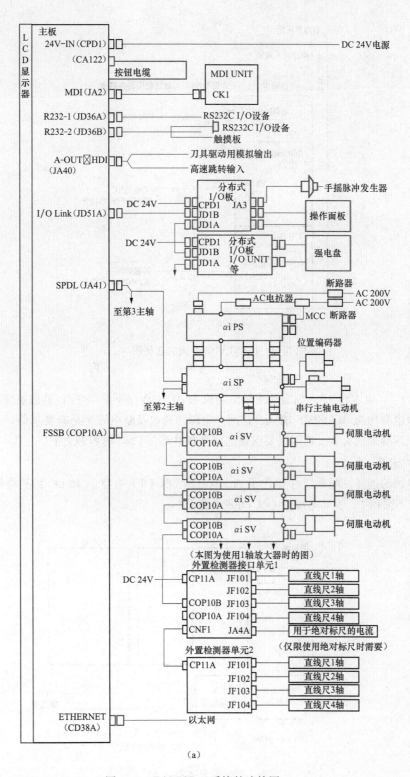

（a）

图 3-11　FANUC 0i 系统的连接图（一）

（a）基本板

有选项板时

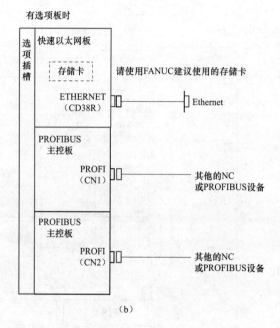

（b）

图 3-11　FANUC 0i 系统的连接图（二）

（b）选项板

为 DC24V+10％，电流约 7A。伺服和主轴电动机为 AC200V（不是 220V，其他系统如 0 系统，系统电源和伺服电源均为 AC200V）输入。这两个电源的通电及断电顺序是有要求的，不满足要求会出现报警或损坏驱动放大器。原则是要保证通电和断电都在 CNC 的控制之下。

1. 电源的连接

（1）主电源的连接。图 3-12 中给出了 AC 电源的 ON/OFF 电路 A 和 DC 24V 电源的 ON/OFF 电路 B，一般不采用 DC 24V 电源的 ON/OFF 电路 B。

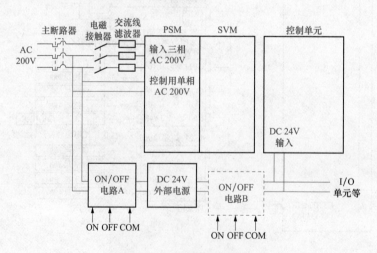

图 3-12　电源回路的接线

1）电源接通顺序。按如下顺序接通各单元的电源或全部同时接通。

a. 机床的电源（AC 200V）。

b. 伺服放大器的控制电源（AC 200V）。

c. I/O Link 连接的从属 I/O 设备，显示器的电源（DC 24V），CNC 控制单元的电源，分离型检测器（光栅尺）的电源，分离型检测器接口单元（DC 24V）。

2）电源关断顺序。按照下列顺序关断各单元的电源或者同时关断各单元的电源。

a. I/O Link 连接的从属 I/O 单元断电，显示单元断电（DC 24V），CNC 控制单元断电（DC 24V），分离型检测器接口单元断电（DC 24V）。

b. 伺服放大器控制电源（AC 200V）和分离型检测器（直线光栅尺）电源断电。

c. 机床的电源（AC 200V）断电。

当电源关断或者临时断电时就不能控制电动机，从安全角度考虑需在机床侧采取适当的措施。例如，当刀具沿重力轴移动时，使用抱闸以避免刀具下降。当伺服不工作或者电动机不旋转时抱闸卡紧电动机，只有当电动机转动时才松开抱闸。当电源关断或者瞬时断电、伺服不能控制时，卡紧伺服电动机。

（2）控制单元的电源连接。控制单元的电源是由外部电源提供的，其连接如图 3-13 所示。

（3）电池的连接。CNC 系统中使用电池的单元有 CNC 控制单元、分离型检测器接口单元、伺服放大器。其中 CNC 控制单元的电池用于 SRAM 存储器中内容的备份，分离型检测器接口单元电池用于分离型绝对脉冲编码器当前位置的保护，伺服放大器单元电池用于电动机内装绝对脉冲编码器当前位置的保护等。

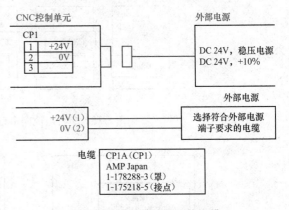

图 3-13　控制单元的连接电缆

1）存储器后备电池（DC 3V）。零件程序、刀具偏置量和系统参数等存储在控制单元的 CMOS 存储器中，其后备电池是安装在控制单元前面板上的锂电池，如图 3-14 所示，上述数据在主电源切断时不会丢失。后备电池在出厂前就已经安装在控制单元中，用后备电池可以使存储器中的内容保存一年。当电池电压降低时，在 CRT 上会出现"BAT"字样的系统报警，并且电池报警信号输出给 PMC。当这一报警信息出现时，需尽快更换电池。通常，电池应该在 2～3 周内更换，这依据系统的配置而定。如果电池电压下降很多，存储器的内容就不能继续保持，此时接通控制单元的电源，就会因为存储器内容的丢失而出现 935 报警（ECC 错误），更换电池后存储器内容就会全部清除，需要重新输入必要的数据。因此无论是否发生了电池报警，都需一年更换一次电池。更换控制单元的电池时，一定要保持控制单元的电源为接通状态。如果在电源断开的情况下断开存储器的电池，存储器的内容就会丢失。

2）分离型绝对脉冲编码器的电池（DC 6V）。一个电池单元可以使 6 个绝对脉冲编码器的当前位置值保持一年。如图 3-15 所示，当电池电压降低时，LCD 显示器上会出现 APC 报警 3n6～3n8（n-轴号）。当出现 APC 报警 3n7 时，应尽快更换电池。通常应该在出现该报警 1～2 周内更换，这取决于使用脉冲编码器的数量。如果电池电压降低太多，脉冲编码器的当前位置就可能丢失，此时接通控制器的电源，就会出现 APC 报警 3n0（请求返回参考点报警），更换电池后，就应立即进行机床返回参考点操作。因此不管有无 APC 报警，都需每年更换一次电池。

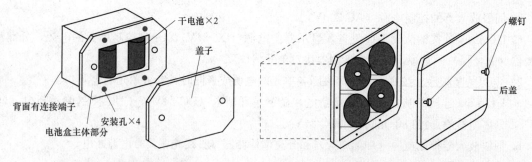

图 3-14　存储器后备电池　　　　　　图 3-15　分离型绝对脉冲编码器的电池

3）电动机内装绝对脉冲编码器的电池（DC 6V）。电动机内装绝对脉冲编码器有两种供电方式：由单台电池向多台 SVM 供应电池电源（见图 3-16）、将内置电池分别装入各自 SVM 内（见图 3-17）。

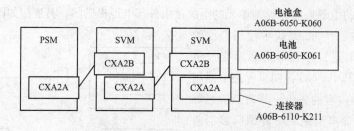

图 3-16　单台电池向多台 SVM 供应电池电源

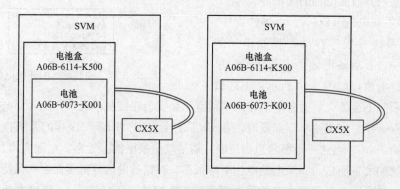

图 3-17　将内置电池分别装入各自 SVM 内

2. 急停的连接

急停控制的目的是在紧急情况下，使机床上所有运动部件制动，使其在最短时间内停止。图 3-18 中急停继电器的一对触点接到 CNC 控制单元的急停输入（X8.4）上，另一对触点接到放大器 PSM 电源模块的 CX4（2，3）上。PSM 的 MCC（CX3）不能接错，CX3 的 1、3 之间只是一个内部触点，如果错接成 200V，就会烧坏 PSM 控制板，所有的急停只能接触点，不能接 24V 电源，正确的连接如图 3-18 所示。

急停控制过程分析：急停的连接用于控制主接触器（MCC）线圈的通断电（MCCOFF3、MC-COFF4），并进一步控制三相 AC 200V 交流电源的通断。若按下急停按钮或机床运行时超程（行程开关断开），则继电器（KA）线圈断电，其动合触点 1、2 断开，触点 1 的断开使 CNC 控制单元出现急停报警，触点 2 的断开使主接触器线圈断电。主电路断开，进给电动机、主轴电动机便停止运行。

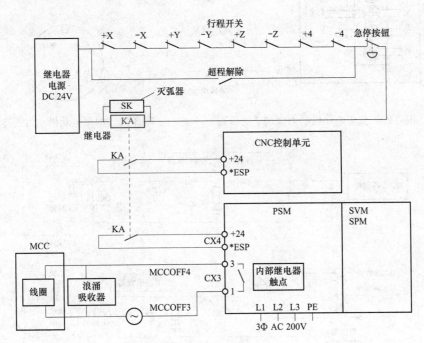

图 3-18　急停控制线路

3. 伺服电动机的连接

FANUCαi 系列交流伺服电动机的连接，如图 3-19 所示，包括动力线、信号线、内置制动和冷却风扇 4 部分的连接。

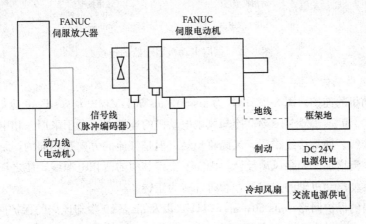

图 3-19　交流伺服电动机的连接

（1）动力线的连接。动力线端子位于电动机的端子盒内，以 αis 100 型伺服电动机为例，其端子排列如图 3-20 所示。伺服电动机动力线连接器如图 3-21 所示。

（2）电动机制动器的连接。图 3-22 中的开关为 I/O 输出点的继电器动合触点，控制制动器的开闭。电源侧方形连接插头 5、6 脚为制动器插脚，圆形连接插头 1、2 脚为制动器插脚。

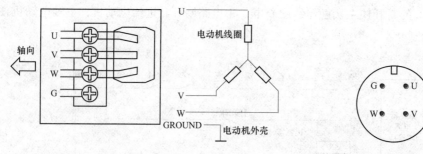

图 3-20 伺服电动机动力线端子的排列　　　　图 3-21 伺服电动机动力线连接器

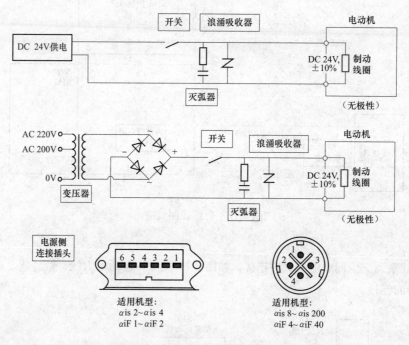

图 3-22 伺服电动机制动器的连接

4. 冷却风扇电动机的连接

（1）风扇电动机的连接。图 3-23（a）为 αis 50，αis 50HV，以及 αis F 40 冷却风扇电动机的连接图。图 3-23（b）为 αis 100～αis 500 冷却风扇电动机的连接图。对于采用三相电供电的风扇电动机，要注意正确接线。如果接线错误，风扇将反转，但是气流的方向是相同的，结果将造成冷却效果下降，电动机电流增加。如果风扇反转，则需要交换其中的两相电源线，使之正转（CW）。正向规定：沿着编码器朝电动机轴的方向看，顺时针转为正转。

（2）冷却风扇的保护回路。αis 50，αis 50HV，以及 αis F 40 冷却风扇的保护回路如图 3-24（a）所示，αis 100～αis 500 冷却风扇的保护回路如图 3-24（b）所示。

二、典型故障——电源不能接通的维修

按电源 ON 按钮后，数控系统不启动，实际上没有系统电源接入 CNC。

FANUC i 系列产品系统输入电源为＋DC24V，这里需要注意的是，由 AC 220V 到 DC 24V 的电源不是 FANUC 公司提供的，是由机床厂选配的外购件。

FANUC i 系列仅接受 DC 24V 电源，如图 3-25 所示。

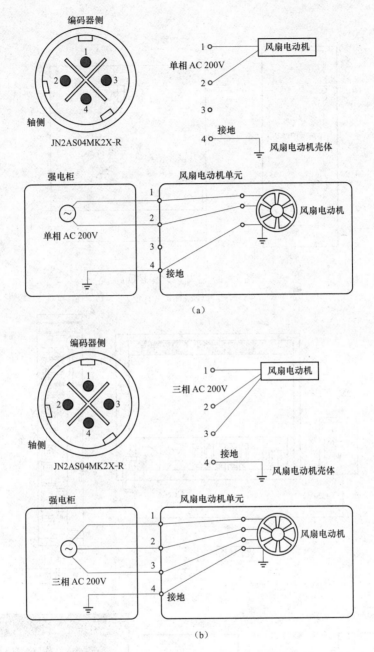

图 3-23　冷却风扇电动机的连接图

(a) 单相风扇电动机；(b) 三相风扇电动机

直流 24V 输入系统后，还需通过系统电源将＋DC24V 转换为＋3.3V（FLASH 卡写入电压）、＋5V（电路板 IC 工作电压）、＋/－12V、＋/－15V，如图 3-26 所示。

在该电源前端有一个快熔熔断器，当外部电压过高时立即熔断，保护系统硬件。

1. 故障原因

(1) 电源指示灯（绿色）不亮。当电源打不开时，如果电源指示灯（绿色）不亮。

1) 电源单元的熔断器已熔断，那是因为输入高电压引起，或者是由于电源单元本身的元器件坏引起的。

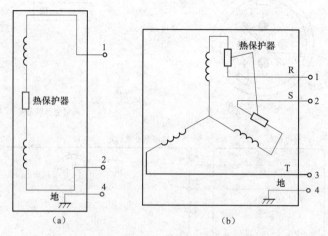

图 3-24　冷却风扇保护回路

（a）αis 50，αis 50HV，以及 αis F 40；（b）αis 100～αis 500

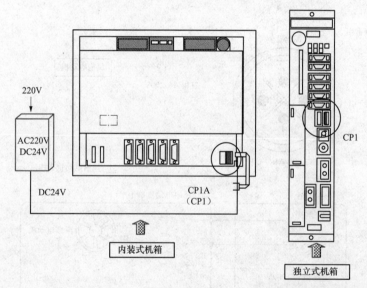

图 3-25　结构图

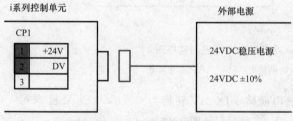

外部电源单元AC220V/DC24V输入到CNC

CNC系统电源DC24V/3.3V, 5V, +/-12V, +/-15V

图 3-26　变压

2）输入电压低，请检查进入电源单元的电压，电压的容许值为 AC200V＋10％、50Hz/60Hz ±1Hz；或 AC220V＋10％、60Hz±1Hz。

3）AC220V/DC24V 电源单元不良。

4）外部 24V 短路，电阻过小，引起短路电流过大，电源保护或损坏。

（2）电源指示灯亮。电源指示灯亮，报警灯也消失，但打不开电源，这时是因为电源 ON 的条件不满足。FANUC 推荐 ON/OFF 电路如图 3-27 所示。电源 ON 的条件有三个。

1）电源 ON 按钮闭合后断开。

2）电源 OFF 按钮闭合。

3）外部报警接点打开。

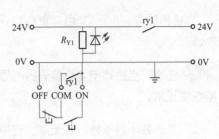

图 3-27　FANUC 推荐 ON/OFF 电路

（3）电源单元报警灯亮。

1）＋24V 输出电压的熔断器熔断（见图 3-28）。

通过有机玻璃可以观察快熔丝断否？

CP1为24V输入端下面是快熔保险

图 3-28　熔断器图

a. 检查＋24V 与地是否短路。

b. 显示器/手动数据输入板单元不良。

2）电源单元不良。

a. 把电源单元所有输出插头拔掉，只留下电源输入线和开关控制线。

b. 把机床整个电源关掉，把电源控制部分整体拔掉。

c. 再开电源，此时如果电源报警灯熄灭，那么可以认为电源单元正常，报警时由于外部负载引起的，而如果电源报警灯仍然亮，那么电源单元坏。

3）＋24E（外部 24V 电源）的熔断器熔断。＋24E 是供外部输入/输出信号用的，请检查外部输入/输出回路是否对 0V 短路。外部输入/输出开关引起＋24E 短路或系统 I/O 板不良。如图 3-29 所示。

4）＋5V 的负荷电压短路。检查方法是把系统所带的＋5V 电源负荷一个一个地拔掉，每拔一次，必须关电源再开电源。FANUC i 系列 5V 用电设备如图 3-30 所示。

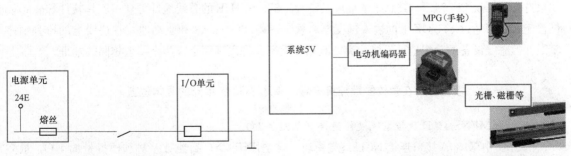

图 3-29　输入/输出回路　　　　　　　图 3-30　FANUC i 系列 5V 用电设备

当拔掉任意一个+5V电源负荷后，电源报警灯熄灭，那么，可以证明该负荷及其连接电缆出现故障。

注意：当拔掉电动机编码器的插头时，如果是绝对位置编码器，还需要重新回零，机床才能恢复正常。

5) 系统各印制电路板有短路。请用万用表测量+5V，±15V、+24D与0V之间的电阻。必须在电源关的状态下测量。

a. 把系统各印制板一个一个地往下拔，再开电源，确认报警灯是否再亮。

b. 如果当某一印制板拔下后，电源报警灯不亮，那就可以证明该印制板有问题，请更换该印制板。

c. 当用计算机与CNC系统进行通信作业，如果CNC通信接口烧坏，有时也会使系统电源打不开。

2. 故障维修实例

一台加工中心机床，电源无法正常上电，电源单元红灯亮（电源报警）。

经初步诊断为24E短路引起系统无法上电，处理方法为将I/O模块一个、一个的摘除，当摘除到第1个输入模块后，电源24V正常，进一步检查该模块上的输入输出点，最终发现X9.2（Z轴回零减速开关）对地短路，更换开关及整理线路，故障排除。

任务扩展——SIEMENS数控系统硬件的故障诊断与维修

一、SIEMENS802D数控系统硬件连接

1. SIEMENS系统各部件的连接（见图3-31）

 想一想：根据您所在学校的SIEMENS系统数控机床，说明图3-31各单元的作用，并进行验证。

2. PROFIBUS总线的连接

SIEMENS802D是基于PROFIBUS总线的数控系统。输入输出信号是通过PROFIBUS传送的，位置调节（速度给定和位置反馈信号）也是通过PROFIBUS完成的。

（1）PROFI BUS电缆的准备。PROFIBUS电缆应由机床制造商根据其电柜的布局连接。系统提供PROFIBUS的插头和电缆，插头应按照图3-32连接。

（2）PROFI BUS电缆的准备。PCU为PROFIBUS的主设备，每个PROFIBUS从设备（如PP72/48、611UE）都具有自己的总线地址，因而从设备在PROFIBUS总线上的排列次序是任意的。PROFIBUS的连接请参照图3-33。PROFIBUS两个终端设备的终端电阻开关应拨至ON位置。P72/48的总线地址由模块上的地址开关S1设定。第一块PP72/48的总线地址为"9"（出厂设定）。如果选配第二块PP72/48，其总线地址应设定为"8"；611UE的总线地址可利用工具软件SimoCom U设定，也可通过611 UE上的输入键设定。总线设备（PP72/48和驱动器）在总线上的排列顺序不限。但总线设备的总线地址不能冲突，既总线上不允许出现两个或两个以上相同的地址。

 看一看：根据您所在学校的数控机床看一看图3-33各单元的具体位置。

二、SIEMENS 840D数控系统硬件连接（见图3-34）

图2-34中X130A接口连接NCU终端模块，这是用于CNC高速数字量和模拟量的I/O，最多可接2个，每个上面可插入8个DMP模块（Distributed Machine Peripheral 分散机床外设）。

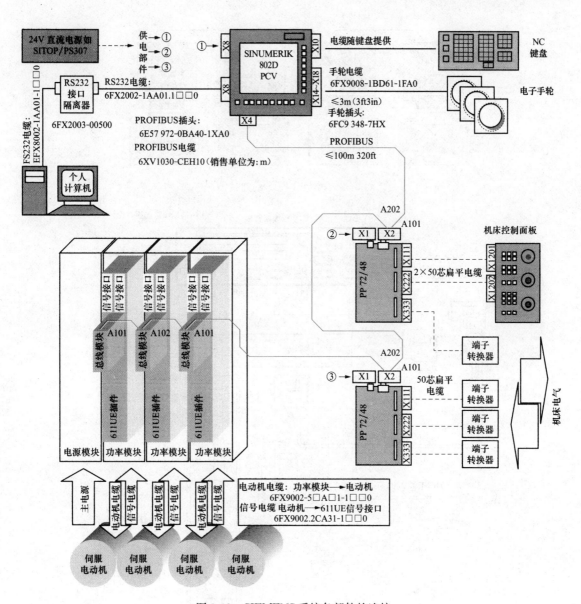

图 3-31　SIEMENS 系统各部件的连接

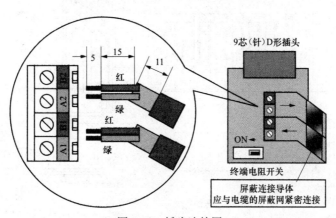

图 3-32　插头连接图

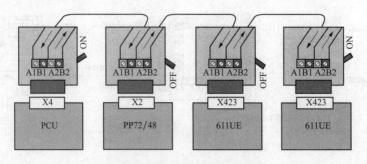

图 3-33 PROFI BUS 的连接图

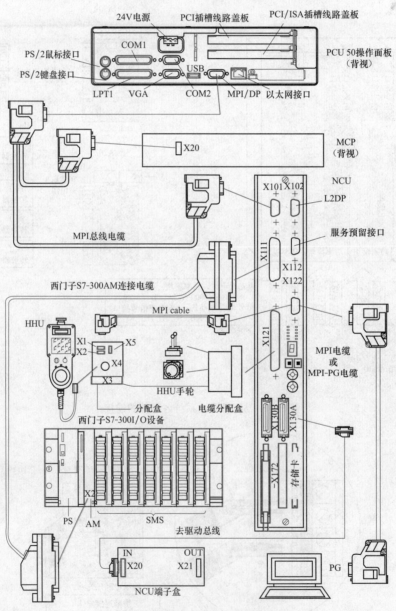

图 3-34 典型的 840D 数控系统连接

注：X8/X9 仅在 PCU101/102 上。

任务二　数控系统的参数设置

任务引入

FANUC i系列数控系统，与其他数控系统一样，通过不同的存储空间存放不同的数据文件。

ROM/FLASH-ROM：只读存储器（见图3-35）。在数控系统中作为系统存储空间，用于存储系统文件和（MTB）机床厂文件。

S-RAM：静态随机存储器（见图3-36），在数控系统中用于存储用户数据，断电后需要电池保护，所以有易失性（如电池电压过低、SRAM损坏等）。其中的储能电容（见图3-37）可保持S-RAM芯片中数据30min。

图3-35　FLASH-ROM芯片　　　　图3-36　S-RAM芯片　　　　图3-37　储能电容

数控机床中的数据文件主要分为系统文件、MTB（机床制造厂）文件和用户文件：其中系统文件为FANUC提供的CNC和伺服控制软件称为系统软件。MTB文件包括PMC程序、机床厂编辑的宏程序执行器（Manual Guide及CAP程序等）；用户文件包括系统参数；螺距误差补偿值；加工程序；宏程序；刀具补偿值；工件坐标系数据；PMC参数等。

任务目标

- 掌握数控机床参数的分类
- 能调出数控机床的参数
- 会对数控机床的参数进行设定

任务实施

▶▶ 现场教学

把学生带到数控机床边，由教师或工厂中的技术人员进行现场教学，并让学生进行实际操作。

一、参数的分类

1. 参数的分类

FANUC数控系统的参数按照数据的形式大致可分为位型和字型。其中位型又分位型和位轴型，字型又分字节型、字节轴型、字型、字轴型、双字型、双字轴型。位轴型参数允许参数分别设定给各个控制轴。

位型参数就是对该参数的 0 至 7 这八位单独设置"0"或"1"的数据。位型参数的格式，如图 3-38 所示。字型参数在参数画面的显示，如图 3-39 所示。

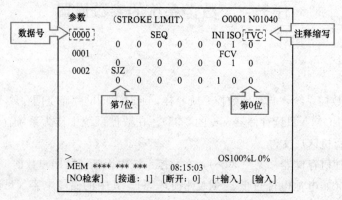

图 3-38　位型参数的格式

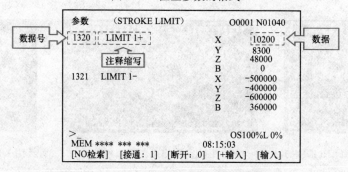

图 3-39　字型参数在参数画面的显示

2. 参数分类情况显示画面的调出步骤

（1）在 MDI 键盘上按 HELP 键。

（2）按 PARAM 键（见图 3-40）就可能看到如图 3-41 所示参数类别画面与如图 3-42 所示的参数数据号的画面，该画面共有 4 页，可通过翻页键进行查看。

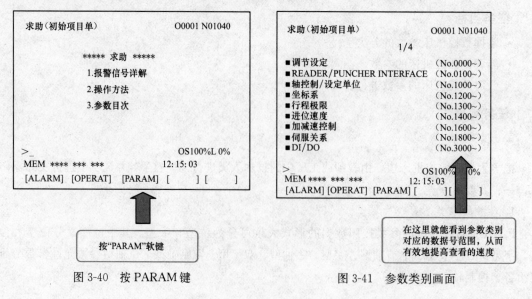

图 3-40　按 PARAM 键　　　　图 3-41　参数类别画面

二、参数画面的显示和调出

1. 参数画面的显示

（1）在 MDI 键盘上按 SYSTEM 键，就可能看到如图 3-43 所示参数画面。

（2）在 MDI 键盘上按 SYSTEM 键若出现如图 3-44 所示的画面，则按返回键，直到出现如图 3-43 所示画面。

2. 快速调出参数显示画面

以查找各轴存储式行程，检测正方向边界的坐标值，举例加以说明（参数数据号为 3111）。

（1）在 MDI 键盘上按 SYSTEM 键。

（2）在 MDI 键盘上输入 3111（见图 3-45）。

（3）按 NO 检索便可调出（见图 3-46）。

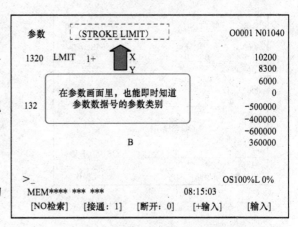

图 3-42　参数数据号的类别画面

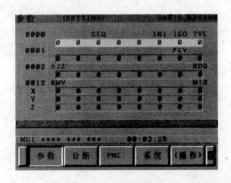

图 3-43　参数画面

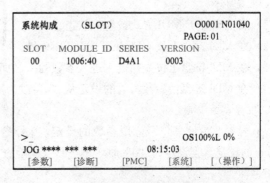

图 3-44　系统构成画面

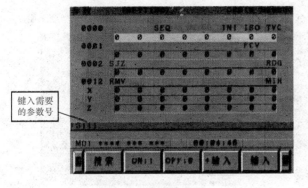

图 3-45　输入参数号

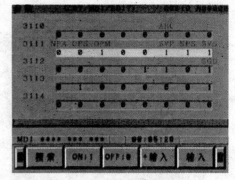

图 3-46　调出参数显示画面

 做一做：对参数画面的显示和调出进行操作，注意不要进行修改。

3. NC 状态显示

NC 状态显示栏在屏幕中的显示位置，如图 3-47 所示。在 NC 状态显示栏中的信息可分为 8 类，如图 3-48 所示。

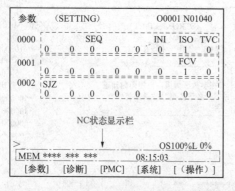

图 3-47 NC状态显示栏在屏幕中的显示位置

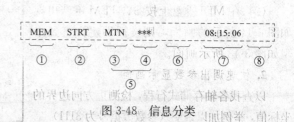

图 3-48 信息分类

三、参数的设定

在进行参数设定之前，一定要清楚所要设定参数的含义和允许的数据设定范围，否则的话，机床就有被损坏的危险，甚至危及人身安全。

1. 准备步骤

（1）将机床置于 MDI 方式或急停状态。

（2）在 MDI 键盘上按 OFFSET SETTING 键。

（3）在 MDI 键盘上按光标键，进入参数写入画面。

（4）在 MDI 键盘使参数写入的设定从"0"改为"1"（见图 3-49）。

2. 位型参数设定

以 0 号参数为例来介绍位型参数的设定，0 号参数是一个位型参数，其 0 位是关于是否进行 TV 检查的设定。当设定为"0"时，不进行 TV 检查；当设定为"1"时，进行 TV 检查。设定步骤如下。

（1）调出参数画面（见图 3-50）。

（2）进行设定（见图 3-51）。

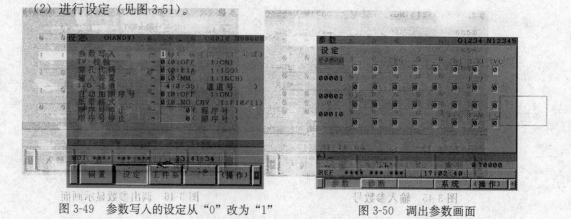

图 3-49 参数写入的设定从"0"改为"1"   图 3-50 调出参数画面

3. 字型参数的设定

以 1320 号参数设定为例，介绍字型参数的修改步骤。现在将 1320 号参数中 X 轴存储式行程检测 1 的正方向边界的坐标值，由原来的 10200 修改为 10170。

将光标移到 1320 位置（见图 3-52）字型参数数据输入，共有三种最常用的方法。

（1）键入 10170 按"输入"（见图 3-53）。

（2）键入"－30"按"＋输入"（见图3-54）。

（3）键入10170按"INPUT"。

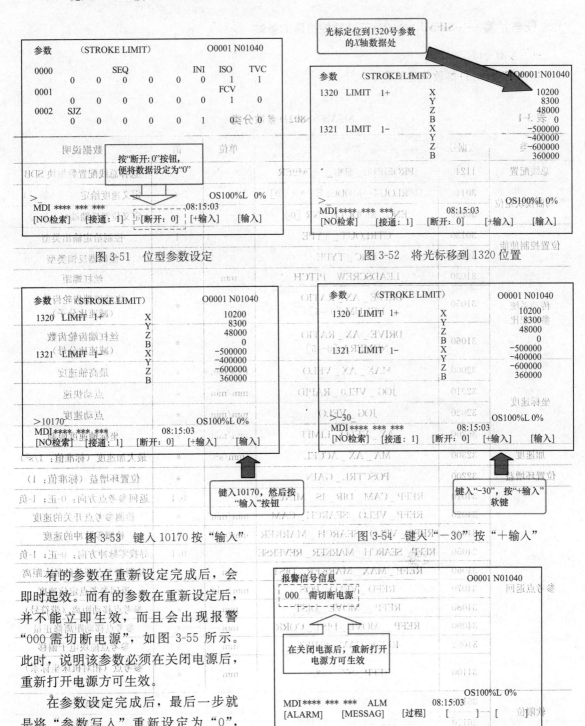

图 3-51　位型参数设定

图 3-52　将光标移到1320位置

图 3-53　键入10170按"输入"

图 3-54　键入"－30"按"＋输入"

有的参数在重新设定完成后，会即时起效。而有的参数在重新设定后，并不能立即生效，而且会出现报警"000需切断电源"，如图3-55所示。此时，说明该参数必须在关闭电源后，重新打开电源方可生效。

在参数设定完成后，最后一步就是将"参数写入"重新设定为"0"，使系统恢复到参数写入为不可的状态，如图3-49所示。

图 3-55　出现"000需切断电源"报警

做一做：对各种参数进行重新设定，注意完成后的恢复。

任务扩展——SIEMENS802D 系统数控机床的参数

一、参数分类

SIEMENS802D 参数分类见表 3-1。

表 3-1 SIEMENS802D 参数分类

分类	数据号	数据名	单位	值	数据说明
总线配置	11240	PROFIBUS _ SDB _ NUMBER	—	*	选择总线配置数据块 SDB
驱动器模块定位	30110	CTRLOUT _ MODULE _ NR [0]	—	*	定义速度给定端口（轴号）
	30220	ENC _ MODULE _ NR [0]	—	*	定义位置反馈端口（轴号）
位置控制使能	30130	CTRLOUT _ TYPE	—	1	控制给定输出类型
	30240	ENC _ TYPE	—	1	编码器反馈类型
传动系统 参数配比	31030	LEADSCREW _ PITCH	mm		丝杠螺距
	31050	DRIVE _ AX _ RATIO _ DENUM [0~5]	—	*	电动机端齿轮齿数 （减速比分子）
	31060	DRIVE _ AX _ RATIO _ NOMERA [0~5]	—	*	丝杠端齿轮齿数 （减速比分母）
坐标速度	32000	MAX _ AX _ VELO	mm/min	*	最高轴速度
	32010	JOG _ VELO _ RAPID	mm/min	*	点动快速
	32020	JOG _ VELO	mm/min	*	点动速度
	36200	AX _ VELO _ LIMIT	mm/min	*	坐标轴速度限制
加速度	32300	MA _ AX _ ACCEL	mm/s^2	*	最大加速度（标准值：1/s^2）
位置环增益	32200	POSCTRL _ GAIN	—	*	位置环增益（标准值：1）
参考点返回	34010	REFP _ CAM _ DIR _ IS _ MINUS	—	0/1	返回参考点方向：0-正；1-负
	34020	REFP _ VELO _ SEARCH _ CAM	mm/min	*	检测参考点开关的速度
	34040	REFP _ VELO _ SEARCH _ MARKER	mm/min	*	检测零脉冲的速度
	34050	REFP _ SEARCH _ MARKER _ REVERSE	—	0/1	寻找零脉冲方向：0-正；1-负
	34060	REFP _ MAX _ MARKER _ DIST	mm	*	检测参考点开关的最大距离
	34070	REFD _ VELO _ POS	mm/min	*	返回参考点定位速度
	34080	REFP __ MOVE _ DIST	mm	*	参考点移动距离（带符号）
	34090	REFP __ MOVE _ DIST _ CORR	mm	*	参考点移动距离修正量
	34092	REFP _ CAM _ SHIFT	mm	*	参考点撞块电子偏移
	34100	REFP _ SET _ POS	mm	*	参考点（相对机床坐标系） 位置
软限位	36100	POS _ LIMIT _ MINUS	mm	*	负向软限位
	36110	POS _ LIMIT _ PLUS	mm	*	正向软限位
反向间隙补偿	32450	BACKLASH	mm	*	反向间隙，回参考点 后补偿生效

续表

分类	数据号	数据名	单位	值	数据说明
	207	USER_CLASS_READ__TOA		3~7	保护级：刀具参数读
	208	USER_CLASS_WRITE_TOA_GEO		3~7	保护级：刀具几何参数写
	209	USER_CLASS_WRITE_TOA_WEAR		3~7	保护级：刀具磨损参数写
	210	USER_CLASS_WRITE_ZOA		3~7	保护级：可设定零点偏移写
用户的数据保护级	212	USER_CLASS_WRITE_SEA		3~7	保护级：设定数据写
	213	USER_CLASS_READ__PROGRAM		3~7	保护级：零件程序读
	214	USER_CLASS_WRITE_PROGRAM		3~7	保护级：零件程序写
	215	USER_CLASS_SELECT__PROGRAM		3~7	保护级：零件程序选择
	218	USER_CLASS_WRITE_RPA		3~7	保护级：R参数写
	219	USER_CLASS_SET_V24		3~7	保护级：RS-232参数设定

二、参数的设置

1. 总线配置

SIEMENS802DPROF1 BUS 的配置是通过通用参数 MD11240 来确定的。总线配置见表 3-2。

表 3-2　　　　　　　　　　总　线　配　置

参数设定（MD11240）	PP72/48 模块	驱动器
0	1+1	无（出厂设定）
3	1+1	双轴+单轴+单轴
4	1+1	双轴+双轴+单轴
5	1+1	单轴+双轴+单轴+单轴
6	1+1	单轴+单轴+单轴+单轴

该参数生效后，611 UE 液晶窗口显示的驱动报警应为：A832（总线无同步）；611 UE 总线接口插件上的指示灯变为绿色。

2. 驱动器模块定位

数控系统与驱动器之间通过总线连接，系统根据下列参数与驱动器建立物理联系。参数的设定见表 3-3。

表 3-3　　　　　　　　　　驱动器模块定位参数设定

MD11240=3			MD11240=4			MD11240=5			MD11240=6		
611UE	地址	轴号	611UE	地址	轴号	611UE	地址	轴号	611UE	地址	轴号
双轴A	12	1	双轴A	12	1	单轴	20	1	单轴	20	1
双轴B	12	2	双轴B	12	2	单轴	21	2	单轴	21	2
单轴	10	5	双轴A	13	3	双轴A	13	3	单轴	22	3
单轴	11	6	双轴B	13	4	双轴8	13	4	单轴	10	5
			单轴	10	5	单轴	10	5			

3. 位置控制使能

系统出厂设定各轴均为仿真轴，既系统不产生指令输出给驱动器，也不读电动机的位置信号。按表 3-4 设定参数可激活该轴的位置控制器，使坐标轴进入正常工作状态。

参数生效后，611UE 液晶窗口显示："RUN"。这时通过点动可使伺服电动机运动；此时如果该坐标轴的运动方向与机床定义的运动方向不一致，则可通过表 3-4 修改参数。

表 3-4　位置控制使能修改参数

数据号	数据名	单位	值	数据说明
32100	AX＿MOTION＿DIR	—	1 −1	电动机正转（出厂设定） 电动机反转

4. 返回参考点的设置

（1）设置机床参数（见表 3-5）。

表 3-5　设　置　机　床　参　数

数据号	数据名	单位	值	数据说明
34200	ENC＿REFP＿MODE	—	0	绝对值编码器位置设定
34210	ENC＿REFP＿STATE	—	0	绝对值编码器状态：初始

（2）进入"手动"方式，将坐标移动到一个已知位的置设置。
（3）输入已知位的位置值（见表 3-6）。

表 3-6　输入已知位的位置值

数据号	数据名	单位	值	数据说明
34100	REFT＿SET＿POS	mm	＊	机床坐的位置

（4）激活绝对值编码器的调整功能（见表 3-7）。

表 3-7　激活绝对值编码器的调整功能

数据号	数据名	单位	值	数据说明
34210	ENC＿REFP＿STATE	mm	1	绝对值编码器状态：调整

（5）激活机床参数。按机床控制面板上的复位键，可激活的以上设定的参数。
（6）返回参考点。通过机床控制面板进入返回参考点方式。
（7）设定完毕，见表 3-8。

表 3-8　设定完毕的参数

数据号	数据名	单位	值	数据说明
34090	REFP＿MOVE＿DIST＿CORR	am	＊	参考点偏移量
34210	ENC＿REFP＿STATE	—	2	绝对值编码器状态：设定完毕

任务三　数控系统参数的备份与恢复

任务引入

存储卡除具有进行 DNC 加工及数据备份功能，FANUC 0i、16/18/21 等系统都支持存储卡通过 BOOT 画面备份数据。常用的存储卡为 CF 卡（Compact Flash），如图 3-56 所示。

图 3-56　CF 卡

系统数据被分在两个区存储。F—ROM 中存放的系统软件和机床厂家编写 PMC 程序以及 P—CODE 程序。S—RAM 中存放的是参数、加工程序、宏变量等数据。通过进入 BOOT 画面可以对这两个区的数据进行操作。数据存储区见表 3-9。

表 3-9　　　　　　　　　　　　　　　　　数 据 存 储 区

数据种类	保存处	备注
CNC 参数	SRAM	
PMC 参数		
顺序程序	F—ROM	
螺距误差补偿量		任选 Power Mate i—H 上没有
加工程序	SRAM	
刀具补偿量		
用户宏变量		FANUC16i 为任选
宏 P—CODE 程序	F—ROM	宏执行程序（任选）
宏 P—CODE 变量	SRAM	
C 语言执行程序、应用程序	F—ROM	C 语言执行程序（任选）
SRAM 变量	SRAM	

任务目标

- 掌握参数的备份方法
- 会对数控机床的参数进行恢复

任务实施

现场教学

一、基本操作

1. 启动

（1）在一起按右端的软键（NEXT 键）及左边键的同时接通电源（见图 3-57）；也可以在一起按数字键"6""7"的同时接通电源，系统出现如图 3-58 所示画面。要注意，如图 3-57 所示使用软键启动时，软键部位的数字不显示。

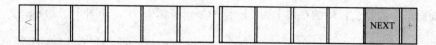

图 3-57　同时按两软键

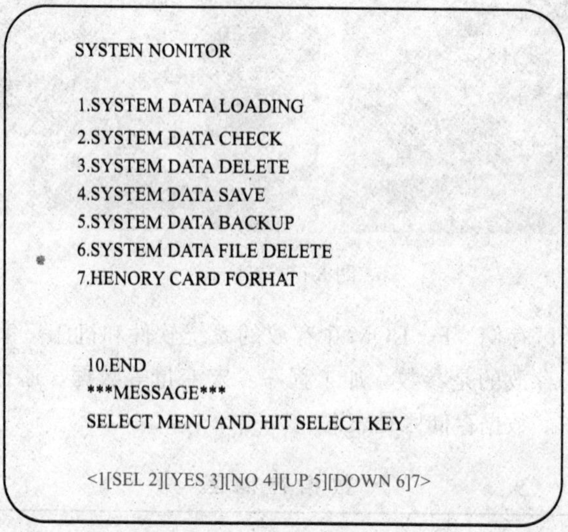

```
SYSTEN NONITOR

1.SYSTEM DATA LOADING
2.SYSTEM DATA CHECK
3.SYSTEM DATA DELETE
4.SYSTEM DATA SAVE
5.SYSTEM DATA BACKUP
6.SYSTEM DATA FILE DELETE
7.HENORY CARD FORHAT


10.END
***MESSAGE***
SELECT MENU AND HIT SELECT KEY

<1[SEL 2][YES 3][NO 4][UP 5][DOWN 6]7>
```

图 3-58　启动画面

（2）按软键或数字键 1～7 进行不同的操作，其内容见表 3-10，不能把软键和数字组合在一起操作。

表 3-10　　　　　　　　　　　　　操作表

软键	数字键	操作
<	1	在画面上不能显示时，返回前一画面
SELECT	2	选择光标位置
YES	3	确认执行
NO	4	确认不执行
UP	5	光标上移
DOWN	6	光标下移
>	7	在画面上不能显示时，移向下一画面

2. 格式化

可以进行存储卡的格式化。买了存储卡第 1 次使用时或电池没电了，存储卡的内容被破坏时，需要进行格式化。操作步骤如下。

（1）从 SYSTEM MONITOR MAIN MENU 中选择 "7. HENORY CARD FORMAT"。

（2）系统显示如图 3-59 所示确认画面，请按〔YES〕键。

```
***MESSAGE***
MEMORY CARD FORMAT OK ? HIT  YES OR NO.
```

图 3-59　确认画面

（3）格式化时显示如图 3-60 所示信息。

```
***MESSAGE***
FORMATTING MEMORY CARD.
```

图 3-60　格式化信息

（4）正常结束时，显示如图 3-61 所示信息。请按〔SELECT〕键。

```
***MESSAGE***
FORMAT COMPLETE.  HIT SELECT  KEY.
```

图 3-61　结束信息

二、把 SRAM 的内容存到存储卡（或恢复 SRAM 的内容）

1. SRAM DATA BACKUP 画面显示

（1）启动，出现启动画面。

（2）按软键［UP］或［DOWN］，把光标移到“5. SRAM DATA BACKUP”。

（3）按软键［SELECT］，出现如图 3-62 所示的“5. SRAM DATA BACKUP”画面。

2. 按软键［UP］或［DOWN］选择功能

（1）把数据存到存储卡选择：“SRAM BACKUP”。

（2）把数据恢复到 SRAM 选择：“RESTORE SRAM”。

3. 数据备份/恢复

（1）按软键［SELECT］。

（2）按软键［YES］（中止处理按软键［NO］）。

4. 说明

（1）以前常用的存储卡的容量为 512KB，SRAM 的数据也是按 512KB 单位进行分割后进行存储/恢复，现在存储卡的容量大都在 2G 以上，对于一般的 SRAM 数具就不用分割了。

（2）使用绝对脉冲编码器时，将 SRAM 数据恢复后，需要重新设定参考点。

三、使用 M—CARD 分别备份系统数据

1. 默认命名

（1）首先要将 20 号参数设定为 4，表示通过 M—CARD 进行数据交换（见图 3-63）。

```
SRAM DATA BACKUP
[BOARD:MAIN]
1.SRAM BACKUP（SRAM→MEMORY CARD）
2.RESTORE SRAM（MEMORY CARD→SRAM）
 END

SRAM SIZE：1.OMB（BASIC）

***MESSAGE***
SELECT MENU AND HIT SELECY KEY

[SELECT] [YES] [NO] [UP] [DOWN]
```

图 3-62　SRAM DATA BACKUP 画面

```
参数        （SETTING）                 O0001 N00018

  0020    I/O CHANNEL                         4
  0021                                        0
  0022                                        0
  0023                                        0
  0024                                        0

>^                                  S     0   T0000
EDIT  ****   ***   ***           17：21：37
〔NO检索〕 〔接通：1〕 〔断开：0〕 〔+输入〕  〔输入〕
```

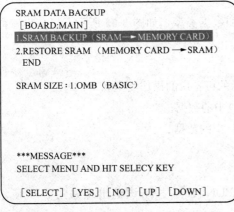

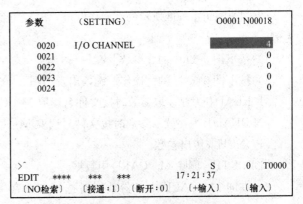

图 3-63　20 号参数设定为 4

（2）在编辑方式下选择要传输的相关数据的画面（以参数为例）

1）按下软键右侧的［OPR］（操作），对数据进行操作（见图3-64）。

EDIT **** *** ***　　　　17：13：51
〔 参数 〕 〔 诊断 〕 〔 PMC 〕 〔 系统 〕 〔操作〕

图 3-64　［OPR］操作

2）按下右侧的扩展键［?］（见图3-65）。

EDIT **** *** ***　　　　17：22：24
〔　　〕 〔 READ 〕 〔 PUNCH 〕 〔　　〕 〔　　　〕

图 3-65　按右侧的扩展键［?］操作

3）［READ］表示从M—CARD读取数据（见图3-66），［PUNCH］表示把数据备份到M—CARD。

EDIT **** *** ***　　　　17：22：39
〔　　〕 〔　　〕 〔 ALL 〕 〔　　　〕 〔 NON-0 〕

图 3-66　从M—CARD读取数据

4）［ALL］表示备份全部参数（见图3-67），［NON—0］表示仅备份非零的参数。

EDIT **** *** ***　　　　17：22：53
〔　　〕 〔　　〕 〔　　〕 〔 CAN 〕 〔 EXEC 〕

图 3-67　备份全部参数

5）执行即可看到［EXECUTE］闪烁，参数保存到M—CARD中。

通过这种方式备份数据，备份的数据以默认的名字存于M—CARD中。如备份的系统参数默认的名字为"CNCPARAM"，把100♯3 NCR设定为1可让传出的参数紧凑排列。

2. 使用M—CARD分别备份系统数据（自定义名称）

若要给备份的数据起自定义的名称，则可以通过［ALL IO］画面进行。

（1）按下MDI面板上［SYSTEM］键，然后按下显示器下面软键的扩展键［?］数次出现如图3-68所示画面。

（2）按下如图3-68所示的［操作］键，出现可备份的数据类型，如图3-69所示，以备份参数为例。

1）按下图3-69中的［参数］键。

2）按下图3-69中的［操作］键，出现如图3-70所示的可备份的操作类型。

［F READ］为在读取参数时按文件名读取M—CARD中的数据。

［N READ］为在读取参数时按文件号读取M—CARD中的数据。

［PUNCH］传出参数。

［DELETE］删除M—CARD中数据。

3）在向M—CARD中备份数据时选择图3-70中［PUNCH］，按下该键出现如图3-71所示画面。

图 3-68 按下显示器下面软键的
扩展键 [?] 显示画面

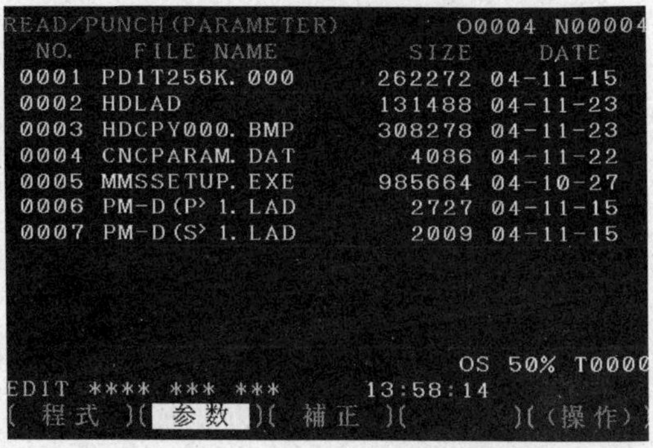

图 3-69 可备份的数据类型

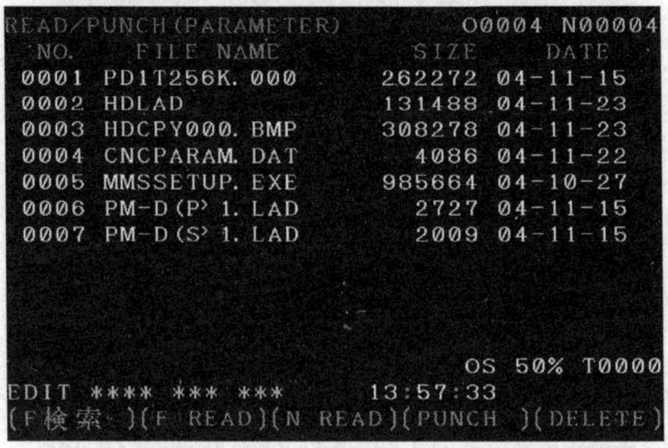

图 3-70 可备份的操作类型

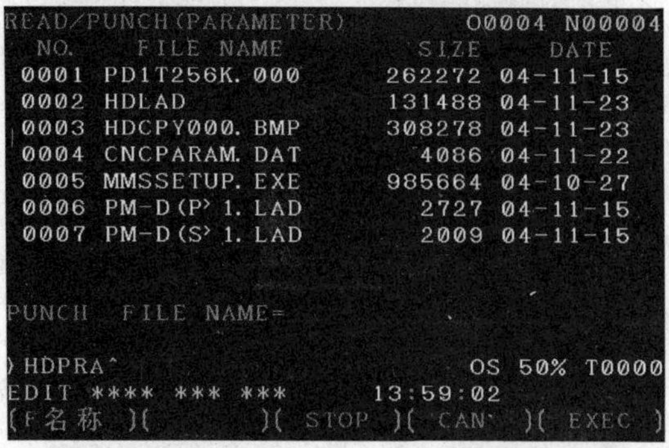

图 3-71 PUNCH 画面

4) 在图 3-72 中输入要传出的参数的名字例如 [HDPRA]，按下 [F 名称] 即可给传出的数据定义名称，执行即可。

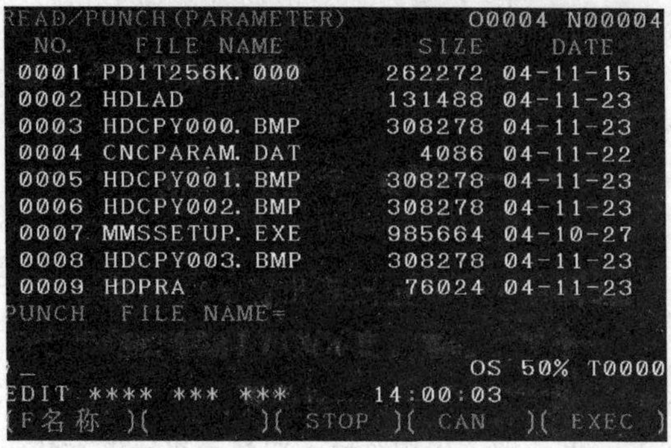

通过这种方法备份参数可以给参数起自定义的名字，这样也可以备份不同机床的多个数据。对于备份系统其他数据也是相同。

3. 备份系统的全部程序

在程序画面备份系统的全部程序时输入 0—9999，依次按下 [PUNCH]、[EXEC] 可以把全部程序传出到 M—CARD 中（默认文件名

图 3-72 名称输入画面

PROGRAM. ALL）。设置 3201♯6 NPE 可以把备份的全部程序一次性输入到系统中（见图 3-73）。

在此画面选择 10 号文件 PROGRAM. ALL，在程序号处输入 0—9999 可把程序一次性全部传入系统中（见图 3-74）。

也可给传出的程序自定义名称，其步骤如下。

（1）在 ALL IO 画面选择 PROGRAM。

（2）选择 PUNCH 输入要定义的文件名，如 18IPROG，然后按下 [F 名称]（见图 3-75）。

（3）输入要传出的程序范围，如 0—9999（表示全部程序），然后按下 [0 设定]（见图 3-76）。

（4）按下 [EXEC] 执行即可。

图 3-73　备份全部程序

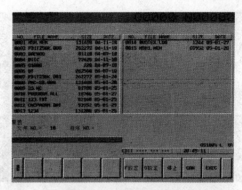

图 3-74　把程序一次性全部传入系统画面

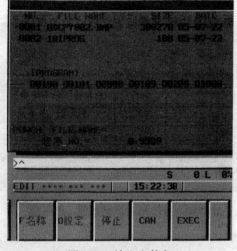

图 3-75　输入文件名

图 3-76　输入程序范围

四、从 M—CARD 输入参数

从 M—CARD 输入参数时选择［READ］。

 注意：使用这种方法再次备份其他机床相同类型的参数时，之前备份的同类型的数据将被覆盖。

做一做：应用存储卡对数控机床的参数进行备份和恢复。

◎ **任务扩展——PMC 梯形图及 PMC 参数输入/输出**

一、PMC 梯形图的输出

1. 传送到 CNC S-RAM

（1）请确认输入设备是否准备好（计算机或 C-F 卡），如果使用 C-F 卡，在 SETTING 画面 I/O 通道一项中设定 I/O＝4。如果使用 RS232C 则根据硬件连接情况设定 I/O＝0 或 I/O＝1（RS232C 接口 1）。

（2）计算机侧准备好所需要的程序画面（相应的操作参照所使用的通信软件说明书）。

（3）按下功能键 $\boxed{\text{OFFSET SETTING}}$ 。

（4）按软键［SETING］，出现 SETTING 画面（见图 3-49）。

（5）在 SETTING 画面中，将 PWE＝1。

当画面提示 "PARAMETER WRITE（PWE）" 时输入 1。出现报警 P/S 100（表明参数可写）。

（6）按 SYSTEM 键。

（7）按 | 参数 | 诊断 | PMC | 系统 | （操作） | ▸ | 中的 PMC 键，出现如图 3-77 所示 PMC 画面。

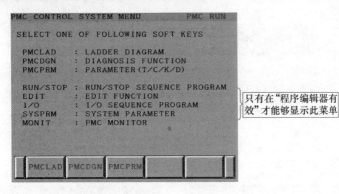

图 3-77　PMC 画面

（8）按下最右边的软键▷（菜单扩展键）出现图 3-78 子菜单。

图 3-78　子菜单

（9）按子菜单中的 I/O 键出现图 3-79 画面，图 3-79 说明见表 3-11。

（10）按 "EXEC" 软件键，梯形图和 PMC 参数被传送到 CNC S-RAM 中。

2. 将 S-RAM 中的数据写到 CNC F-ROM 中

（1）首先将 PMC 画面控制参数修改为 WRITE TO F-ROM（EDIT）＝1（见图 3-82）。

（2）重复 1. 中的步骤（6）～（8）步进入图 3-83 所示界面，并将 DEVICE＝F-ROM（CNC 系统内的 F-ROM），FUNCTION＝WRITE。

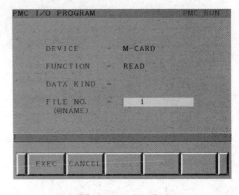

图 3-79　I/O 画面

表 3-11　　　　　　　　　　　　　I/O 画面说明

项　目	说　明	备　注
DEVICE	输入/输出装置，包含 F-ROM（CNC 存储区）、计算机（外设）、FLASH 卡（外设）等	1）如图 3-80 所示。 2）选择 DEVICE＝M-CARD 时，从 C-F 卡读入数据，如图 3-79。 3）选择 DEVICE＝OTHERS 时，从计算机接口读入数据见图 3-81
FUNCTION	读 READ，从外设读数据（输入）。或写 WRITE，向外设写数据（输出）	

续表

项　目	说　明	备　注
DATA KIND	输入输出数据种类	1) LADDER 梯形图。 2) PARAMETER 参数
FILE NO.	文件名	1) 输出梯形图时文件名为@PMC-SB. 000。 2) 输出 PMC 参数时文件名为@PMC-SB. PRM

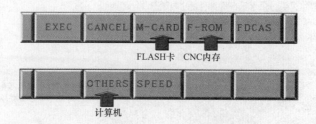

图 3-80　各种 I/O 装置对应操作键

图 3-81　从计算机接口读入数据

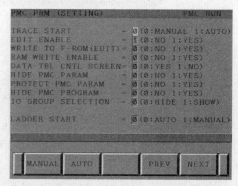

图 3-82　修改参数

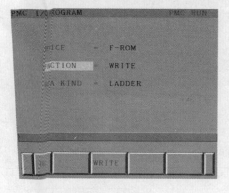

图 3-83　设置

（3）按执行"EXEC"键，将 S-RAM 中的梯形图写入 F-ROM 中。数据正常写入后会出现如图 3-84 所示画面。

1）如果不执行读入的梯形图（PMC 程序）关电再开电后会丢失掉，所以一定要将 S-RAM 中的数据写到 CNC F-ROM 中，将梯形图写入系统的 F-ROM 存储器中。

2）按照上述方式从外设读入 PMC 程序（梯形图）的时候，PMC 参数也一同读入。

3）用 I/O 方式读入梯形图的过程如图 3-85 所示。

3.PMC 梯形图输出

(1)执行 1. 中的步骤（6）～（8）的操作。

(2)出现 PMC I/O 画面后，将 DEVICE=M-CARD（将梯形图传送到 C-F 卡中，如图 3-86 所示），或 DEVICE=OTHER（将梯形图传送到计算机中，如图 3-87 所示）。

图 3-84　完成操作

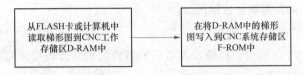

图 3-85　用 I/O 方式读入梯形图的过程

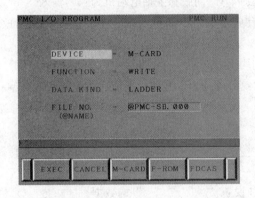

图 3-86　梯形图传送到 C-F 卡中

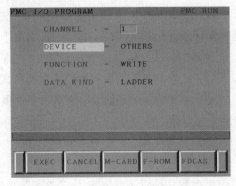

图 3-87　将梯形图传送到计算机中

（3）将 FUNCTION 项选为 "WRITE"，在 DATA KIND 中选择 LADDER，如图 3-86、图 3-87 所示。

（4）按 "EXEC" 软件键，CNC 中的 PMC 程序（梯形图）传送到 C-F 卡中。或计算机中。

（5）正常结束后会出现如图 3-84 所示画面。

二、PMC 参数输出

（1）执行 1. 中的步骤（6）～（8）的操作。

（2）出现 PMC I/O 画面后，将 DEVICE＝M-CARD（将参数传送到 C-F 卡中，见图 3-88）或 DEVICE＝OTHERS（将参数传到计算机中，见图 3-89）。

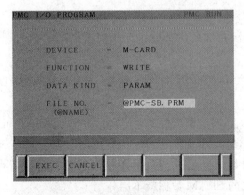

图 3-88　参数传送到 C-F 卡

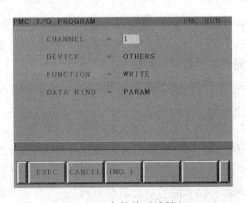

图 3-89　参数传到计算机

（3）将 FUNCTION 项选为 "WRITE"，在 DATA KIND 中选择 PARAM。

（4）按 "EXEC" 软件键，CNC 中的 PMC 参数传送到 C-F 卡或计算机中。

（5）正常结束后会出现如图 3-84 所示画面。

综合测试

一、填空题（将正确答案填写在横线上）

1. FANUC i 系列机箱共有两种形式，一种是＿＿＿＿，另一种是＿＿＿＿。

2. 远程缓冲器是用于以向＿＿＿提供最大数据的可选配置。远程缓冲器通过一个＿＿＿＿＿＿＿连接到主计算机或输入/输出装置上。

3. FANUC 0i 系统的输入电压为＿＿＿，电流约 7A。伺服和主轴电动机为＿＿＿输入。

4. 系统电源和伺服电源通电及断电顺序是有要求的，不满足要求会＿＿＿或损坏驱动放大器，原则是要保证通电和断电都在＿＿＿＿＿＿的控制之下。

5. 无论是内装式结构还是分离式结构，它们均由 "＿＿＿＿＿＿＿" 和 "＿＿＿＿＿" 组成。

6. FANUC 数控系统的参数按照数据的形式大致可分为＿型和＿型。其中位型又分位型和＿＿＿型，字型又分字节型、字节轴型、字型、字轴型、双字型、双字轴型。＿＿＿＿＿＿型参数允许参数分别设定给各个控制轴。

7. 在参数设定完成后，最后一步就是将 "＿＿＿＿＿＿＿" 重新设定为 "＿＿"，使系统恢复到参数写入为＿＿＿＿＿＿＿＿的状态。

8. 位型参数就是对该参数的 0～7 这 8 位单独设置 "＿＿" 或 "＿＿" 的数据。

9. 有的参数在重新设定完成后，会即时起效。而有的参数在重新设定后，并不能立即生效，而且会出现报警 "000 需切断电源"，此时，说明该参数必须＿＿＿＿＿＿＿后，重新打开电源方可生效。

10. 在进行参数设定之前，一定要清楚所要设定参数的＿＿＿和允许的＿＿＿＿＿＿＿＿范围，否则的话，机床就有被损坏的危险，甚至危及人身安全。

11. 买了存储卡第 1 次使用时或电池没电了，存储卡的内容被破坏时，需要进行＿＿＿＿＿＿。

12. 系统数据被分在＿＿＿区存储。＿＿＿中存放的系统软件和机床厂家编写 PMC 程序以及 P-CODE 程序。＿＿＿＿＿＿中存放的是参数、加工程序、宏变量等数据。

13. 软键＿＿＿＿＿＿＿表示从 M-CARD 读取数据，＿＿＿＿＿＿＿＿表示把数据备份到 M-CARD。

二、判断题（正确的打 "√"，错误的打 "×"）

1. FANUC 0i 系统的输入电压为 DC24V＋20％，电流约 7A。（　　　）

2. 使用 M—CARD 输入参数时，使用这种方法再次备份其他机床相同类型的参数时，之前备份的同类型的数据将被保存。（　　　）

3. 在 PMC 梯形图的输出时，如果使用 C-F 卡，在 SETTING 画面 I/O 通道一项中应设定 I/O＝1。（　　　）

4. 在程序画面备份系统的全部程序时输入 0—9999，依次按下 [PUNCH]、[EXEC] 可以把全部程序传出到 M—CARD 中（默认文件名 PROGRAM. ALL）。（　　　）

5. 常用的存储卡的容量为 512KB，SRAM 的数据也是按 512KB 单位进行分割后进行存储/恢复，现在存储卡的容量大都在 2G 以上，对于一般的 SRAM 数据就不用分割了。（　　　）

任务实施

一体化教学

带领学生到工厂在数控机床边介绍，但应注意安全。

一、主轴驱动

1. 主轴变速方式

（1）无级变速。数控机床一般采用直流或交流主轴伺服电动机实现主轴无级变速。如图 4-4 所示。

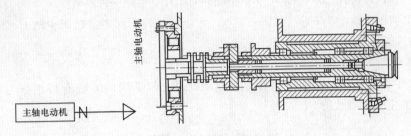

图 4-4　无级变速

（2）分段无级变速。有的数控机床在交流或直流电动机无级变速的基础上配以齿轮变速等，使之成为分段无级变速如图 4-5 所示。

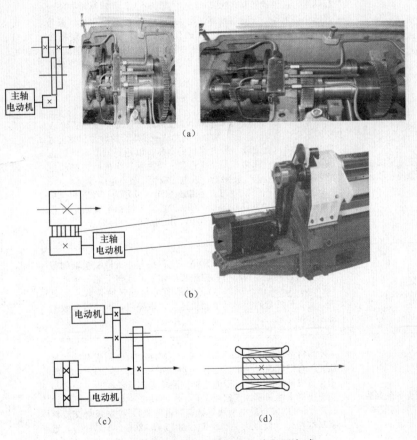

图 4-5　数控机床主传动的四种配置方式

（a）齿轮变速；（b）带传动；（c）两个电动机分别驱动；（d）内装电动机主轴传动结构

1）带有变速齿轮的主传动［见图 4-5（a）］。大中型数控机床较常采用的配置方式，通过少数几对齿轮传动，扩大变速范围。滑移齿轮的移位大都采用液压拨叉或直接由液压缸带动齿轮来实现。

2）通过带传动的主传动［见图 4-5（b）］。主要用在转速较高、变速范围不大的机床。适用于高速、低转矩特性的主轴。常用的是同步齿形带。

3）用两个电动机分别驱动主轴［见图 4-5（c）］。高速时由一个电动机通过带传动，低速时，由另一个电动机通过齿轮传动。两个电动机不能同时工作，也是一种浪费。

4）内装电动机主轴［电主轴，见图 4-5（d）］。电动机转子固定在机床主轴上，结构紧凑，但需要考虑电动机的散热。

2. 主轴驱动的方式

主轴驱动有变频驱动、直流驱动与交流驱动几种，但不同的系统有可细分为不同的种类，FANUC 系统的主轴驱动见表 4-1。

表 4-1　　　　　　　　　　　FANUC 主轴驱动系统的简单分类

序号	名称	特　点	所配系统型号
1	直流晶闸管主轴伺服单元	型号特征为 A06B-6041-HXXX 主回路有 12 个晶闸管组成正反两组可逆整流回路，200V 三相交流电输入，六路晶闸管全波整流，接触器，三只熔断器。电流检测器，控制电路板（板号为：A20B-0008-0371～0377）的作用是接受系统的速度指令（0～10V 模拟电压）和正反转指令，和电动机的速度反馈信号，给主回路提供 12 路触发脉冲。报警指示有四个红色二极管显示各自的意义	配早期系统，如：3、6、5、7、330C、200C、2000C 等
2	交流模拟主轴伺服单元	型号特征为 A06B-6044-HXXX，主回路有整流桥将三相 185V 交流电变成 300V 直流，再由六路大功率晶体管的导通和截止宽度来调整输出到交流主轴电动机的电压，以达到调节电动机速度的目的。还有两路开关晶体管和三个晶闸管组成回馈制动电路，有三个熔断器、接触器、放电二极管，放电电阻。控制电路板作用原理与上述基本相同（板号为：A20B-0009-0531～0535 或 A20B-1000-0070～0071）。报警指示有四个红色二极管分别代表 8，4，2，1 编码，共组成 15 个报警号	较早期系统，如：3、6、7、0A 等
3	交流数字主轴伺服单元	型号特征为 A06B-6055-HXXX，主回路与交流模拟主轴伺服单元相同，其他结构相似，控制板的作用原理与上述基本相似（板号为 A20B-1001-0120），但是所有信号都转换为数字量处理。有五位的数码管显示电动机速度，报警号，可进行参数的显示和设定	较早期系统，如：3、6、0A、10/11/12、15E、15A、0E、0B 等
4	交流 S 系列数字主轴伺服单元	型号特征为 A06B-6059-HXXX，主回路改为印制板结构，其他元件有螺钉固定在印制板上，这样便于维修，拆卸较为方便，不会造成接线错误。以后的主轴伺服单元都是此结构。原理与交流模拟主轴伺服单元相似，有一个驱动模块和一个放电模块（H001～003 没有放电模块，只有放电电阻），控制板与交流数字基本相似（板号为 A20B-1003-0010 或 120B-1003-0100），数码管显示电动机速度及报警号，可进行参数的设定，还可以设定检测波形方式等	0 系列，16/18A、16/18E、15E、10/11/12 等

续表

序号	名称	特　点	所配系统型号
5	交流 S 系列串行主轴伺服单元	型号特征为 A06B-6059-HXXX，原理同 S 系列数字主轴伺服单元，主回路与 S 系列数字主轴伺服单元相同，控制板的接口为光缆串行接口（板号为 A20B-1100-XXXX），数码管显示电动机速度及报警号，可进行参数的设定，还可以设定检测波形方式和单独运行方式	0 系列、16/18A、16/18E、15E、10/11/12 等
6	交流串行主轴伺服单元	型号特征为 A06B-6064-HXXX，与交流 S 系列串行主轴伺服单元基本相同。体积有所减小	0C-16/18B、15B 等市场不常见
7	交流 α 系列主轴伺服单元	将伺服系统分成三个模块：PSM（电源模块），SPM（主轴模块）和 SVM（伺服模块）。必须与 PSM 一起使用。 　　型号特征为：α 系列为 A06B-6078-HXXX 或 A06B-6088-HXXX 或 A06B-6102-HXXX，αC 系列为 A06B-6082-HXXX，主回路体积明显减小，将原来的金属框架式改为黄色塑料外壳的封闭式，从外面看不到电路板，维修时需打开外壳，主回路无整流桥，有一个 IPM 或三个晶体管模块，一个主控板和一个接口板，或一个插到主控板上的驱动板。电源模块与主轴模块结构基本相同。αC 系列主轴单元无电动机速度反馈信号。 　　电源模块将 200V 交流电整流为 300V 直流电和 24V 直流电给后面的 SPM 和 SVM 使用，以及完成回馈制动任务	0C、0D、16/18C、15B、i 系列
8	交流 αi 系列主轴放大器	将伺服系统分成三个模块：PSMi（电源模块），SPMi（主轴模块）和 SVMi（伺服模块）。必须与 PSM 一起使用。 　　型号特征为：αi 系列为 A06B-6111-HXXXPSMI 为 A06B-6111-HXXX。有一个 IPM 或三个晶体管模块，一个主控板和一个接口板，或一个插到主控板上的驱动板。电源模块与主轴模块结构基本相同。 　　电源模块将 200V 交流电整流为 300V 直流电和 24V 直流电给后面的 SPMi 和 SVMi	i-B、i-C 系列 0i-B/C 偶尔有
9	交流 βi 系列主轴放大器	SVPM：A06B-6134-HXXX 将电源，伺服放大器，主轴放大器集成到一个模块上，减少体积和接线。三个部分的接口板为一个，控制板也是一个，主回路的功率模块为 5 个（三个伺服轴）或 4 个（两个伺服轴）	0IMATE-B/C 系列

二、主轴部件

　　主轴部件是机床的一个关键部件，它包括主轴的支承、安装在主轴上的传动零件等，其作用见表 4-2。主轴部件质量的好坏直接影响加工质量。无论哪种机床的主轴部件都应满足下述几个方面的要求：主轴的回转精度、部件的结构刚度和抗振性、运转温度和热稳定性以及部件的耐磨性和精度保持能力等。对于数控机床尤其是自动换刀数控机床，为了实现刀具在主轴上的自动装卸与夹持，还必须有刀具的自动夹紧装置、主轴准停装置和主轴孔的清理装置等结构。

表 4-2　　　　　　　　　　　　　　　　　主轴部件及其作用

名　称	图　示	作　用
主轴箱		主轴箱通常由铸铁铸造而成，主要用于安装主轴零件、主轴电动机、主轴润滑系统等
主轴头		下面与立柱的导轨连接，内部装有主轴，上面还固定主轴电动机、主轴松刀装置，用于实现 Z 轴移动、主轴旋转等功能
主轴本体		主传动系统最重要的零件，主轴材料的选择主要根据刚度、载荷特点、耐磨性和热处理变形等因素确定。对于数控铣床/加工中心来说用于夹装刀具执行零件加工；对于数控车床/车削中心来说，用于安装卡盘，装夹工件
轴承	 轴承 	支承主轴
同步带轮		同步带轮的主要材料为尼龙，固定在主轴上，与同步带啮合传动主轴

名 称	图 示	作 用
同步带		同步带是主轴电动机与主轴的传动元件，主要是将电动机的转动传递给主轴，带动主轴转动，执行工作
主轴电动机		主轴电动机是机床加工的动力元件，电动机的功效的大小直接关系到机床的切削力度
松刀缸		松刀缸主要是用于数控铣床/加工中心上换刀时用于松刀。由气缸和液压缸组成，气缸装在液压缸的上端。工作时，气缸内的活塞推进液压缸内，使液压缸内的压力增加，推动主轴内夹刀元件，从而达到松刀作用。其中液压缸起增压作用
润滑油管		主要用于主轴润滑

三、数控机床主传动系统的结构

1. 主轴箱的结构

TH6350 加工中心的主轴箱如图 4-6 所示。为了增加转速范围和转矩，主传动采用齿轮变速传动方式。主轴转速分为低速区域和高速区域。低速区域传动路线是：交流主轴电动机经弹性联轴器、齿轮 z_1、齿轮 z_2、齿轮 z_3、齿轮 z_4、齿轮 z_5、齿轮 z_6 到主轴。高速区域传动路线是：交流主轴电动机经联轴器及牙嵌离合器、齿轮 z_5、齿轮 z_6 到主轴。变换到高速挡时，由液压活塞推动拨叉向左移动，此时主轴电动机慢速旋转，以利于牙嵌离合器啮合。主轴电动机采用 FANUC 交流主轴电动机，主轴能获得最大转矩为 490N·m；主轴转速范围为 $28 \sim 3150$r/min，低速为 $28 \sim 733$r/min，高速区为 $733 \sim 3150$r/min，低速时传动比为 1：4.75；高速时传动比 1：1.1。主轴锥孔为 ISO50，主轴结构采用了高精度、高刚性的组合轴承。其前轴承由 3182120 双列短圆柱滚子轴承和 2268120 推力球轴承组成，后轴承采用 46117 推力角接触球轴承，这种主轴结构可保证主轴的高精度。

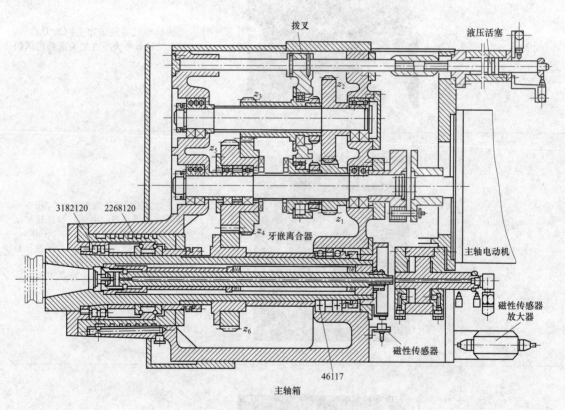

图 4-6　TH6350 加工中心的主轴箱

2. 主轴结构

主轴由如图 4-7 所示元件组成。如图 4-8（a）所示，刀柄采用 7：24 的大锥度锥柄与主轴锥孔配合，既有利于定心，也为松夹带来了方便。标准拉钉 5 拧紧在刀柄上。放松刀具时，液压油进入液压缸活塞 1 的右端，油压使活塞左移，推动拉杆 2 左移，同时碟形弹簧 3 被压缩，钢球 4 随拉杆一起左移，当钢球移至主轴孔径较大处时，便松开拉钉，机械手即可把刀柄连同拉钉 5 从主轴锥孔中取出。夹紧刀具时，活塞右端无油压，螺旋弹簧使活塞退到最右端，拉杆 2 在碟形弹簧 3 的弹簧力作用下向右移动，钢球 4 被迫收拢，卡紧在拉杆 2 的环槽中。这样，拉杆通过钢球把拉钉向右拉紧，使刀柄外锥面与主轴锥孔内锥面相互压紧，刀具随刀柄一起被夹紧在主轴上。

　　行程开关 8 和 7 用于发出夹紧和放松刀柄的信号。刀具夹紧机构使用碟形弹簧夹紧、液压放松，可保证在工作中，如果突然停电，刀柄不会自行脱落。

　　自动清除主轴孔中的切屑和灰尘是换刀操作中的一个不容忽视的问题。为了保持主轴锥孔清洁，常采用压缩空气吹屑。图 4-8（a）所示活塞 1 的心部钻有压缩空气通道，当活塞向左移动时，压缩空气经过活塞由主轴孔内的空气嘴喷出，将锥孔清理干净。为了提高吹屑效率，喷气小孔要有合理的喷射角度，并均匀分布。

　　用钢球 4 拉紧拉钉 5，这种拉紧方式的缺点是接触应力太大，易将主轴孔和拉钉压出坑来。新式的刀杆已改用弹力卡爪，它由两瓣组成，装在拉杆 2 的左端，如图 4-8（b）所示。卡套 10 与主轴是固定在一起的。卡紧刀具时，拉杆 2 带动弹力卡爪 9 上移，卡爪 9 下端的外周是锥面 B，与卡套 10 的锥孔配合，锥面 B 使卡爪 9 收拢，卡紧刀杆。松开刀具时，拉杆带动弹力卡爪下移，锥面 B 使卡爪 9 放松，使刀杆可以从卡爪 9 中退出。这种卡爪与刀杆的结合面

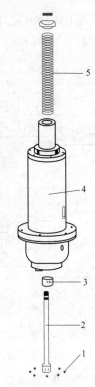

图 4-7　某加工中心主轴元件
1—钢球；2—拉杆；3—套筒；
4—主轴；5—碟形弹簧

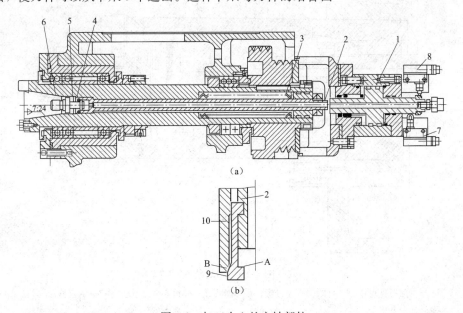

（a）

（b）

图 4-8　加工中心的主轴部件

（a）钢球拉紧结构的主轴部件；（b）弹力卡爪的结构

1—活塞；2—拉杆；3—碟形弹簧；4—钢球；5—标准拉钉；6—主轴；7、8—行程开关；9—弹力卡爪；

10—卡套；A—结合面；B—锥面

A 与拉力垂直，故卡紧力较大；卡爪与刀杆为面接触，接触应力较小，不易压溃刀杆。目前，采用这种刀杆拉紧机构的加工中心机床逐渐增多。

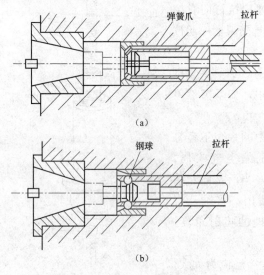

图 4-9　常用的刀杆尾部的拉紧
（a）弹簧夹头结构；（b）钢球拉紧结构

3. 刀柄拉紧机构

常用的刀杆尾部的拉紧如图 4-9 所示。图 4-9（a）所示的弹簧夹头结构，它有拉力放大作用，可用较小的液压推力产生较大的拉紧力。图 4-9（b）所示为钢球拉紧结构。

4. 卸荷装置

图 4-10 为一种卸荷装结构，油缸体 6 与连接座 3 固定在一起，但是连接座 3 由螺钉 5 通过弹簧 4 压紧在箱体 2 的端面上，连接座 3 与箱孔为滑动配合。当油缸的右端通入高压油使活塞杆 7 向左推压拉杆 8 并压缩碟形弹簧的同时，油缸的右端面也同时承受相同的液压力，故此，整个油缸连同连接座 3 压缩弹簧 4 而向右移动，使连接座 3 上的垫片 10 的右端面与主轴上的螺母 1 的左端面压紧，因此，松开刀柄时对碟形弹簧的液压力就成了在活塞 7、油缸 6、连接座 3、垫圈 10、螺母 1、碟形弹簧、套环 9、拉杆 8 之间的内力，因而使主轴支承不致承受液压推力。

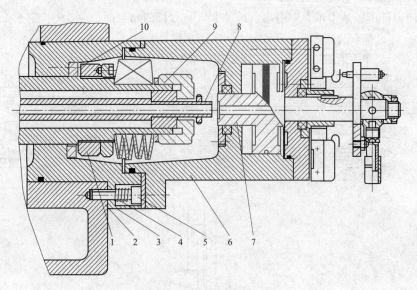

图 4-10　卸荷装置
1—螺母；2—箱体；3—连接座；4—弹簧；5—螺钉；6—液压缸；7—活塞杆；
8—拉杆；9—套环；10—垫圈

5. 主轴脉冲发生器的安装

主轴脉冲发生器的安装，通常采用两种方式：一是同轴安装，二是异轴安装。同轴安装的结构简单，缺点是安装后不能加工伸出车床主轴孔的零件；异轴安装较同轴麻烦一些，需配一对同步齿形带轮和同步齿形带，但却避免了同轴安装的缺点，如图 4-11 所示。

　　主轴脉冲发生器与传动轴的连接可分为刚性连接和柔性连接。刚性连接是指常用的轴套连接。此方式对连接件制造精度和安装精度有较高的要求，否则，同轴度误差的影响会引起主轴脉冲发生器产生偏差而造成信号不准，严重时损坏光栅。如图 4-12 所示，传动箱传动轴上的同步带轮通过同步带与装在主轴上的同步带轮相连。

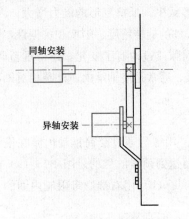

图 4-11　主轴脉冲发生器的安装

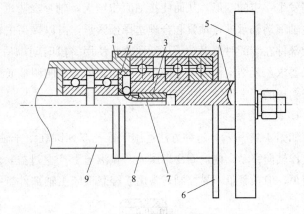

图 4-12　编码器与传动箱的连接

1—编码器外壳隔环；2—密封圈；3—键；4—带轮轴；5—带轮；

6—安装耳；7—编码器轴；8—传动箱；9—编码器

　　柔性连接是较为实用的连接方式。常用的软件为波纹管或橡胶管，连接方式如图 4-13 所示。采用柔性连接，在实现角位移传递的同时，又能吸收车床主轴的部分振动，从而使得主轴脉冲发生器传动平稳、传递信号准确。

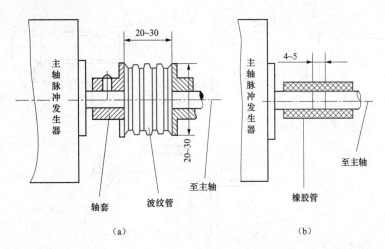

图 4-13　主轴脉冲发生器的柔性连接

（a）波纹管连接图；（b）橡胶管连接图

主轴脉冲发生器在选用时应注意主轴脉冲发生器的最高允许转速，在实际应用过程中，机床的主轴转速必须小于此转速，以免损坏脉冲发生器。

▶▶技能训练

根据实际情况，让学生在教师的指导下进行如下技能训练。

四、主轴滚动轴承的预紧

所谓轴承预紧，就是使轴承滚道预先承受一定的载荷，不仅能消除间隙而且还使滚动体与滚道之间发生一定的变形，从而使接触面积增大，轴承受力时变形减少，抵抗变形的能力增大。因此，对主轴滚动轴承进行预紧和合理选择预紧量，可以提高主轴部件的旋转精度、刚度和抗振性，机床主轴部件在装配时要对轴承进行预紧，使用一段时间以后，间隙或过盈有了变化，还得重新调整，所以要求预紧结构便于进行调整。滚动轴承间隙的调整或预紧，通常是使轴承内、外圈相对轴向移动来实现的。常用的方法有以下几种。

1. 轴承内圈移动

如图 4-14 所示，这种方法适用于锥孔双列圆柱滚子轴承。用螺母通过套筒推动内圈在锥形轴颈上作轴向移动，使内圈变形胀大，在滚道上产生过盈，从而达到预紧的目的。图 4-14（a）的结构简单，但预紧量不易控制，常用于轻载机床主轴部件。图 4-14（b）用右端螺母限制内圈的移动

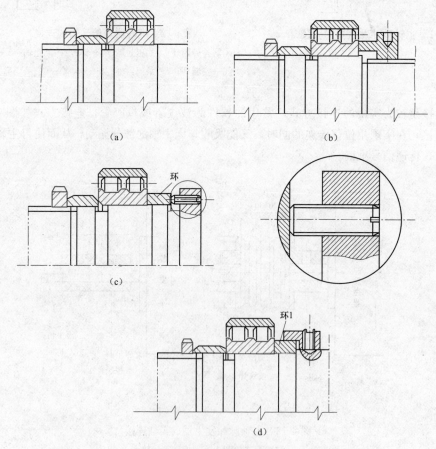

图 4-14　轴承内圈移动

（a）无限制移动量结构；（b）螺母限制移动量结构；（c）螺钉限制移动量；（d）垫圈限制移动量

量，易于控制预紧量。图 4-14（c）在主轴凸缘上均布数个螺钉以调整内圈的移动量，调整方便，但是用几个螺钉调整，易使垫圈歪斜。图 4-14（d）将紧靠轴承右端的垫圈做成两个半环，可以径向取出，修磨其厚度可控制预紧量的大小，调整精度较高，调整螺母一般采用细牙螺纹，便于微量调整，而且在调好后要能锁紧防松。

2. 修磨座圈或隔套

图 4-15（a）为轴承外圈宽边相对（背对背）安装，这时修磨轴承内圈的内侧；图 4-15（b）为外圈窄边相对（面对面）安装，这时修磨轴承外圈的窄边。在安装时按图示的相对关系装配，并用螺母或法兰盖将两个轴承轴向压拢，使两个修磨过的端面贴紧，这样在两个轴承的滚道之间产生预紧。另一种方法是将两个厚度不同的隔套放在两轴承内、外圈之间，同样将两个轴承轴向相对压紧，使滚道之间产生预紧，如图 4-16（a）、（b）所示，或在轴承外圈设隔套，如图 4-16（c）所示。装配时用螺母并紧内圈获得所需预紧力。这种调整方法不必拆卸轴承，预紧力的大小全凭工人的经验确定。

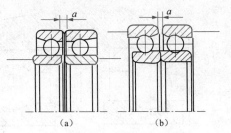

图 4-15　修磨座圈
（a）轴承外圈宽边相对（背对背）安装；
（b）外圈窄边相对（面对面）安装

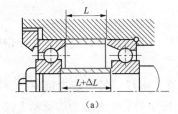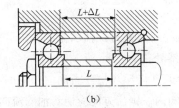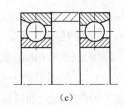

图 4-16　隔套的应用
（a）长内圈隔套；（b）长外圈隔套；（c）外圈设隔套，内圈不设

3. 螺纹预紧

转速较低且载荷较大的主轴部件，常采用双列圆柱滚子轴承与推力球轴承的组合，如图 4-17 所示。图 4-17（a）是用一个螺母调整径向和轴向间隙，结构比较简单，但不能分别控制径向和轴向的预紧力。

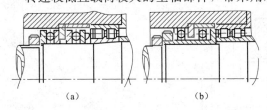

图 4-17　双列圆柱滚子轴承径向间隙的轴承
（a）单螺母调整；（b）双螺母调整

当双列滚柱滚子轴承尺寸较大时，调整径向间隙所需的轴向尺寸很大，易在推力球轴承的滚道上压出痕迹。因此，单个螺母调整主要用于中小型机床的主轴部件，在大型机床上一般采用两个螺母分别调整径向和轴向预紧力，如图 4-18（b）所示。用螺母调整间隙和预紧，方便简单。但螺母拧在主轴上后，其端面必须与主轴轴线严格垂直，否则将把轴承压偏，影响主轴部件的旋转精度。造成螺母压偏的主要原因有：主轴螺纹轴线与轴颈的轴线不重合；螺母端面与螺纹轴线不垂直等。因此除了在加工精度上给予保证外，可在结构方面也采取相应的措施。

4. 自动预紧

如图 4-18 所示，用沿圆周均布的弹簧来对轴承预加一个基本不变的载荷，轴承磨损后能自动补偿，且不受热膨胀的影响。缺点是只能单向受力。

对于使用性能和使用寿命要求更高的电主轴，有一些电主轴公司采用可调整预加载荷的装置，其工作原理如图 4-19 所示。在最高转速时，其预加载荷值由弹簧力确定；当转速较低时，按不同的转速，通以不同压力值的油压或气压，作用于活塞上而加大预加载荷，以便达到与转速相适应的最佳预加载荷值。

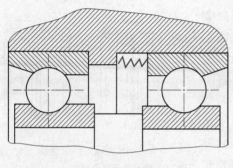

图 4-18 自动预紧

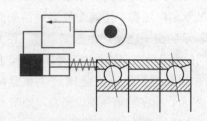

图 4-19 可调整预加载荷的装置原理图

五、主轴的密封

1. 非接触式密封

图 4-20 是利用轴承盖与轴的间隙密封，轴承盖的孔内开槽是为了提高密封效果，这种密封用在工作环境比较清洁的油脂润滑处。

图 4-21 是在螺母的外圆上开锯齿形环槽，当油向外流时，靠主轴转动的离心力把油沿斜面甩到端盖 1 的空腔内，油液流回箱内。锯齿方向应逆着油的流向。图中的箭头表示油的流动方向。环槽应有 2～3 条，因油被甩至空腔后，可能有少量的油会被溅回螺母 2，前面的环槽可以再甩。回油孔的直径，应大于 $\phi 6\text{mm}$ 以保证回油畅通。要使间隙密封结构能在一定的压力和温度范围内具有良好的密封防漏性能，必须保证法兰盘与主轴及轴承端面的配合间隙。

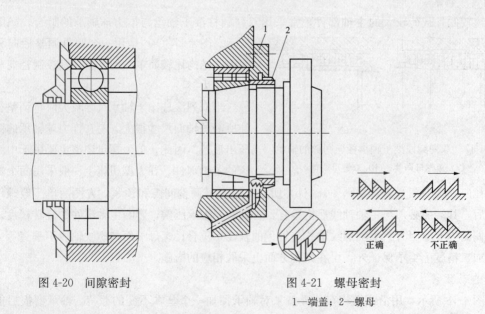

图 4-20 间隙密封 　　　　图 4-21 螺母密封

1—端盖；2—螺母

　　图 4-22 是迷宫式密封结构，在切屑多，灰尘大的工作环境下可获得可靠的密封效果，这种结构适用油脂或油液润滑的密封。

2. 接触式密封（见图 4-23）

主要有油毡圈和耐油橡胶密封圈密封。

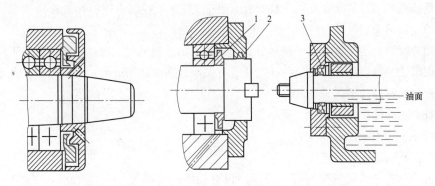

图 4-22　是迷宫式密封　　　　　图 4-23　接触式密封

1—甩油环；2—油毡圈；3—耐油橡胶密封圈

　　图 4-24 为卧式加工中心主轴前支承的密封结构。该卧式加工中心主轴前支承采用的是双层小间隙密封装置。主轴前端加工有两组锯齿形护油槽，在法兰盘 4 和 5 上开有沟槽及泄漏孔，当喷入轴承 2 内的油液流出后被法兰盘 4 内壁挡住，并经其下部的泄油孔 9 和套筒 3 上的回油斜孔 8 流回油箱，少量油液沿主轴 6 流出时，在主轴护油槽处由于离心力的作用被甩至法兰盘 4 的沟槽内，再经回油斜孔 8 重新流回油箱，从而达到防止润滑介质泄漏的目的。

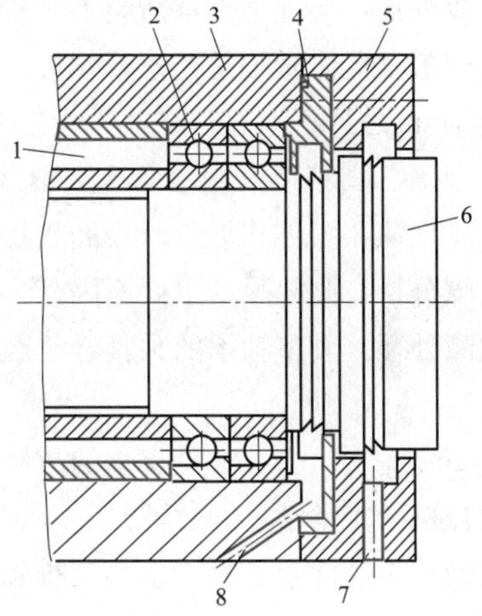

　　当外部切削液、切屑及灰尘等沿主轴 6 与法兰盘 5 之间的间隙进入时，经法兰盘 5 的沟槽由泄漏孔 7 排出，少量的切削液、切屑及灰尘进入主轴前锯齿沟槽，在主轴 6 高速旋转离心作用下仍被甩至法兰盘 5 的沟槽内由泄漏孔 7 排出，达到了主轴端部密封的目的。

图 4-24　卧式加工中心主轴前支承的密封结构

1—进油口；2—轴承；3—套筒；4、5—法兰盘；

6—主轴；7—泄漏孔；8—回油斜孔；9—泄油孔

　　要使间隙密封结构能在一定的压力和温度范围内具有良好的密封防漏性能，则必须保证法兰盘 4 和 5 与主轴及轴承端面的配合间隙。

　　（1）法兰盘 4 与主轴 6 的配合间隙应控制在 0.1～0.2mm 单边范围内。如果间隙偏大，则泄漏量将按间隙的 3 次方扩大；若间隙过小，由于加工及安装误差，容易与主轴局部接触使主轴局部升温并产生噪声。

　　（2）法兰盘 4 内端面与轴承端面的间隙应控制在 0.15～0.3mm。小间隙可使压力油直接被挡住并沿法兰盘 4 内端面下部的泄油孔 9 经回油斜孔 8 流回油箱。

　　（3）法兰盘 5 与主轴的配合间隙应控制在 0.15～0.25mm 单边范围内。间隙太大，进入主轴 6 内的切削液及杂物会显著增多，间隙太小，则易与主轴接触。法兰盘 5 沟槽深度应大于 10mm（单边），泄漏孔 7 应大于 ϕ6mm，并应位于主轴下端靠近沟槽的内壁处。

（4）法兰盘 4 的沟槽深度大于 12mm（单边），主轴上的锯齿尖而深，一般在 5～8mm，以确保具有足够的甩油空间。法兰盘 4 处的主轴锯齿向后倾斜，法兰盘 5 处的主轴锯齿向前倾斜。

（5）法兰盘 4 上的沟槽与主轴 6 上的护油槽对齐，以保证被主轴甩至法兰盘沟槽内腔的油液能可靠地流回油箱。

（6）套筒前端的回油斜孔 8 及法兰盘 4 的泄油孔 9 流量应控制为进油孔 1 的 2～3 倍，以保证压力油能顺利地流回油箱。

这种主轴前端密封结构也适合于普通卧式车床的主轴前端密封。在油脂润滑状态下使用该密封结构时，可取消法兰盘泄油孔及回油斜孔，并且有关配合间隙适当放大，经正确加工及装配后同样可达到较为理想的密封效果。

六、主轴支承故障诊断与维修

1. 开机后主轴不转动的故障排除

故障现象：开机后主轴不转动。

故障分析：检查电动机情况良好，传动键没有损坏；调整 V 带松紧程度，主轴仍无法转动；检查测量电磁制动器的接线和线圈均正常，拆下制动器发现弹簧和摩擦盘也完好；拆下传动轴发现轴承因缺乏润滑而烧毁，将其拆下，手动转动主轴正常。

故障处理：换上轴承重新装上主轴转动正常，但因主轴制动时间较长，还需调整摩擦盘和衔铁之间的间隙。具体做法是先松开螺母，均匀地调整 4 个螺钉，使衔铁向上移动，将衔铁和摩擦盘间隙调至 1mm 之后，用螺母将其锁紧之后再试车，主轴制动迅速，故障排除。

2. 孔加工时表面粗糙度值太大的故障维修

故障现象：零件孔加工时表面粗糙度值太大，无法使用。

故障分析：此故障的主要原因是主轴轴承的精度降低或间隙增大。

故障处理：调整轴承的预紧量。经几次调试，主轴恢复了精度，加工孔的表面粗糙度也达到了要求。

▶▶讨论总结 ——常见支承的故障（让学生上网查询、图书馆查资料，并在教师的参与下讨论总结数控机床支承常见的故障）

主轴支承部件常见故障诊断及排除修方法见表 4-3。

表 4-3　　　　　　　　　主轴支承部件常见故障诊断及排除方法

序号	故障现象	故障原因	排除方法
1	主轴发热	轴承润滑脂耗尽或润滑油脂涂抹过多	重新涂抹润滑油脂，每个轴承 3mL
		主轴前后轴承损伤或轴承不清洁	更换轴承，清除脏物
		主轴轴承预紧力过大	调整预紧力
		轴承研伤或损伤	更换轴承
2	切削振动大	轴承预紧力不够，游隙过大	重新调整轴承游隙。但预紧力不宜过大，以免损坏轴承
		轴承预紧螺母松动，使主轴窜动	紧固螺母，确保主轴精度合格
		轴承拉毛或损坏	更换轴承
3	主轴噪声	轴承损坏或传动轴弯曲	修复或更换轴承，校直传动轴
		缺少润滑	涂抹润滑油脂，保证每个轴承的油脂不超过 3mL
4	轴承损坏	轴承预紧力过大或无润滑油	重新调整预紧力，并使之润滑充分
5	主轴不转	传动轴上的轴承损坏	更换轴承

任务扩展——高速主轴

当今世界各国都竞相发展自己的高速加工技术，并成功应用，产生了巨大的经济效益。要发展和应用高速加工技术，首先必须有性能良好的数控机床，而数控机床性能的好坏则首先取决于高速主轴。高速主轴单元的类型有电主轴、气动主轴、水动主轴等。

主轴电动机与机床主轴"合二为一"的传动结构形式，使主轴部件从机床的主传动系统和整体结构中相对独立出来，因此可做成"主轴单元"，俗称"电主轴"，如图 4-25 所示。主轴就是电动机轴，多用在小型加工中心机床上。这也是近来高速加工中心主轴发展的一种趋势。

图 4-25　高速主轴

电主轴包括动力源、主轴、轴承和机架（见图 4-25）等几个部分。电主轴基本结构如图 4-26所示。用于大型加工中心的内装式电主轴单元由主轴轴系 1、内装式电动机 2、支撑及其润滑系统3、冷却系统 4、松拉刀系统 5、轴承自动卸载系统 6、编码器安装调整系统 7 组成。

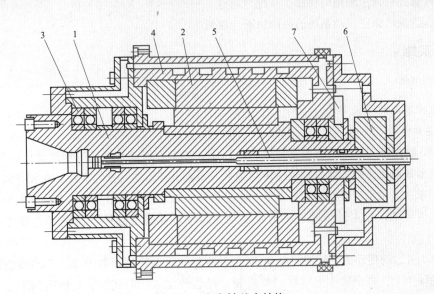

图 4-26　电主轴基本结构

1—主轴轴系；2—内装式电动机；3—支撑及其润滑系统；4—冷却系统；5—松拉刀系统；

6—轴承自动卸载系统；7—编码器安装调整系统

任务二　数控机床主传动系统装调与维修

任务引入

图 4-27 是数控机床主轴的装配现场，数控机床主传动系统装调的前提是看其装配图，而数控机床主传动系统维修的前提是数控机床主传动系统的装调。因此，本任务从看数控车床主传动系统图的识别来实施。

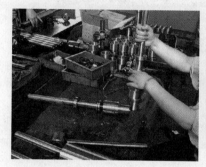

图 4-27　数控机床主轴的装配现场

任务目标

- 掌握数控机床主轴箱装配图识图方法
- 掌握数控机床主轴箱的拆卸、装配与调整
- 掌握数控机床主传动系统的故障诊断与维修

任务实施

▶️ 教师讲解

一、数控车床的主轴部件

1. 主运动传动

TND360 数控卧式车床传动系统如图 4-28 所示。图中各传动元件是按照运动传递的先后顺序，以展开图的形式画出来的。该图只表示传动关系，不表示各传动元件的实际尺寸和空间位置。

数控车床主运动传动链的两端部件是主电动机与主轴，它的功用是把动力源（电动机）的运动及动力传递给主轴，使主轴带动工件旋转实现主运动，并满足数控卧式车床主轴变速和换向的要求。

TND360 主运动传动由主轴伺服电动机（27kW）的运动经过齿数为 27/48 同步齿形带传动到主轴箱中的轴Ⅰ上。再经轴Ⅰ上双联滑移齿轮，经齿轮副 84/60 或 29/86 传递到轴Ⅱ（即主轴），使主轴获得高（800～3150r/min）、低（7～800r/min）两挡转速范围。在各转速范围内，由主轴伺服电动机驱动实现无级变速。

主轴的运动经过齿轮副 60/60 传递到轴Ⅲ上，由轴Ⅲ经联轴器驱动圆光栅。圆光栅将主轴的转速信号转变为电信号送回数控装置，由数控装置控制实现数控车床上的螺纹切削加工。

2. 主轴箱的结构

数控机床的主轴箱是一个比较复杂的传动部件。表达主轴箱中各传动元件的结构和装配关系时常用展开图。展开图基本上是按传动链传递运动的先后顺序，沿轴心线剖开，并展开在一个平面上的装配图，如图 4-29 所示为 TND360 数控车床的主轴箱展开图。该图是沿轴 Ⅰ—Ⅱ—Ⅲ 的轴线剖开后展开的。

在展开图中通常主要表示如下。

各种传动元件（轴、齿轮、带传动和离合器等）的传动关系；各传动轴及主轴等有关零件的结构形状、装配关系和尺寸，以及箱体有关部分的轴向尺寸和结构。

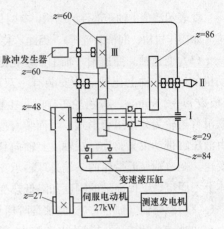

图 4-28　TDN360 数控卧式车床传动系统

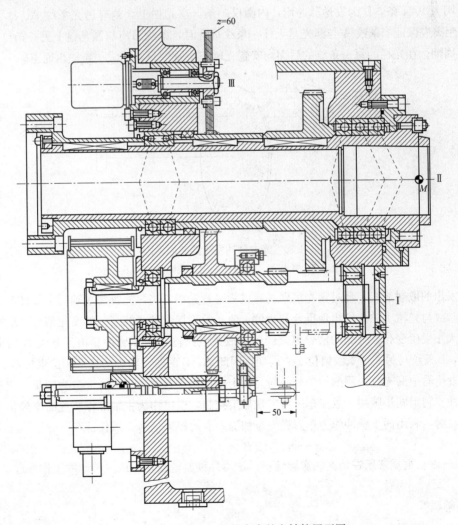

图 4-29　TND360 数控车床的主轴箱展开图

要表示清楚主轴箱部件的结构，有时仅有展开图还是不能表示出每个传动元件的空间位置及其他机构（如操作机构、润滑装置等），因此，装配图中有时还需要必要的向视图及其他剖视图来加以说明。

（1）变速轴。变速轴（轴Ⅰ）是花键轴。左端装有齿数为 48 的同步齿形带轮，接受来自主电动机的运动。轴上花键部分安装有一双联滑移齿轮，齿轮齿数分别为 29（模数 $m=2$mm）和 84（模数 $m=2.5$mm）。29 齿轮工作时，主轴运转在低速区；84 齿轮工作时，主轴运转在高速区。双联滑移齿轮为分体组合形式，上面装有拨叉轴承，拨叉轴承隔离齿轮与拨叉的运动。双联滑移齿轮由液压缸带动拨叉驱动，在轴Ⅰ上轴向移动，分别实现齿轮副 29/86、84/60 的啮合，完成主轴的变速。变速轴靠近带轮的一端是球轴承支承，外圈固定；另一端由长圆柱滚子轴承支承，外圈在箱体上不固定，以提高轴的刚度和降低热变形的影响。

（2）检测轴（轴Ⅲ）。检测轴是阶梯轴，通过两个球轴承支承在轴承套中。它的一端装有齿数为 60 的齿轮，齿轮的材料为夹布胶木。另一端通过联轴器传动光电脉冲发生器。齿轮与主轴上的齿数为 60 的齿轮相啮合，将主轴运动传到光电脉冲发生器上。

图 4-30 是光电脉冲发生器的原理图。在漏光盘上，沿圆周刻有两圈条纹，外圈为圆周等分线，例如：外圈为 1024 条，作为发送脉冲用，内圈仅一条。在光栏上，刻有透光条纹 A、B、C，A 与 B 之间的距离应保证当条纹 A 与漏光盘上任一条纹重合时，条纹 B 应与漏晃盘上另一条纹的重合度错位 1/4 周期。在光栏的每一条纹的后面均安置光敏三极管一只，构成一条输出通道。

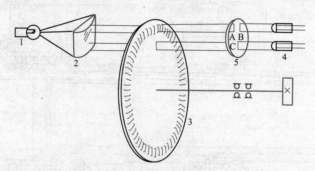

图 4-30　光电脉冲发生器的原理图
1—灯泡；2—聚光镜；3—漏光盘；4—光敏管；5—光栏板

灯泡发出的散射光线，经过聚光镜聚光后成为平行光线，当漏光盘与主轴同步旋转时，由于漏光盘上的条纹与光栏上的条纹出现重合和错位，使光敏管接收到光线亮暗的变化信号，引起光敏管内电流的大小发生变化，变化的信号电流经整形放大电路输出矩形脉冲。由于条纹 A 与漏光盘条纹重合时，B 条纹与另一个条纹错位 1/4 周期，因此 A、B 两通道输出的波形相位也相差 1/4 周期。

脉冲发生器中漏光盘内圈的一条刻线与光栏上条纹已重合时输出的脉冲数为同步（起步，又称零位）脉冲。利用同步脉冲，数控车床可实现加工控制，也可作为主轴准停装置的准停信号。数控车床车螺纹时，利用同步脉冲作为车刀进刀点和退刀点的控制信号，以保证车削螺纹不会乱扣。

 做一做：根据您所在地区的实际情况，说明几种典型数控车床主传动的工作原理。

⊛ 技能训练

根据实际情况在教师的带领下对数控机床主传动系统进行装调与检修。

二、数控车床主轴部件的调整

1. 主轴部件结构

图 4-31 是 CK7815 型数控车床主轴部件结构图，该主轴工作转速范围为 15～5000r/min。主轴 9 前端采用三个角接触球轴承 12，通过前支承套 14 支承，由螺母 11 预紧。后端采用圆柱滚子轴承 15 支承，径向间隙由螺母 3 和螺母 7 调整。螺母 8 和螺母 10 分别用来锁紧螺母 7 和螺母 11，防止螺母 7 和 11 的回松。带轮 2 直接安装在主轴 9 上（不卸荷）。同步带轮 1 安装在主轴 9 后端支承与带轮之间，通过同步带和安装在主轴脉冲发生器 4 轴上的另一同步带轮，带动主轴脉冲发生器 4 和主轴同步运动。在主轴前端，安装有液压卡盘或其他夹具。

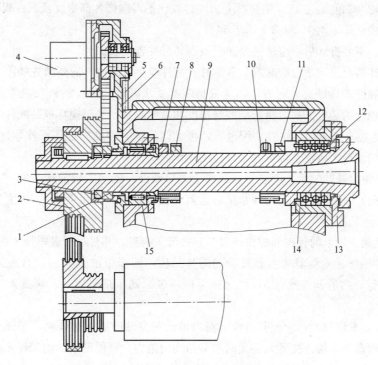

图 4-31　CK7815 型数控车床主轴部件结构图

1—同步带轮；2—带轮；3、7、8、10、11—螺母；4—主轴脉冲发生器；5—螺钉；6—支架；
9—主轴；12—角接触球轴承；13—前端盖；14—前支承套；15—圆柱滚子轴承

2. 主轴部件的拆卸与调整

（1）主轴部件的拆卸。主轴部件在维修时需要进行拆卸。拆卸前应做好工作场地清理、清洁工作和拆卸工具及资料的准备工作，然后进行拆卸操作。拆卸操作顺序大致如下。

1）切断总电源及主轴脉冲发生器等电器线路。总电源切断后，应拆下保险装置，防止他人误合闸而引起事故。

2）切断液压卡盘（图 4-31 中未画出）油路，排放掉主轴部件及相关各部润滑油。油路切断后，应放尽管内余油，避免油溢出污染工作环境，管口应包扎，防止灰尘及杂物侵入。

3）拆下液压卡盘（图 4-31 中未画出）及主轴后端液压缸等部件。排尽油管中余油并包扎管口。

4）拆下电动机传动带及主轴后端带轮和键。

5）拆下主轴后端螺母 3。

6）松开螺钉 5，拆下支架 6 上的螺钉，拆去主轴脉冲发生器（含支架、同步带）。

7）拆下同步带轮 1 和后端油封件。

8）拆下主轴后支承处轴向定位盘螺钉。

9）拆下主轴前支承套螺钉。

10）拆下（向前端方向）主轴部件。

11）拆下圆柱滚子轴承 15 和轴向定位盘及油封。

12）拆下螺母 7 和螺母 8。

13）拆下螺母 10 和螺母 11 以及前油封。

14）拆下主轴 9 和前端盖 13。主轴拆下后要轻放，不得碰伤各部螺纹及圆柱表面。

15）拆下角接触球轴承 12 和前支承套 14。

以上各部件、零件拆卸后，应清洗及防锈处理，并妥善存放保管。

（2）主轴部件装配及调整。装配前，各零件、部件应严格清洗，需要预先加涂油的部件应加涂油。装配设备、装配工具以及装配方法，应根据装配要求及配合部位的性质选取。操作者必须注意，不正确或不规范的装配方法，将影响装配精度和装配质量，甚至损坏被装配件。

对 CK7815 数控车床主轴部件的装配过程，可大体依据拆卸顺序逆向操作，这里就不再叙述。主轴部件装配时的调整，应注意以下几个部位的操作。

1）前端三个角接触球轴承，应注意前面两个大口向外，朝向主轴前端，后一个大口向里（与前面两个相反方向）。预紧螺母 11 的预紧量应适当（查阅制造厂家说明书），预紧后一定要注意用螺母 10 锁紧，防止回松。

2）后端圆柱滚子轴承的径向间隙由螺母 3 和螺母 7 调整。调整后通过螺母 8 锁紧，防止回松。

3）为保证主轴脉冲发生器与主轴转动的同步精度，同步带的张紧力应合理。调整时先略松开支架 6 上的螺钉，然后调整螺钉 5，使之张紧同步带。同步带张紧后，再旋紧支架 6 上的紧固螺钉。

4）液压卡盘装配调整时，应充分清洗卡盘内锥面和主轴前端外短锥面，保证卡盘与主轴短锥面的良好接触。卡盘与主轴连接螺钉旋紧时应对角均匀施力，以保证卡盘的工作定心精度。

5）液压卡盘驱动液压缸（图 4-31 中未画出）安装时，应调好卡盘拉杆长度，保证驱动液压缸有足够的、合理的夹紧行程储备量。

三、数控铣床主轴部件的结构与调整

1. 主轴部件结构

图 4-32 是 NT—J320A 型数控铣床主轴部件结构图。该机床主轴可作轴向运动，主轴的轴向运动坐标为数控装置中的 Z 轴，轴向运动由伺服电动机 16，经齿形带轮 13、15，同步带 14，带动丝杠 17 转动，通过丝杠螺母 7 和螺母支承 10 使主轴套筒 6 带动主轴 5 作轴向运动，同时也带动脉冲编码器 12，发出反馈脉冲信号进行控制。

主轴为实心轴，上端为花键，通过花键套 11 与变速箱连接，带动主轴旋转，主轴前端采用两个特轻系列角接触球轴承 1 支承，两个轴承背靠背安装，通过轴承内圈隔套 2，外圈隔套 3 和主轴台阶与主轴轴向定位，用圆螺母 4 预紧，消除轴承轴向间隙和径向间隙。后端采用深沟球轴承，与前端组成一个相对于套筒的双支点单固式支承。主轴前端锥孔为 7∶24 锥度，用于刀柄定位。主轴前端端面键，用于传递铣削转矩。快换夹头 18 用于快速松、夹紧刀具。

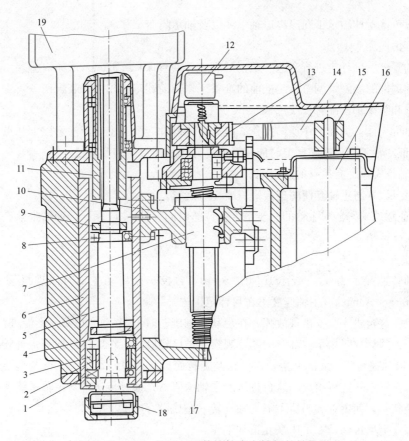

图 4-32　NT—J320A 型数控铣床主轴部件结构图

1—角接触球轴承；2、3—轴承隔套；4、9—圆螺母；5—主轴；6—主轴套筒；7—丝杠螺母；

8—深沟球轴承；10—螺母支承；11—花键套；12—脉冲编码器；13、15—同步带轮；14—同步带；

16—伺服电动机；17—丝杠；18—快换夹头；19—主轴电动机

2. 主轴部件的拆卸与调整

（1）主轴部件的拆卸。主轴部件维修拆卸前的准备工作与前述数控车床主轴部件拆卸准备工作相同。在准备就绪后，即可进行如下顺序的拆卸工作。

1）切断总电源及脉冲编码器 12 以及主轴电动机等电器的线路。

2）拆下电动机法兰盘连接螺钉。

3）拆下主轴电动机 19 及花键套 11 等部件（根据具体情况，也可不拆此部分）。

4）拆下罩壳螺钉，卸掉上罩壳。

5）拆下丝杠座螺钉。

6）拆下螺母支承 10 与主轴套筒 6 的连接螺钉。

7）向左移动丝杠螺母 7 和螺母支承 10 等部件，卸下同步带 14 和螺母支承 10 处与主轴套筒连接的定位销。

8）卸下主轴部件。

9）拆下主轴部件前端法兰和油封。

10）拆下主轴套筒。

11）拆下圆螺母 4 和 9。

12）拆下角接触球轴承 1 和深沟球轴承 8 以及轴承隔套 2 和 3。

13）卸下快换夹头 18。

拆卸后的零件、部件应进行清选和防锈处理，并妥善保管存放。

（2）主轴部件的装配及调整。装配前的准备工作与前述车床相同。装配设备，工具及装配方法根据装配要求和装配部位配合性质选取。

装配顺序可大体按拆卸顺序逆向操作。机床主轴部件装配调整时应注意以下几点。

1）为保证主轴工作精度，调整时应注意调整好预紧螺母 4 的预紧量。

2）前后轴承应保证有足够的润滑油。

3）螺母支承 10 与主轴套筒的连接螺钉要充分旋紧。

4）为保证脉冲编码器与主轴的同步精度，调整时同步带 14 应保证合理的张紧量。

四、主轴部件检修

1. 检修实例

（1）主轴转速显示为 0。一台 SIEMENS-810T 数控车床启动主轴时出现报警 7006 "Spindle Speed Not Intarget Range"（主轴速度不在目标范围内）。

故障现象：这台机床一次出现故障，在启动主轴旋转时出现 7006 报警，不能进行自动加工。

故障分析：因为故障指示主轴有问题，观察主轴已经旋转，在屏幕上检查主轴转速的数值，发现为 0，所以出现报警。但实际上主轴不但已经旋转而且转速也问题不大，可能是转速反馈系统有问题。为此对主轴系统进行检查，这台机床的主轴编码器是通过传送带与主轴系统连接的，检查发现传送带已经断了，使主轴编码器不随主轴旋转，造成没有速度反馈信号。

故障处理：更换传动带，机床恢复正常工作。

（2）主轴电动机轴承损坏。故障现象：主轴电动机发热，主轴高速运转时出现过载报警，且主轴运动时主轴电动机内有机械摩擦声音。

故障分析：许多数控机床的主轴电动机与主轴之间通过同步齿形带连接。主轴通过同步齿形带将主轴的转矩传递到主轴的刀具上。主轴与主轴电动机的轴端装有带轮，同步齿形带连接两个带轮。为保证主轴的切削效果，在同步齿形带上施加了张力，特别是当很多数控机床为使其主轴能够完成刚性攻螺纹，经常将齿带的张紧力调得很大，因而施加在轴端的悬臂力也随之增大。主轴电动机对于施加在其轴端的悬臂力是有严格要求的。悬臂力越大，允许的电动机轴承的使用寿命越短。由此也可以看出，在设计数控机床时，一定要考虑到所选用部件的性能指标和技术要求。如果不能满足各种部件的技术要求，那么数控机床在用户现场使用的过程中很可能出现故障，造成数控机床停机。

▶▶ *讨论总结*

通过让学生上网查询，教师讲解后让学生总结主轴部件常见故障诊断与排除方法，最后教师给出此表。

2. 主轴部件故障诊断

主轴部件常见故障诊断及排除方法见表 4-4。

五、主传动链的检修

1. 检修实例

（1）变挡滑移齿轮引起主轴停转的故障检修。

故障现象：机床在工作过程中，主轴箱内机械变挡滑移齿轮自动脱离啮合，主轴停转。

表 4-4   主轴部件常见故障诊断及排除方法

序号	故障现象	故障原因	排除方法
1	切削振动大	主轴箱和床身连接螺钉松动	恢复精度后紧固连接螺钉
		主轴与箱体精度超差	修理主轴或箱体,使其配合精度、位置精度达到要求
		其他因素	检查刀具或切削工艺问题
		如果是车床,可能是转塔刀架运动部位松动或压力不够而未卡紧	调整修理
2	主轴箱噪声大	主轴部件动平衡不好	重新进行动平衡
		齿轮啮合间隙不均或严重损伤	调整间隙或更换齿轮
		传动带长度不够或过松	调整或更换传动带,不能新旧混用
		齿轮精度差	更换齿轮
		润滑不良	调整润滑油量,保持主轴箱的清洁度
3	主轴无变速	压力是否足够	检测并调整工作压力
		变挡液压缸研损或卡死	修去毛刺和研伤,清洗后重装
		变挡电磁阀卡死	检修并清洗电磁阀
		变挡液压缸拨叉脱落	修复或更换
		变挡液压缸窜油或内泄漏	更换密封圈
		变挡复合开关失灵	更换新开关
4	主轴不转动	保护开关没有压合或失灵	检修压合保护开关或更换
		主轴与电动机连接带过松	调整或更换传动带
		主轴拉杆未拉紧夹持刀具的拉钉	调整主轴拉杆拉钉结构
		卡盘未夹紧工件	调整或修理卡盘
		变挡复合开关损坏	更换复合开关
		变挡电磁阀体内泄漏	更换电磁阀
5	主轴发热	润滑油脏或有杂质	清洗主轴箱,更换新油
		冷却润滑油不足	补充冷却润滑油,调整供油量
6*	刀具夹不紧	夹刀碟形弹簧位移量较小或拉刀液压缸动作不到位	调整碟形弹簧行程长度,调整拉刀液压缸行程
		刀具松夹弹簧上的螺母松动	拧紧螺母,使其最大工作载荷为 13kN
7*	刀具夹紧后不能松开	松刀弹簧压合过紧	拧松螺母,使其最大工作载荷不得超过 13kN
		液压缸压力和行程不够	调整液压压力和活塞行程开关位置

* 指车削中心、数控铣床/加工中心的情况,不是普通数控车床上的情况。

故障分析:图 4-33 是带有变速齿轮的主传动,采用液压缸推动滑移齿轮进行变速,液压缸同时也锁住滑移齿轮。变挡滑移齿轮自动脱离啮合,原因主要是液压缸内压力变化引起的。控制液压缸的三位四通换向阀在中间位置时不能闭死,液压缸前后两腔油路相渗漏,这样势必造成液压缸上腔推力大于下腔,使活塞杆渐渐向下移动,逐渐使滑移齿轮脱离啮合,造成主轴停转。

故障处理:更换新的三位四通换向阀后即可解决问题;或改变控制方式,采用二位四通,使液压缸一腔始终保持压力油。

(2)变挡不能啮合的故障检修。

故障现象:发出主轴箱变挡指令后,主轴处于慢速来回摇摆状态,一直挂不上挡。

故障分析:图 4-33 为带有变速齿轮的主传动。为了保证滑移齿轮移动顺利啮合于正确位置,

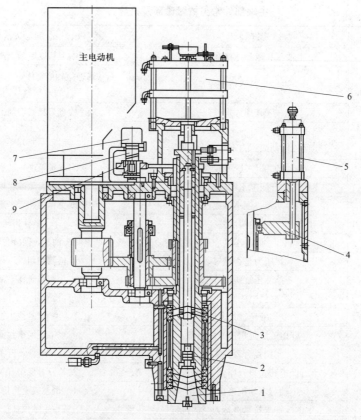

图 4-33　带有变速齿轮的主传动

1—主轴；2—弹簧卡头；3—碟形弹簧；4—拨叉；5—变速液压缸；

6—松刀气缸；7—编码器；8—联轴器；9—同步带轮

机床接到变挡指令后，在电气设计上指令主轴电动机带动主轴作慢速来回摇摆运动。此时，如果电磁阀发生故障（阀心卡孔或电磁铁失效），油路不能切换，液压缸不动作，或者液压缸动作，发反馈信号的无触点开关失效，滑移齿轮变挡到位后不能发出反馈信号，都会造成机床循环动作中断。

故障处理：更换新的液压阀或失效的无触点开关后，故障消除。

（3）变挡后主轴箱噪声大的故障检修。故障现象：主轴箱经过数次变挡后，主轴箱噪声变大。

故障分析：图 4-33 为带有变速齿轮的主传动。当机床接到变挡指令后，液压缸通过拨叉带动滑移齿轮移动。此时，相啮合的齿轮相互间必然发生冲击和摩擦。如果齿面硬度不够，或齿端倒角、倒圆不好，变挡速度太快冲击过大都将造成齿面破坏，主轴箱噪声变大。

故障处理：使齿面硬度大于 55HRC，认真做好齿端倒角、倒圆工作，调节变挡速度，减小冲击。

（4）变速无法实现的故障检修。故障现象：TH5840 立式加工中心换挡变速时，变速气缸不动作，无法变速。

故障分析：变速气缸不动作的原因有，①气动系统压力太低或流量不足；②气动换向阀未得电或换向阀有故障；③变速气缸有故障。

故障处理：根据分析，首先检查气动系统的压力，压力表显示气压为 0.6MPa，压力正常；检查换向阀电磁铁已带电，用手动换向阀，变速气缸动作，故判定气动换向阀有故障。拆下气动换向阀，检查发现有污物卡住阀心。进行清洗后，重新装好，故障排除。

（5）主轴出现拉不紧刀的故障排除。故障现象：VMC 型加工中心使用半年后出现主轴拉刀松动，无任何报警信息。

故障分析：调整碟形弹簧与拉刀液压缸行程长度，故障依然存在；进一步检查发现拉钉与刀柄夹头的螺纹连接松动，刀柄夹头随着刀具的插拨发生旋转，后退了约 1.5mm。该台机床的拉钉与刀柄夹头间无任何连接防松的措施。

故障处理：将主轴拉钉和刀柄夹头的螺纹连接用螺纹锁固密封胶锁固，并用锁紧螺母紧固，故障消除。

（6）松刀动作缓慢的故障排除。故障现象：TH5840 立式加工中心换刀时，主轴松刀动作缓慢。

故障分析：主轴松刀动作缓慢的原因可能是，气动系统压力过低或流量不足；机床主轴拉刀系统有故障，如碟形弹簧破损等；主轴松刀气缸有故障。

故障处理：首先检查气动系统的压力，压力表显示气压为 0.6MPa，压力正常；将机床操作转为手动，手动控制主轴松刀，发现系统压力下降明显，气缸的活塞杆缓慢伸出，故判定气缸内部漏气。拆下气缸，打开端盖，压出活塞和活塞环，发现密封环破损，气缸内壁拉毛。

故障处理：更换新的气缸后，故障排除。

（7）刀柄和主轴的故障维修。故障现象：TH5840 立式加工中心换刀时，主轴锥孔吹气，把含有铁锈的水分子吹出，并附着在主轴锥孔和刀柄上。刀柄和主轴接触不良。

故障分析：故障产生的原因是压缩空气中含有水分。

故障处理：如采用空气干燥机，使用干燥后的压缩空气问题即可解决。若受条件限制，没有空气干燥机，也可在主轴锥孔吹气的管路上进行两次分水过滤，设置自动放水装置，并对气路中相关零件进行防锈处理，故障即可排除。

▶▶讨论总结

2. 主传动链故障诊断

主传动链常见故障诊断及维修方法见表 4-5。

表 4-5　　　　　　　　　　　　　　　主传动链常见故障诊断及维修方法

序号	故障现象	故障原因	维修方法
1	主轴在强力切削时停转	电动机与主轴连接的皮带过松	调整皮带张紧力
		皮带表面有油	用汽油清洗后擦干净，再装上
		皮带老化失效	更换新皮带
		摩擦离合器调整过松或磨损	调整摩擦离合器，修磨或更换摩擦离合器
2	主轴噪声	小带轮与大带轮传动平衡情况不佳	重新进行动平衡
		主轴与电动机连接的皮带过紧	调整皮带张紧力
		齿轮啮合间隙不均匀或齿轮损坏	调整齿轮啮合间隙或更换齿轮
3	齿轮损坏	变挡压力过大，齿轮受冲击产生破损	按液压原理图，调整到适当的压力和流量
		变挡机构损坏或固定销脱落	修复或更换零件
4	主轴发热	主轴前端盖与主轴箱压盖研伤	修磨主轴前端盖使其压紧主轴前轴承，轴承与后盖有 0.02～0.05mm 间隙

续表

序号	故障现象	故障原因	维修方法
5	主轴没有润滑油循环或润滑不足	液压泵转向不正确，或间隙过大	改变液压泵转向或修理液压泵
		吸油管没有插入油箱的油面以下	吸油管插入油面以下2/3处
		油管或滤油器堵塞	清除堵塞物
		润滑油压力不足	调整供油压力
6	液压变速时齿轮推不到位	主轴箱内拨叉磨损	选用球墨铸铁做拨叉材料
			在每个垂直滑移齿轮下方安装塔簧作为辅助平衡装置，减轻对拨叉的压力
			活塞的行程与滑移齿轮的定位相协调
			若拨叉磨损，予以更换
7	润滑油泄漏	润滑油量多	调整供油量
		检查各处密封件是否有损坏	更换密封件
		管件损坏	更新管件

◎ 任务扩展——主轴准停装置装调与维修

▶▶ 教师讲解

目前国内外中高档数控系统均采用电气准停控制，现以应用较多的磁传感器主轴准停为例来介绍。

磁传感器主轴准停控制由主轴驱动自身完成。当执行 M19 时，数控系统只需发出准停信号 ORT，主轴驱动完成准停后会向数控系统回答完成信号 ORE，然后数控系统再进行下面的工作。其基本结构如图 4-34 所示。

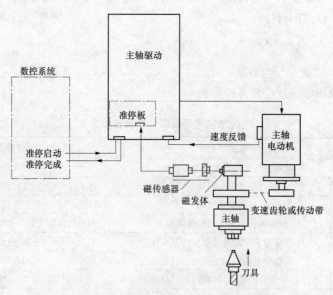

图 4-34　磁传感器准停控制系统构成

由于采用了磁传感器，故应避免将产生磁场的元件如电磁线圈、电磁阀等与磁发体和磁传感器安装在一起，另外磁发体（通常安装在主轴旋转部件上）与磁传感器（固定不动）的安装是有严格要求的，应按说明书要求的精度安装。

采用磁传感器准停止时，接受到数控系统发来的准停信号 ORT，主轴立即加速或减速至某一准停速度（可在主轴驱动装置中设定）。主轴到达准停速度且准停位置到达时（即磁发体与磁传感器对准），主轴即减速至某一爬行速度（可在主轴驱动装置中设定）。然后当磁传感器信号出现时，主轴驱动立即进入磁传感器作为反馈元件的闭环控制，目标位置即为准停位置。准停完成后，主轴驱动装置输出准停完成 ORE 停号给数控系统，从而可进行自动换刀（ATC）或其他动作。磁发体与磁传感器在主轴上位置示意如图 4-35 所示，准停控制时序如图 4-36 所示。在主轴上的安装位置如图 4-37 所示。发磁体安装在主轴后端，磁传感器安装在主轴箱上，其安装位置决定了主轴的准停点，发磁体和磁传感器之间的间隙为（1.5±0.5）mm。

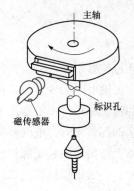

图 4-35　磁发体与磁传感器
在主轴上位置示意

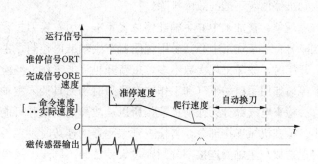

图 4-36　准停控制时序

⑨技能训练.

有条件的学校让学生进行如下技能训练。

一、主轴准停装置维护

对于主轴准停装置的维护，主要包括以下几个方面。

1）经常检查插件和电缆有无损坏，使它们保持接触良好。

2）保持磁传感器上的固定螺栓和连接器上的螺钉紧固。

3）保持编码器上连接套的螺钉紧固，保证编码器连接套与主轴连接部分的合理间隙。

4）保证传感器的合理安装位置。

二、主轴准停装置检修

1. 主轴准停装置故障诊断

主轴发生准停错误时大都无报警，只能在换刀过程中发生中断时才会被发现。发生主轴准停方面

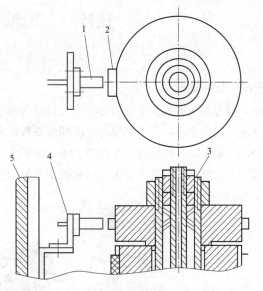

图 4-37　磁性传感器主轴准停装置
1—磁传感器；2—发磁体；
3—主轴；4—支架；5—主轴箱

的故障应根据机床的具体结构进行分析处理，先检查电气部分，如确认正常后再考虑机械部分。机械部分结构简单，最主要的是连接。主轴准停装置常见故障见表 4-6。

表 4-6　　　　　　　　　　　　　　　　　　主轴准停装置常见故障

序号	故障现象	故障原因	排除方法
1	主轴不准停	传感器或编码器损坏	更换传感器或编码器
		传感器或编码器连接套上的紧定螺钉松动	紧固传感器或编码器的紧定螺钉
		插接件和电缆损坏或接触不良	更换或使之接触良好
2	主轴准停位置不准	重装后传感器或编码器位置不准	调整元件位置或对机床参数进行调整
		编码器与主轴的连接部分间隙过大使旋转不同步	调整间隙到指定值

2. 检修实例

主轴准停位置不准的故障排除。

故障现象：某加工中心主轴准停位置不准，引发换刀过程发生中断。

故障分析：某加工中心，采用编码器型主轴准停控制，主轴准停位置不准，引发换刀过程发生中断。开始时，故障出现次数不多，重新开机又能工作。经检查，主轴准停后发生位置偏移，且主轴在准停后如用手碰一下（和工作中在换刀时当刀具插入主轴时的情况相近）主轴会产生向相反方向漂移。检查电气部分无任何报警，所以从故障的现象和可能发生的部位来看，电气部分的可能性比较小。检查机械连接部分，当检查到编码器的连接时发现编码器上连接套的紧定螺钉松动，使连接套后退造成与主轴的连接部分间隙过大使旋转不同步。故障排除：将紧定螺钉按要求固定好，故障排除。

任务三　主轴驱动的装调与维修

任务引入

伺服系统按执行电动机分类，可以分为步进伺服、直流伺服、交流伺服（见图 4-38），步进驱动用于进给系统，直流伺服与交流伺服系统既可以用于进给伺服系统，也可以用于主轴伺服系统。交流伺服驱动其优点是结构简单、不需维护、适合于在恶劣环境下工作；动态响应好、转速高和容量大。因此，现在直流伺服系统有被交流伺服系统所取代的趋势。

(a)　　　　　　　　　　　　　　(b)

图 4-38　交流伺服系统

(a) 伺服驱动系统；(b) 伺服电动机

任务目标

- 掌握交流主轴伺服的连接
- 会设置主轴伺服的参数
- 会排除主轴伺服系统的故障
- 能看懂主轴驱动的监控画面

任务实施

⊗ 现场教学

一、主轴驱动的连接

α系列伺服由电源模块（PSM：Power Supply Module）、主轴放大器模块（SPM：Spindle amplifier Module）和伺服放大器模块（SVM：Servo amplifier Module）三部分组成。如图 4-39 所示，FANUCα系列交流伺服电动机出台以后，主轴和进给伺服系统的结构发生了很大的变化，其主要特点如下。

（1）主轴伺服单元和进给伺服单元由一个电源模块统一供电。由三相电源变压器副边输出的线电压为 200V 的电源（R、S、T）经总电源断路器 BK1，主接触器 MCC 和扼流圈 L 加到电源模块上，电源模块的输出端（P、N）为主轴伺服放大器模块和进给伺服放大器模块提供直流 200V 电源。

（2）紧急停机控制开关接到电源模块的＋24V 和 ESP 端子后，再由其相应的输出端接到主轴和进给伺服放大器模块，同时控制紧急停机状态。

（3）从 NC 发出的主轴控制信号和返回信号经光缆传送到主轴伺服放大器模块。

（4）控制电源模块的输入电源的主接触器 MCC 安装在模块外部。

1. 模块介绍

（1）PSM（电源模块）。它是为主轴和伺服提供逆变直流电源的模块，3 相 200V 输入经 PSM 处理后，向直流母排输送 DC300 电压供主轴和伺服放大器用。另外 PSM 模块中有输入保护电路，通过外部急停信号或内部继电器控制 MCC 主接触器，起到输入保护作用。图 4-40 为连接图，图 4-41 是其实装图。与 SVM 及 SPM 的连接如图 4-42 及图 4-43 所示。

（2）SPM（主轴放大器模块）。接收 CNC 数控系统发出的串行主轴指令，该指令格式是 FANUC 公司主轴产品通信协议，所以又被称之为 FANUC 数字主轴，与其他公司产品没有兼容性。该主轴放大器经过变频调速控制向 FANUC 主轴电动机输出动力电。该放大器 JY2 和 JY4 接口分别接收主轴速度反馈信号和主轴位置编码器信号，其实装图如图 4-44 所示。

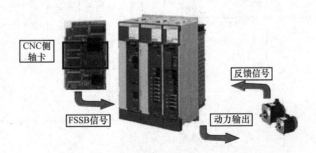

图 4-39　FANUC 驱动总连接图（一）

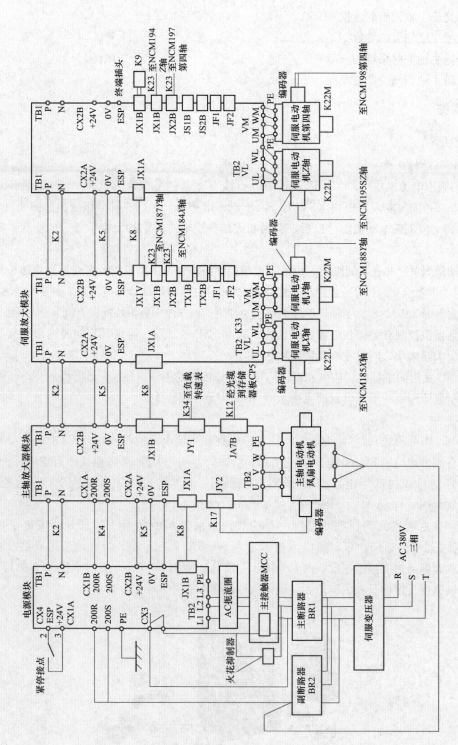

图4-39 FANUC驱动总连接图（二）

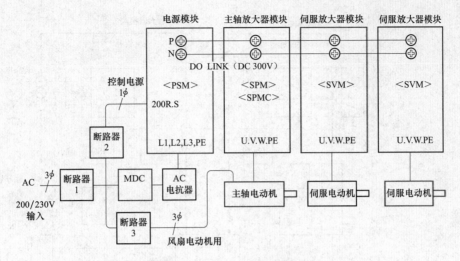

图 4-40 FANUC 放大器连接图

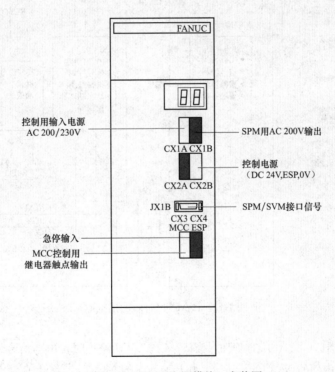

图 4-41 PSM（电源模块）实装图

（3）SVM（伺服放大器模块）。接收通过 FSSB 输入的 CNC 轴控制指令，驱动伺服电动机按照指令运转，同时 JFn 接口接收伺服电动机编码器反馈信号，并将位置信息通过 FSSB 光缆再转输到 CNC 中，FANUC SVM 模块最多可以驱动三个伺服电动机，其实装图如图 4-45 所示。

2. PSM－SPM－SVM 间的主要信号说明

（1）逆变器报警信号（IALM）。这是把 SVM（伺服放大器模块）或 SPM（主轴放大器模块）中之一检测到的报警通知 PSM（电源模块）的信号。逆变器的作用是 DC-AC 变换。

（2）MCC 断开信号（MCOFF）。从 NC 侧到 SVM，根据 ＊MCON 信号和送到 SPM 的急停信

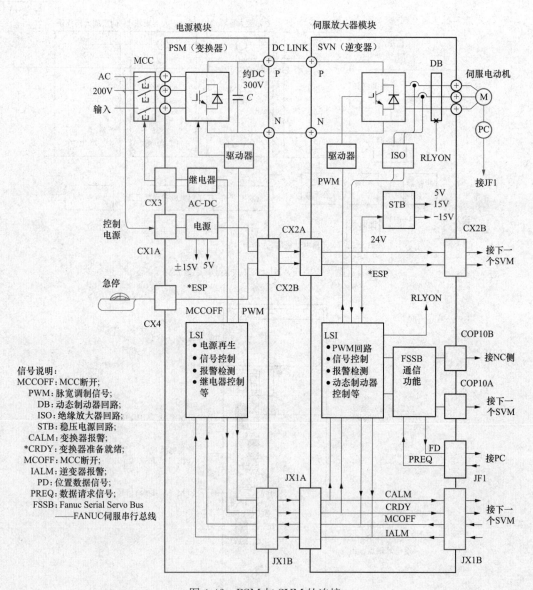

图 4-42　PSM 与 SVM 的连接

号（＊ESPA 至连接器"CX2A"）的条件，当 SPM 或 SVM 停止时，由本信号通知 PSM。PSM 接到本信号后，即接通内部的 MCCOFF 信号，断开输入端的 MCC（电磁开关）。MCC 利用本信号接通或断开 PSM 输入的三相电源。

（3）变换器（电源模块）准备就绪信号（＊CRDY）。PSM 的输入接上三相 200V 动力电源，经过一定时间后，内部主电源（DC LINK 直流环——约 300V）启动，PSM 通过本信号，将其准备就绪通知 SPM（主轴模块）和 SVM（伺服放大器模块）模块。但是，当 PSM 内检测到报警，或从SPM 和 SVM 接收到"IALM"、"MCOFF"信号时，将立即切断本信号。变换器即电源模块作用：将 AC200V 变换为 DC300V。

（4）变换器报警信号（CALM）。该信号作用是：当在 PSM（电源模块）检测到报警信号后，通知 SPM（主轴模块）和 SVM（伺服放大器模块）模块，停止电动机转动。

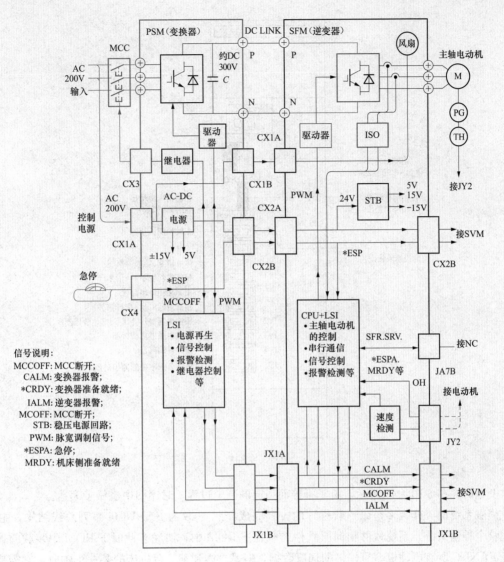

图 4-43　PSM 与 SPM 的连接

3. 驱动部分上电顺序

系统利用 PSM—SPM—SVM 间的部分信号进行保护上电和断电。如图 4-46 所示，其上电过程如下。

（1）当控制电源两相 200V 接入。

（2）急停信号释放。

（3）如果没有 MCC 断开信号 MCOFF（变为 0）。

（4）外部 MCC 接触器吸合。

（5）3 相 200V 动力电源接入。

（6）变换器就绪信号 ＊CRDY 发出（＊表示"非"信号，所以 ＊CRDY＝0）。

（7）如果伺服放大器准备就绪，发出 ＊DRDY 信号（Digital Servo Ready——DRDY，＊表示"非"信号，所以 ＊DRDY＝0）。

（8）SA（Servo Already——伺服准备好）信号发出，完成一个上电周期。

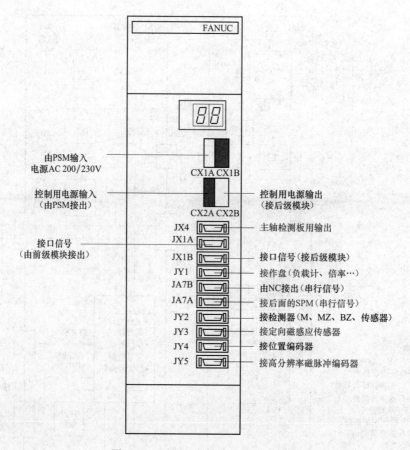

图 4-44　SPM（主轴放大器）实装图

上电时序图如图 4-47 所示，由于报警而引起的断电过程，时序图中也做了表达。

伺服系统的工作大多是以"软件"的方式完成，图 4-48 为 FANUC0i 系列总线结构，主 CPU 管理整个控制系统，系统软件和伺服软件装载在 F-ROM 中，请注意此时 F-ROM 中装载的伺服数据是 FANUC 所有电动机型号规格的伺服数据，但是具体到某一台机床的某一个轴时，它需要的伺服数据是唯一的——仅符合这个电动机规格的伺服参数，例如某机床 X 轴电动机为 αi12/3000，Y 轴和 Z 轴电动机为 αi22/2000，X 轴通道与 Y 轴和 Z 轴通道所需的伺服数据应该是不同的，所以 FANUC 系统加载伺服数据的过程是：①在第一次调试时，确定各伺服通道的电动机规格，将相应的伺服数据写入 S-RAM 中，这个过程被称之为"伺服参数初始化"。②之后的每次上电时，由 S-RAM 向 D-RAM（工作存储区）写入相应的伺服数据，工作时进行实时运算。

软件是以 S-RAM 和 D-RAM 为载体，而主轴驱动器内部有自己的运算电路（运算是以 DSP 为核心）和 E^2-ROM，如图 4-49 所示，主轴控制主要由放大器内部完成的。

二、主轴信息画面

CNC 首次启动时，自动地从各连接设备读出并记录 ID 信息。从下一次起，对首次记录的信息和当前读出的 ID 信息进行比较，由此就可以监视所连接的设备变更情况。当记录与实际情况不一致时，显示出表示警告的标记（＊）。可以对存储的 ID 信息进行编辑。由此，就可以显示不具备 ID 信息的设备的 ID 信息。但是，与实际情况不一致时，显示出表示警告的标记（＊）。

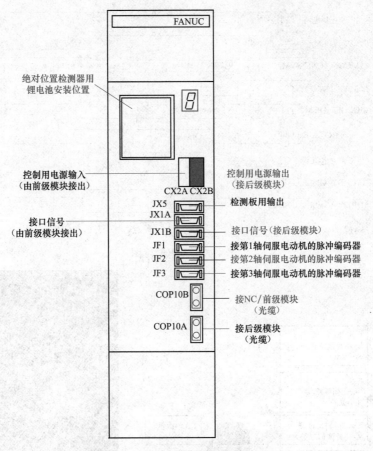

图 4-45 SVM（伺服放大器）实装图

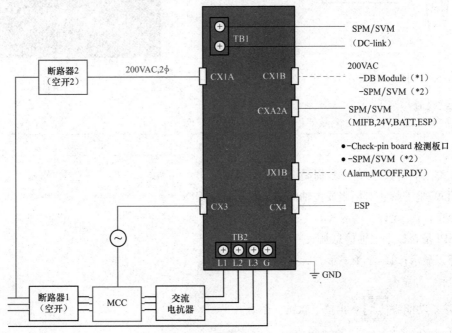

图 4-46 PSM 外围保护——上电顺序

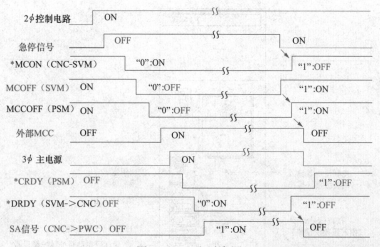

图 4-47　上电时序图

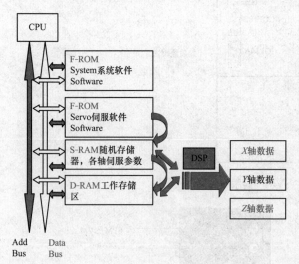

图 4-48　FANUC0i 系列总线结构　　　图 4-49　主轴运算电路

1. 参数设置

13112	#7	#6	#5	#4	#3	#2	#1	#0
						SPI		IDW

［输入类型］参数输入；［数据类型］位路径型

#0 IDW 是否禁止对伺服或主轴的信息画面进行编辑

0：禁止；1：允许

#2 SPI 是否显示主轴信息画面

0：予以显示；1：不予显示。

2. 显示主轴信息

(1) 按下功能键 [SYSTEM]，再按下软键［系统］。

(2) 按下软键［主轴］，显示如图 4-50 所示画面。

说明：

（1）主轴信息被保存在 FLASH-ROM 中。

（2）画面所显示的 ID 信息与实际 ID 信息不一致的项目，在下列项目的左侧显示出"＊"。此功能在即使因为需要修理等正当的理由而进行更换的情况，也会检测该更换并显示出"＊"标记。要擦除"＊"标记的显示，请参阅后述的编辑，按照下列步骤更新已被登录的数据。

1）可进行编辑。（参数 IDW（No.13112♯0）＝1）。

2）在编辑画面，将光标移动到希望擦除"＊"标记的项目。

3）通过软键［读取 ID］→［输入］→［保存］进行操作。

3. 信息画面的编辑

（1）定参数 IDW（No.13112♯0）＝1。

（2）按下机床操作面板上的 MDI 开关。

（3）按照"显示主轴信息画面"的步骤显示如图 4-51 所示画面，操作见表 4-7。

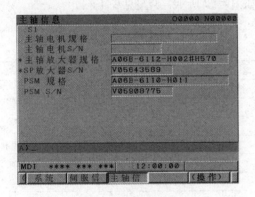

图 4-50 主轴信息

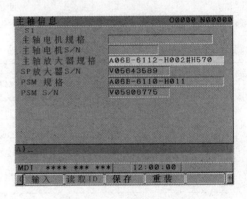

图 4-51 轴信息画面的编辑

（4）用光标键▯▯，移动画面上的光标。

表 4-7　　　　　　　　　　　　　　轴信息画面的编辑操作

方　式	按键操作	用　处
参照方式：参数 IDW（No.13112♯0）＝0 的情形	翻页键	上下滚动画面
编辑方式：参数 IDW＝1 的情形	软键	用处
	［输入］	将所选中的光标位置的 ID 信息改变为键入缓冲区上的字符串
	［取消］	擦除键入缓冲区的字符串
	［读取 ID］	将所选中的光标位置的连接设备具有 ID 信息传输到键入缓冲区。只有左侧显示"＊"的项目有效
	［保存］	将在主轴信息画面上改变的 ID 信息保存在 FLASH-ROM 中
	［重装］	取消在主轴信息画面上改变的 ID 信息，由 FLASH-ROM 上重新加载
	翻页键	上下滚动画面
	光标键	上下滚动 ID 信息的选择

注　所显示的 ID 信息与实际 ID 信息不一致的项目，在下列项目的左侧显示出"＊"。

三、主轴驱动的设定调整

1. 显示方法

（1）确认参数的设定。

	#7	#6	#5	#4	#3	#2	#1	#0
3111							SPS	

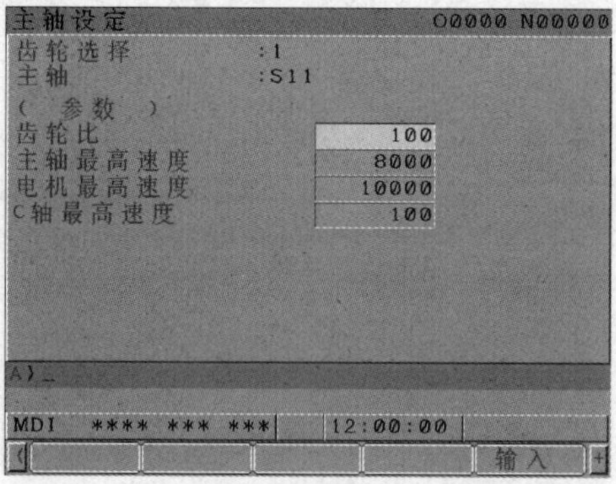

〔输入类型〕设定输入

〔数据类型〕位路径型

#1 SPS 是否显示主轴调整画面

0：不予显示。

1：予以显示。

（2）按功能键▣，出现参数等的画面。

（3）按下继续菜单键▷。

（4）按下软键〔主轴设定〕时，出现主轴设定调整画面。如图 4-52 所示，调整见表 4-8。

（5）也可以通过软键选择。

图 4-52 主轴设定调整画面

表 4-8 主 轴 设 定 调 整

项目	调 整			
	显示	离合器/齿轮信号		说明
		CTH1n	CTH2n	
齿轮选择	1	0	0	显示机床一侧的齿轮选择状态
	2	0	1	
	3	1	0	
	4	1	1	
主轴	选择	主轴		说明
	S11	第 1 主轴		选择属于相对于那个主轴的 S23 数据
	S21	第 2 主轴		
	S31	第 3 主轴		
参数	选择	S11	S21	S31
	齿轮比（HIGH）	4056	4056	4056
	齿轮比（MEDIUM IGH）	4057	4057	4057
	齿轮比（MEDIUMLOW）	4058	4058	4058
	齿轮比（LOW）	4059	4059	4059
	主轴最高速度（齿轮 1）	3741	3741	3741
	主轴最高速度（齿轮 2）	3742	3742	3742
	主轴最高速度（齿轮 3）	3743	3743	3743
	主轴最高速度（齿轮 4）	3744	3744	3744
	电动机最高速度	4020	4020	4020
	C 轴最高速度	4021	4021	4021

〔SP 设定〕：主轴设定画面

〔SP调整〕：主轴调整画面

〔SP监测〕：主轴监控器画面

（6）可以选择通过翻页键 〖PAGE↑〗 〖PAGE↓〗 显示的主轴

（仅限连接有多个串行主轴的情形）。

2. 主轴参数的调整

主轴调整画面如图4-53所示，调整方式见表4-9。

3. 标准参数的自动设定

可以自动设定有关电动机的（每一种型号）标准

参数。

1）在紧急停止状态下将电源置于ON。

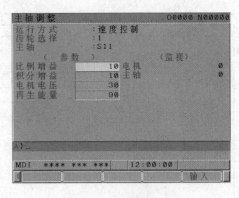

图4-53 主轴调整画面

表4-9　　　　　　　　　　　　　　　　　主轴调整方式

运行方式	速度控制	主轴定向	同步控制	刚性攻丝	主轴恒线速控制	主轴定位控制（T系列）
参数显示	比例增益 积分增益 电动机电压 再生能量	比例增益 积分增益 位置环增益 电动机电压 定向增益% 停止点 参考点偏移	比例增益 积分增益 位置环增益 电动机电压 加减速时间常数（%） 参考点偏移	比例增益 积分增益 位置环增益 电动机电压 回零增益% 参考点偏移	比例增益 积分增益 位置环增益 电动机电压 回零增益% 参考点偏移	比例增益 积分增益 位置环增益 电动机电压 回零增益% 参考点偏移
监控器显示	电动机 主轴	电动机 主轴 位置误差S	电动机 主轴 位置误差S_1 位置误差S_2 同步偏差	电动机 主轴 位置误差S 位置误差Z 同步偏差	电动机 主轴 位置误差S	电动机 进给速度 位置误差S

2）将参数LDSP（No.4019#7）设定为"1"设定方式如下。

	#7	#6	#5	#4	#3	#2	#1	#0
4019	LDSP							

〔输入类型〕参数输入；〔数据类型〕位主轴型

#7 LDSP 是否进行串行接口主轴的参数自动设定

0：不进行自动设定；1：进行自动设定；3：设定电动机型号。设定方式如下。

4133	电动机型号代码

四、主轴监控

主轴监控画面如图4-54所示。主轴监控画面主要有主轴报警、控制输入信号与控制输出信号等。

≫≫ *技能训练*

五、数控机床的主轴连接

图4-55为某加工中心的强电连接，图4-56为某加工中心的主轴连接。

六、故障维修

1. 704号报警（主轴速度波动检测报警）的处理

因负载引起主轴速度变化异常时出此报警。处理方

图4-54 主轴监控画面

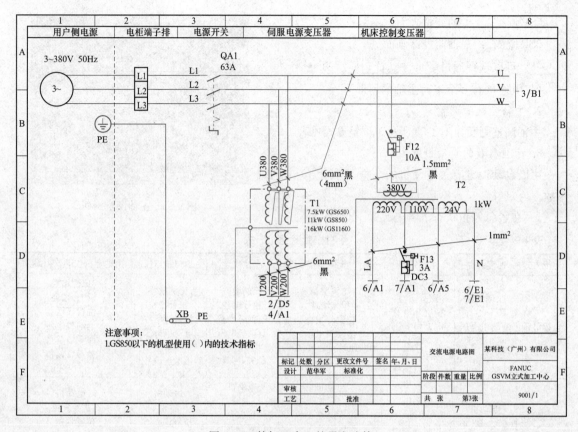

图 4-55　某加工中心的强电连接

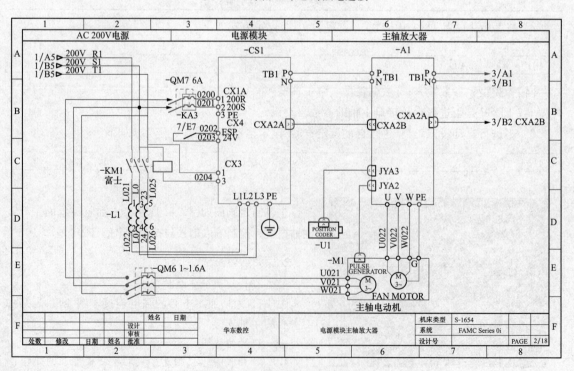

图 4-56　某加工中心的主轴连接

式如图 4-57 所示。

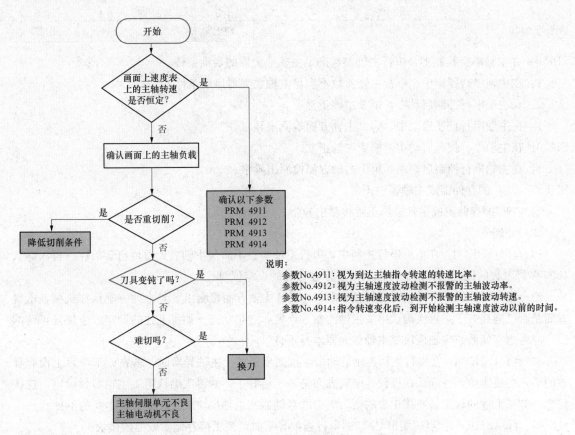

图 4-57　主轴速度波动检测报警的处理方法

2. 749 报警（串行主轴通信错误）的处理

原因和处理：

主板和串行主轴间电缆连接不良其原因可能有以下几点。

1）存储器或主轴模块不良。

2）主板和主轴放大器模块间电缆断线或松开。

3）主轴放大器模块不良。

3. 750 号报警（主轴串行链启动不良）的处理

在使用串行主轴的系统中，通电时主轴放大器没有达到正常的启动状态时，发生此报警。本报警不是在系统（含主轴控制单元）已启动后发生的。肯定是在电源接通时，系统启动之前发生的。

（1）原因。

1）串行主轴电缆（JA7A—JA7B）接触不良，或主轴放大器的电源 OFF 了。

2）主轴放大器显示器的显示不是 SU-01 或 AL-24 的报警状态，CNC 的电源已接通了时，主要是在串行主轴运转期间，CNC 电源关断时发生此报警。关掉主轴放大器的电源后，再启动。

3）第 2 主轴为上述 1），2）状态时使用了第 2 主轴并按如下方式设定了参数。

3701 号参数的第 4 位为［1］时，连接了 2 个串行主轴。

故障内容的详细检查。

用诊断号 0409，确认故障的详细内容。

	#7	#6	#5	#4	#3	#2	#1	#0
诊断号 0409					SPE	S2E	S1E	SHE

SPE 0：在主轴串行控制中，串行主轴参数满足主轴放大器的启动条件。

　　1：在主轴串行控制中，串行主轴参数不满足主轴放大器启动条件。

S2E 0：在主轴串行控制启动中，第 2 主轴正常。

　　1：在主轴串行控制启动中，第 2 主轴方面检测出异常。

S1E 0：在主轴串行控制启动中，第 1 主轴正常。

　　1：在主轴串行控制启动中，第 1 主轴方面检测出异常。

SHE 0：CNC 的存储器或主轴模块正常。

　　1：CNC 的存储器或主轴模块正常检测出异常。

（2）处理。

1）♯3（SPE）1：在主轴串行控制中，串行主轴参数不满足主轴放大器可启动条件→再次确认 4000 多号参数的设定（特别应注意更改了标准参数的设定值时）。

2）♯2（S2E）1：串行主轴控制启动中，在第 2 主轴方面检测出了异常时→确认在机械，电气方面是否已连接好了，再次确认第 2 主轴的参数设定，连接状态→如果上述的设定，连接是正常的话，应考虑存储器或主轴模块或主轴放大器本身不良。

3）♯1（S1E）1：在串行主轴控制启动中，检测出了第 1 主轴异常时，若在以下项目上没有异常的话，则更换单元→确认在机械，电气方面是否连接好了，并再次确认第 1 主轴参数设定，连接状态→如果上述的设定，连接正常的话，应考虑存储器或主轴模块或主轴放大器本身的不良。

4）♯0（SHE）1：当检测出 CNC 的串行通信异常时，要更换存储器或主轴模块。

4. 主轴速度误差过大报警

（1）报警。主轴速度误差过大报警在屏幕上的显示内容为：7102 SPN 1：EX SPEED ERROR，同时在主轴模块上七段显示管"02"报警。

主轴速度误差过大报警的检出，是反映实际检测到的主轴电动机速度与 M03 或 M04 中给定的速度指令值相差过大。这个报警也是 FANUC 系统常见的报警之一，主要引起原因是主轴速度反馈装置或外围负载的问题。下面我们从主轴速度检测入手，分析报警产生的原因与解决方案。

（2）工作原理。FANUC 主轴的连接可以根据不同的硬件选配，产生多种组合，如：单一电动机速度反馈（用于数控铣床）、速度反馈＋磁传感器定位（多用于立式加工中心等，磁传感器定位用于机械手换刀或镗孔准停）、速度反馈＋分离位置编码器（数控车床或加工中心，可进行车削螺纹或刚性攻丝）、采用内置高分辨磁编码器等（用于内装式主轴或 Cs 轴控制等）。图 4-58 由主轴电动机速度反馈＋分离编码器的结构，这也是目前比较常见的结构。

此种结构需要注意的是：主轴电动机反馈和机械主轴位置编码器反馈是两路不同的通道，电动机速度反馈通过 JY2 进入主轴模块，编码器反馈从 JY4 输入到主轴模块。

FANUC 速度反馈的结构如图 4-58 中照片所示，它是由一个小模数的测速齿轮与一个磁传感器组成，测速齿轮与电动机轴同心，当主轴旋转时，齿面高低的变化感应磁传感器输出一个正弦波，其频率反映主轴速度的快慢。

那么磁传感器输出正弦波信号的质量，决定了速度反馈质量的好坏。我们在查找主轴速度报警

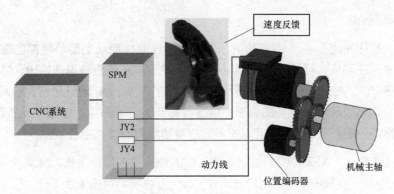

图 4-58　主轴电动机速度反馈＋分离编码器

时，应该重点检查这一环节。

（3）故障原因。通过我们日常维修统计记录，引起主轴速度反馈不良的主要原因如下。

1）磁传感器老化，退磁。

2）反馈电缆屏蔽处理不良，受外部信号干扰，产生杂波。

3）主轴后轴承磨损，小模数齿轮跳动超过允许值。

4）主轴模块接口电路损坏。

5）主轴机械部分故障，机械负载过重。

（4）维修实例。

实例1：卧式加工中心，FANUC18i M 系统，程序在 G00 方式可以运行，当执行到 G01 时机床进给轴不移动，但在 JOG、REF、手轮方式下均可移动机床。

从上述情况看好像没有头绪，有点无从下手的感觉，因为机床坐标轴可以移动，说明伺服放大器、电动机、反馈等硬件应该没有问题。仅在 G01 时机床进给轴不移动，对于铣床或加工中心来说，系统提供了一个制约功能，当主轴速度没有达到指令转速时，限制 G01 方式下进给。但是 G00 运行、JOG、REF 以及手轮方式不受此限制。

故障现象比较符合上述情况，由于主轴速度没有到达指令转速而限制机床在 G01 方式下运行。

将 3708 b0 设为 0（3708 参数的含义是；是否检测主轴速度到达信号），一般为实现安全互锁，将 3708 设 1（即检测主轴速度到达信号）。现将它设为 0。再执行程序，程序完全可以运行，包括含有 G01 的程序段。但是此时机床并没有修好，仍然存在隐患。只是可以判断，速度反馈信号不正常，速度反馈值与 S 指令值误差较大。

根据维修经验，结合前面所叙述的速度反馈结构，打开主轴后盖，检查速度反馈装置。

由于器件原因，以及现场条件差异，磁传感器使用一个较长的周期后，电气特性会有所改变，例如外界强磁场、强电场的干扰，导致磁传感器参数降低，这个时候我们就需要适当的调整磁传感器与测速齿轮的间隙，通常是减小它们之间的间隙。标准间隙量应该在 0.5mm 左右，但是如果磁开关参数降低，数值还可减少。如图 4-59 所示，松开 M4X20 螺丝，调整间隙，直到主轴放大器能够正常接收到速度反馈信号。

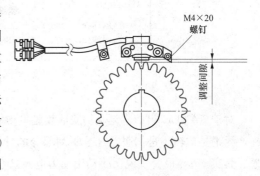

图 4-59　调整间隙

调整后，问题解决。

注意：当机床采用图 4-58 的结构时，即电动机速度反馈从电动机尾部的磁传感器输出，模拟反馈信号进入主轴放大器端子 JY2。机械主轴反馈脉冲从位置编码器输出，脉冲信号进入主轴放大器端子 JY4。此时 CRT 或 LCD 显示器所显示的主轴转速，应该是位置编码器输出的机械主轴的转速，也就是从 JY4 读到的信息。所以容易产生一种假象，主轴实际转速显示良好，为什么怀疑速度反馈呢？实际上主轴电动机的速度反馈我们没有"注意"到。

实例 2：某数控车，FANUC 0TD 控制系统，FANUCα 系列串行主轴，M03 指令发出后出现主轴速度误差过大报警，主轴模块上的七段显示管"02"号报警，机床无法工作。

现场工程技术人员先后更换了主轴模块、反馈电缆，最终判断是主轴电动机速度反馈问题，但是更换磁传感器备件后，原故障依旧没有解决。后将主轴电动机运至北京，经专业技术人员检查发现电气系统及器件良好，但是主轴尾部端跳 0.3mm 以上（正常情况应该在 0.01～0.02mm 以下），导致齿面与传感器之间的间隙波动太大，无法有效调整和固定磁传感器位置，引发速度误差报警，具体检查方法如图 4-60 所示。

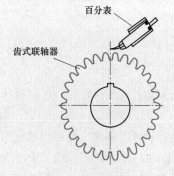

图 4-60　具体检查方法

进一步诊断，发现主轴电动机后轴承座径向尺寸被磨大，已经无法固定轴承外圈，只得订购后轴承座备件，以备更换。

后了解到，造成这一问题出现是由于钳工更换主轴三角皮带后张力调得过于大，导致后轴承座损坏。

实例 3：机床规格为 ϕ160 卧式镗铣床，GE-FANUC16i M 控制系统，使用 FANUCα 系列串行主轴，加工过程中主轴声音异常，翻到主轴监控画面发现主轴过载（见图 4-61），之后显示器出现 401♯报警，同时主轴模块出现"02"号报警，关电再开电后 401♯报警自行消除，主轴模块"02"报警消除，但是重新启动主轴仍出现上述报警。

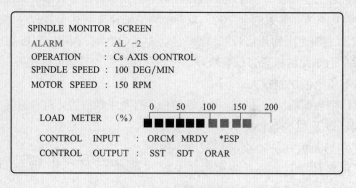

图 4-61　主轴监控画面

对于 FANUC 驱动，无论伺服或主轴发生故障，均会导致驱动部分 MCC 跳掉，出于自保户措施，无论是主轴还是伺服，凡是驱动部分的任何异常，均会导致 MCC 断开，并同时出现 401♯报警。其实 401♯报警仅说明驱动用动力电源已经断开，至于是什么原因引起的，需要我们进一步观察到底是哪个驱动模块出现问题。如果在 401♯报警发生后，关电再开电仍然不能够消除报警，说明很有可能是硬件出了问题。

此例驱动部分关电再开电后能够自行消除报警，说明在电气方面硬件没有太大问题。重点应该观察外围负载，用手转动主轴上的刀柄，丝毫不动，借助工具在正常力矩的范围下仍然不能转动刀柄，初步判断主轴机械部分卡死，通过进一步诊断，发现松拉刀用的气液转换缸不能松开到位，与主轴松拉刀顶杆"黏住"（见图 4-10）导致主轴力矩过大。解除机械故障后，机床运行正常。

◎ 任务扩展

▷▷ 技能训练

一、变频主轴的连接

以数控车床的连接为例来介绍，无级调速车床由交流变频调速电动机拖动主轴，经过滑移齿轮实现 I、II、III、IV 四挡，无级调速具有良好的转矩特性和功率特性，溜板具有快移功能，操作方便灵活。车床主电路如图 4-62 所示。

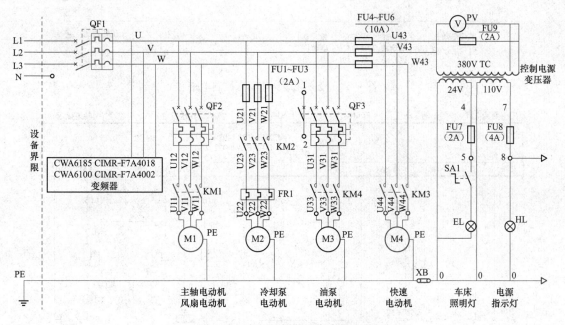

图 4-62 变频无级调速车床主电路

二、主电路控制

控制电路与主电路如图 4-63、图 4-64 所示。机床主电动机采用的是 WTS200L1—6，18.5kW 变频调速电动机，主电路控制采用变频调速装置、制动单元及制动电阻等先进技术进行控制。要使主轴正转，按 SB4 或 SB5 按钮，中间继电器 KA1 吸合，并通过 KA1 动合触点 16—2 进行自锁，同时 KA1 动合触点 22—28 接通，向变频器 S1 正转运行/停止输入信号，同时 KA1 动合触点 10—12 闭合，接通 KM1 接触器，电动机 M2 与主动机 M1 同时运转。如需停止只需按停止 SB9 或 SB10，KA4 中间继电器吸合，其动断触点 27—28 断开，停止输入信号，电动机 M1 停止运转。

如需主轴反转，按启动按钮 SB6（或 SB7），中间继电器 KA2 吸合，通过中间继电器 KA2 动合触点 23—28 闭合，给变频器 S2 输入反向信号，同时风机接触器由于 KA2 的吸合，10—12 的动合触点闭合，KM1 接触器通电吸合，使其与主动机一起运转（风机正向运转没有换向）。如需停

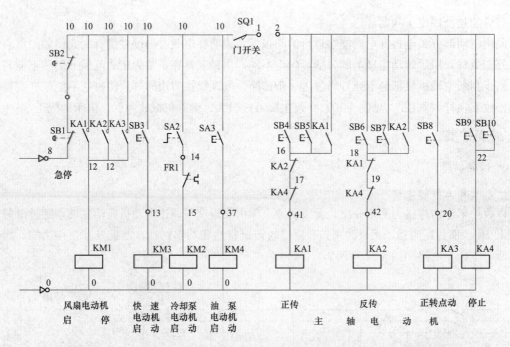

图 4-63 变频无级调速车床控制电路

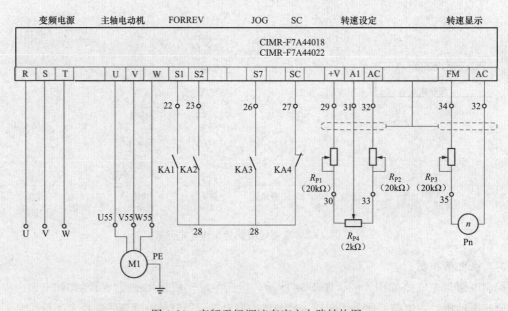

图 4-64 变频无级调速车床主电路结构图

车，只需按 SB9 或 SB10，这时主机将和风机同时切断，停止运行。

如需点动，要按下按钮 SB8，中间继电器 KA3 接通，其动合触点 26—28 接通，给变频器输入信号，电动机和风机同时向正点方向运转，放开 SB8，电动机停止运转。

如需改变主轴运转速度，可调节电位器（WS111 2000Ω）选择所需速度，电位器 R_{P4} 一端与变频器的＋V（29）A1（31）AC（32）的端子相接，以便输入信号改变转速。另外，变频器还与转速表连接，以显示电动机转速。走刀箱上装有快移电动机，可纵向横向快速移动，由接触器 KM3

控制。

为了保证对工件的冷却，机床上装有冷却泵，电动机 M2 由接触器 KM2 控制。油泵电动机 M3 由接触器 KM4 控制。电气装置由三相交流电供电，接地良好。电源接入断路器 QF1 上端，交流控制电路为 AC 110V，指示灯 AC 110V，照明灯 AC 24V，它们的供给电压均由控制变压器二次绕组提供，一次侧由 380V 电源供给。

车床电动机不转，原因除电源电动机故障，还可能由变频器的内部和外部原因等多方面组成。例如电动机没有正转，它就有可能是电源三相断相，控制电路没有接通，主电路没有信号输出，S1 端子与外部连线断路，变频器内部模块损坏，还有负载太重，所调频率太低等所引起，引起电源跳闸。

注意：变频主轴连接的注意事项

1）接地。确保传动柜中的所有设备接地良好，使用短和粗的接地线连接到公共接地点或接地母排上。如图 4-65 所示，特别重要的是，连接到变频器的任何控制设备（比如一台 PLC）要与其共地，同样也要使用短和粗的导线接地。最好采用扁平导体（例如金属网），因其在高频时阻抗较低。

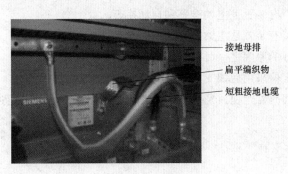

接地母排
扁平编织物
短粗接地电缆

图 4-65   接地

2）散热。安装变频器时，安装板使用无漆镀锌钢板，以确保变频器的散热器和安装板之间有良好的电气连接。

 综合测试

一、选择题（请将正确答案的代号填在空格中）

1. 数控车床车螺纹时，利用（   ）作为车刀进刀点和退刀点的控制信号，以保证车削螺纹不会乱扣。

A. 同步脉冲   B. 异步脉冲   C. 位置开关

2. 数控机床主轴锥孔的锥度通常为 7∶24，之所以采用这种锥度是为了（   ）。

A. 靠摩擦力传递扭矩   B. 自锁

C. 定位和便于装卸刀柄   D. 以上几种情况都是

3. 在加工中心中，刀具必须装在标准的刀柄中，标准刀柄有（   ）。

A. 直柄   B. 7∶24 锥柄   C. 莫氏锥柄

4. 加工中心大多采用（　　　）完成换刀和拉紧刀柄拉钉。

A. 弹簧　　　　　　　B. 气缸　　　　　　　C. 液压缸　　　　　　　D. 连杆机构

5. 为了保证数控机床能满足不同的工艺要求，并能够获得最佳切削速度，主传动系统的要求是（　　　）。

A. 无级调速　　　　　　　　　　　B. 变速范围宽

C. 分段无级变速　　　　　　　　　D. 变速范围宽且能无级变速

6. 数控铣床上进行手动换刀时最主要的注意事项是（　　　）。

A. 对准键槽　　　　　　　　　　　B. 擦干净连接锥柄

C. 调整好拉钉　　　　　　　　　　D. 不要拿错刀具

二、判断题（正确的划"√"，错误的划"×"）

1. 交流主轴电动机没有电刷，不产生火花，使用寿命长。（　　　）

2. 轴承预紧就是使轴承滚道预先承受一定的载荷，不仅能消除间隙而且还使滚动体与滚道之间发生一定的变形，从而使接触面积增大，轴承受力时变形减少，抵抗变形的能力增大。（　　　）

3. 主轴轴承的轴向定位采用前端支承定位。（　　　）

4. 保证数控机床各运动部件间的良好润滑就能提高机床寿命。（　　　）

5. 加工中心主轴的特有装置是主轴准停和自动换刀。（　　　）

6. 加工中心主轴的特有装置是主轴准停和拉刀换刀。（　　　）

7. 主轴上刀具松不开的原因之一可能是系统压力不足。（　　　）

8. 主轴轴承的轴向定位采用后端支承定位。（　　　）

9. 主轴转数由脉冲编码器监视，到达准停位置前先减慢速度，最后通过触点开关使主轴准停。（　　　）

模块五

数控机床进给传动系统的装调与维修

如图 5-1 所示为某加工中心的 X、Y 轴进给传动系统，如图 5-2 所示为其 Z 轴进给传动系统。其传动路线为：X、Y、Z 交流伺服电动机→联轴器→滚珠丝杠（X/Y/Z）→工作台 X/Y 进给、主轴 Z 向进给。X、Y、Z 轴的进给分别由工作台、床鞍、主轴箱的移动来实现。X、Y、Z 轴方向的导轨均采用直线滚动导轨，其床身、工作台、床鞍、主轴箱均采用高性能、最优化整体铸铁结构，内部均布置适当的网状肋板、肋条，具有足够的刚性、抗振性，能保证良好的切削性能。

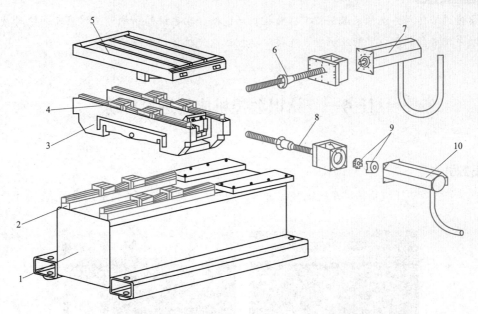

图 5-1　某加工中心的 X、Y 轴进给传动系统

1—床身；2—Y 轴直线滚动导轨；3—床鞍；4—X 轴直线滚动导轨；5—工作台；
6—Y 轴滚珠丝杠；7—Y 轴伺服电动机；8—X 轴滚珠丝杠；9—联轴器；10—X 轴伺服电动机

X、Y、Z 轴的支承导轨均采用滑块式直线滚动导轨，使导轨的摩擦为滚动摩擦，大大降低摩擦因数。适当预紧可提高导轨刚性，具有精度高、响应速度快、无爬行现象等特点。这种

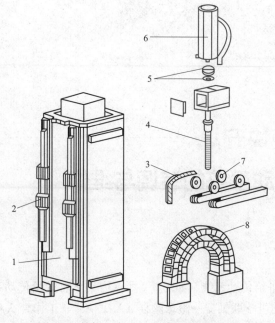

图 5-2　某加工中心的 Z 轴进给传动系统
1—立柱；2—Z 轴直线滚动导轨；3—链条；4—Z 轴滚珠丝杠；
5—联轴器；6—Z 轴伺服电动机；7—链轮；8—导管防护套

导轨均为线接触（滚动体为滚柱、滚针）或点接触（滚动体为滚珠），总体刚性差，抗振性弱，在大型机床上较少采用。X、Y、Z 轴进给传动采用滚珠丝杠副结构，它具有传动平稳、效率高、无爬行、无反向间隙等特点。加工中心采用轴伺服电动机通过联轴器直接与滚珠丝杠副连接，这样可减少中间环节引起的误差，保证了传动精度。

机床的 Z 向进给靠主轴箱的上、下移动来实现，这样可以增加 Z 向进给的刚性，便于强力切削。主轴则通过主轴箱前端套筒法兰直接与主轴箱固定，刚性高且便于维修、保养。另外，为使主轴箱作 Z 向进给时运动平稳，主轴箱体通过链条、链轮连接配重块，再则由于滚珠丝杠无自锁功能，为防止主轴箱体的垂向下落，Z 向伺服电动机内部带有制动装置。

模块目标

能看懂进给传动系统的装配图；掌握数控机床进给传动系统的结构、工作原理；能对数控机床进给传动系统进行拆卸、装配及调整，能排除数控机床进给传动系统的故障。

任务一　认识数控机床的进给传动

任务引入

图 5-3 为数控机床进给传动系统的装配过程，图 5-4 为进给传动的典型组成形式。

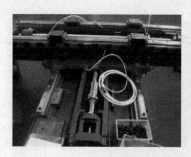 

图 5-3　数控机床进给传动系统的装配过程

润滑油管

丝杠螺母

滚珠丝杠

伺服电动机

齿形带

图 5-4 进给传动的典型组成形式

任务目标

- 掌握数控机床进给传动系统的组成
- 掌握数控机床进给传动的种类

任务实施

一体化教学

把学生带到数控机床边，边介绍，边让学生找出数控机床进给传动系统的实物。

一、进给传动的组成

数控机床进给传动系统的组成及各部分的作用与要求见表 5-1。

表 5-1 数控机床进给传动系统的组成及各部分的作用与要求

名　称	图　示	作用或要求
导轨		机床导轨的作用是支承和引导运动部件沿一定的轨道进行运动。 导轨是机床基本结构要素之一。在数控机床上，对导轨的要求则更高。如高速进给时不振动；低速进给时不爬行；有高的灵敏度；能在重负载下，长期连续工作；耐磨性高；精度保持性好等要求都是数控机床的导轨所必须满足的

续表

名　称	图　示	作用或要求
丝杠	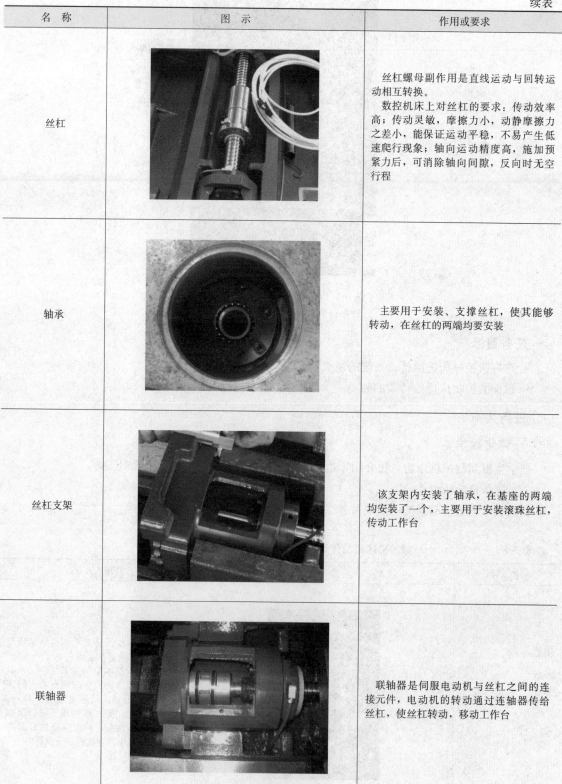	丝杠螺母副作用是直线运动与回转运动相互转换。 数控机床上对丝杠的要求：传动效率高；传动灵敏，摩擦力小，动静摩擦力之差小，能保证运动平稳，不易产生低速爬行现象；轴向运动精度高，施加预紧力后，可消除轴向间隙，反向时无空行程
轴承		主要用于安装、支撑丝杠，使其能够转动，在丝杠的两端均要安装
丝杠支架		该支架内安装了轴承，在基座的两端均安装了一个，主要用于安装滚珠丝杠，传动工作台
联轴器		联轴器是伺服电动机与丝杠之间的连接元件，电动机的转动通过连轴器传给丝杠，使丝杠转动，移动工作台

续表

名　称	图　示	作用或要求
伺服电动机		伺服电动机是工作台移动的动力元件，传动系统中传动元件的动力均由伺服电动机产生，每根丝杠都装有一个伺服电动机
润滑系统		润滑系统可视为传动系统的"血液"。可减少阻力和摩擦磨损，避免低速爬行，降低高速时的温升，并且可防止导轨面、滚珠丝杠副锈蚀。常用的润滑剂有润滑油和润滑脂，导轨主要用润滑油，丝杠主要用润滑脂

▶▶ 教师讲解

二、进给传动系统的种类

1. 进给驱动的种类

（1）步进伺服系统。步进伺服系统结构简单、控制容易、维修方便。如图 5-5 所示，随着计算机技术的发展，除功率驱动电路之外，其他部分均可由软件实现，从而进一步简化结构。因此，这类系统目前仍有相当的市场。目前步进电动机仅用于小容量、低速、精度要求不高的场合，如经济型数控机床，打印机、绘图机等计算机的外部设备。

（2）直流伺服系统。直流电动机的工作原理是建立在电磁力定律基础上的，电磁力的大小正比于电动机中的气隙磁场，直流电动机的励磁绕组所建立的磁场是电动机的主磁场，按对励磁绕组的励磁方式不同，直流电动机可分为：他励式、并励式、串励式、复励式、永磁式。

（3）交流伺服系统。如图 5-6 所示，交流伺服电动机与直流伺服电动机在同样体积下，交流伺服电动机的输出功率比直流电动机提高 $10\% \sim 70\%$，且可达到的转速比直流电动机高。目前，交流伺服系统已经取代直流伺服系统成为最主流的数控机床伺服系统类型。

交流进给运动系统采用交流感应异步伺服电动机（一般用于主轴伺服系统）和永磁同步伺服电动机（一般用于进给伺服系统）。优点是结构简单、不需维护、适合于在恶劣环境下工作；动态响应好、转速高和容量大。

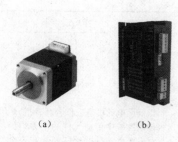

（a）　　　　　　　（b）

图 5-5　步进伺服系统

（a）步进电动机；（b）驱动器

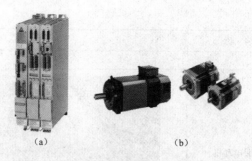

（a）　　　　　　　　（b）

图 5-6　交流伺服系统

（a）伺服驱动系统；（b）伺服电动机

2. 进给传动的种类

（1）滚珠丝杠螺母副。滚珠丝杠螺母副的结构原理示意图如图 5-7 所示。滚珠丝杠螺母副是一种在丝杠和螺母间装有滚珠作为中间元件的丝杠副。在丝杠 3 和螺母 1 上都有半圆弧形的螺旋槽，当它们套装在一起时便形成了滚珠的螺旋滚道。螺母上有滚珠回路管道，将几圈螺旋滚道的两端连接起来构成封闭的循环滚道，并在滚道内装满滚珠 2。当丝杠 3 旋转时，滚珠 2 在滚道内沿滚道循环转动即自转，迫使螺母（或丝杠）轴向移动。常用滚珠丝杠结构见表 5-2。

（2）静压丝杠螺母副。静压丝杠螺母副（简称静压丝杠、或静压螺母、或静压丝杠副）是在丝杠和螺母的螺纹间维持一定厚度，且有一定刚度的压力油膜，如图 5-8 所示，当丝杠转动时，即通过油膜推动螺母移动，或作相反的传动。

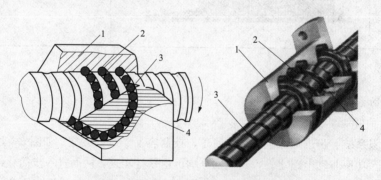

图 5-7　滚珠丝杠螺母副的结构原理示意图

1—螺母；2—滚珠；3—丝杠；4—滚珠回路管道

表 5-2　　　　　　　　　　　　　　　**常用滚珠丝杠结构**

名　称	实物结构	备　注
FFB 型　内循环变位导程预紧螺母式滚珠丝杠副		滚珠内循环，单螺母预紧，因磨损出现间隙后，一般无法再进行预紧

续表

名　称	实物结构	备　注
FF 型　内循环单螺母式滚珠丝杠副		滚珠内循环，无预紧
FFZD 型　内循环垫片预紧螺母式滚珠丝杠副		滚珠内循环，双螺母预紧
LR-CF（LR-CFZ）型　大导程滚珠丝杠副		滚珠内循环，无预紧
CMD 型　滚珠丝杠副		滚珠外循环，双螺母垫片预紧
CBT 型　滚珠丝杠副	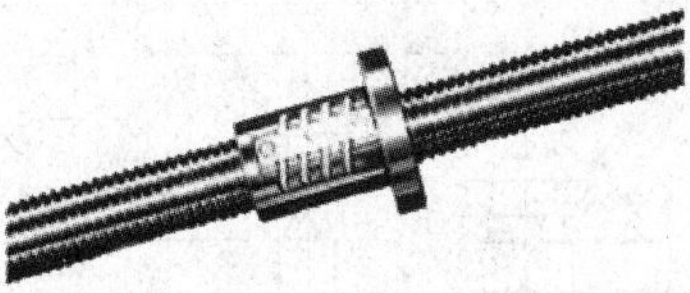	滚珠外循环，单螺母变位导程预加负荷预紧

3. 齿轮齿条传动

在大型数控机床（如大型数控龙门铣床）中，工作台的行程很大。因此，它的进给运动不宜采用滚珠丝杠副实现（滚珠丝杠只能应用在≤6m 的传动中），因太长的丝杠易于下垂，将影响到它的螺距精度及工作性能，此外，其扭转刚度也相应下降，故常用齿轮齿条传动。当驱动负载小时，可采用双片薄齿轮错齿调整法，分别与齿条齿槽左、右侧贴紧，而消除齿侧隙。图 5-9 所示是预加负载双齿轮——齿条无间隙传动机构示意图。进给电动机经两对减速齿轮传递到轴 3，轴 3 上有两个

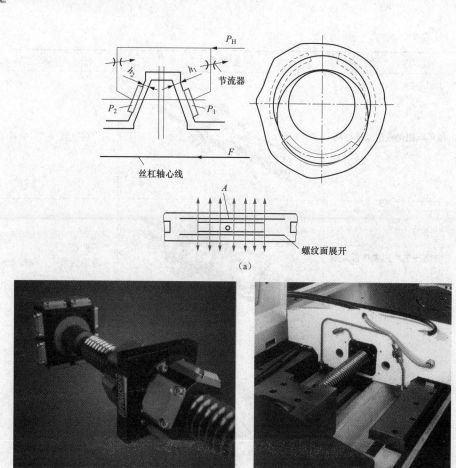

图 5-8　静压丝杠螺母副工作原理

(a) 原理图；(b) 结构图；(c) 安装图

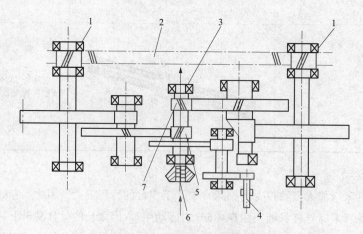

图 5-9　预加负载双齿轮—齿条无间隙传动机构示意图

1—双齿轮；2—齿条；3—调整轴；4—进给电动机轴；5—右旋齿轮；6—加载弹簧；7—左旋齿轮

螺旋方向相反的斜齿轮 5 和 7，分别经两级减速传至与床身齿条 2 相啮合的两个小齿轮 1。轴 3 端部有加载弹簧 6，调整螺母，可使轴 3 上下移动。由于轴 3 上两个齿轮的螺旋方向相反，因而两个与床身齿条啮合的小齿轮 1 产生相反方向的微量转动，以改变间隙。当螺母将轴 3 往上调时，将间隙调小或预紧力加大，反之则将间隙调大和预紧力减小。当驱动负载大时，采用径向加载法消除间隙。如图 5-10（a）所示，两个小齿轮 1 和 6 分别与齿条 7 啮合，并用加载装置 4 在齿轮 3 上预加负载，于是齿轮 3 使啮合的大齿轮 2 和 5 向外伸开，与其同轴上的齿轮 1、6 也同时向外伸开，与齿条 7 上齿槽的左、右两侧相应贴紧而无间隙。齿轮 3 由液压电动机直接驱动。液压加负载也可以采用图 5-10（b）所示。

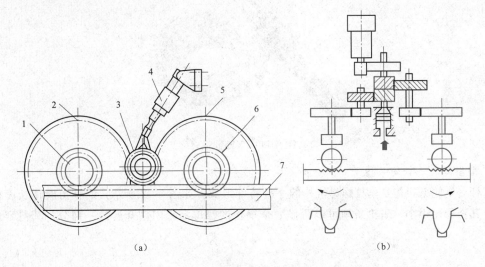

图 5-10　齿轮齿条传动的齿侧隙消除

（a）径向加载法；（b）液压加负载

1、2、3、5、6—齿轮；4—加载装置；7—齿条

4. 双导程蜗杆—蜗轮副

数控机床上要实现回转进给运动或大降速比的传动要求时，常采用蜗杆—蜗轮副。蜗杆—蜗轮副的啮合侧隙对传动、定位精度影响很大，因此，消除其侧隙就成为设计中的关键问题。为了消除传动侧隙，可采用双导程蜗杆—蜗轮。

双导程蜗杆与普通蜗杆的区别是：双导程蜗杆齿的左、右两侧面具有不同的导程，而同一侧的导程则是相等的。因此，该蜗杆的齿厚从蜗杆的一端向另一端均匀地逐渐增厚或减薄。

双导程蜗杆如图 5-11 所示，图中 t_1、t_r 分别为蜗杆齿左侧面、右侧面导程。s 为齿厚，c 为槽宽。$s_1 = t_r - c$，$s_2 = t_r - c$。若 $t_r > t_1$，$s_2 > s_1$。同理 $s_3 > s_2$……

所以双导程蜗杆又称变齿厚蜗杆，故可用轴向移动蜗杆的方法来消除或调整蜗轮蜗杆副之间的啮合间隙。

双导程蜗杆副的啮合原理与一般的蜗杆副啮合原理相同，蜗杆的轴截面仍相当于基本齿条，蜗轮则相当于同它啮合的齿轮。由于蜗杆齿左、右侧面具有不同的模数 m（$m = t/\pi$）。但因为同一侧面的齿距相同，故没有破坏啮合条件，当轴向移动蜗杆后，也能保证良好的啮合。

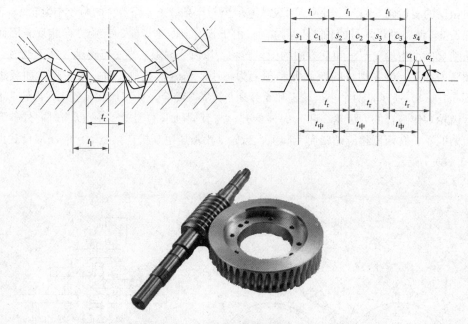

图 5-11　双导程蜗杆

5. 静压蜗杆—蜗轮条传动

蜗杆—蜗轮条机构是丝杠螺母机构的一种特殊形式。如图 5-12 所示，蜗杆可看作长度很短的丝杠，其长径比很小。蜗轮条则可以看作一个很长的螺母沿轴向剖开后的一部分，其包容角常在 $90° \sim 120°$。

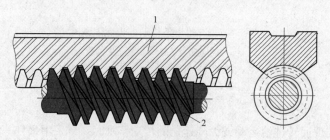

图 5-12　蜗杆—蜗轮条传动机构
1—蜗轮条；2—蜗杆

液体静压蜗杆—蜗轮条机构是在蜗杆—蜗轮条的啮合面间注入压力油，以形成一定厚度的油膜，使两啮合面间成为液体摩擦，如图 5-13 所示。图中油腔开在蜗轮条上，用毛细管节流的定压供油方式给静压蜗杆—蜗轮条供压力油。从液压泵输出的压力油，经过蜗杆螺纹内的毛细管节流器 10，分别进入蜗轮条齿的两侧面油腔内，然后经过啮合面之间的间隙，再进入齿顶与齿根之间的间隙，压力降为零，流回油箱。

◎ 任务扩展——直线电动机系统

直线电动机是指可以直接产生直线运动的电动机，可作为进给驱动系统，如图 5-14 所示。其雏形在世界上出现了旋转电动机不久之后就出现了，但由于受制造技术水平和应用能力的限制，一直未能在制造业领域作为驱动电动机而使用。在常规的机床进给系统中，仍一直采用"旋转电动机＋

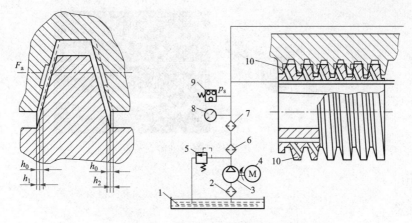

图 5-13　蜗杆—蜗轮条工作原理

1—油箱；2—滤油器；3—液压表；4—电动机；5—溢流阀；6—粗滤油器；

7—精滤油器；8—压力表；9—压力继电器；10—节流器

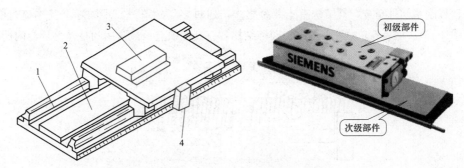

图 5-14　直线电动机进给系统外观

1—导轨；2—次线；3—初级；4—检测系统

滚珠丝杠"的传动体系。随着近几年来超高速加工技术的发展。滚珠丝杠机构已不能满足高速度和高加速度的要求，直线电动机才有了用武之地。特别是大功率电子器件、新型交流变频调速技术、微型计算机数控技术和现代控制理论的发展，为直线电动机在高速数控机床中的应用提供了条件。

任务二　滚珠丝杠螺母副装调与维修

任务引入

　　数控机床的进给运动链中，将旋转运动转换为直线运动的方法很多，如图 5-15 所示，采用滚珠丝杠螺母副是最常用的方法之一。滚珠丝杠螺母副是直线运动与回转运动能相互转换的传动装置。

任务目标

- 掌握滚珠丝杠螺母副的特点、工作原理、分类、制动与支承
- 会对滚珠丝杠螺母副进行安装、调整与维护
- 能排除滚珠丝杠螺母副的机械故障

图 5-15　滚珠丝杠螺母副传动装置

任务实施

⊛教师讲解

数控机床的进给运动链中，将旋转运动转换为直线运动的方法很多，采用滚珠丝杠螺母副是常用的方法之一。

一、滚珠丝杠螺母副的循环方式

滚珠丝杠副从问世至今，其结构有十几种之多，通过多年的改进，现国际上基本流行的结构有四种（见图 5-16）。从表 5-3 中可以看出，四种结构各有其优缺点。最常用的是外循环与内循环方式。

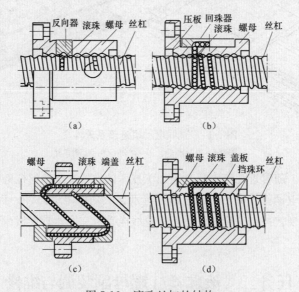

图 5-16　滚珠丝杠的结构
(a) 内循环结构；(b) 外循环结构；(c) 端盖结构；(d) 盖板结构

二、滚珠丝杠螺母副的结构

1. 外循环的结构

滚珠在循环过程中有时与丝杠脱离接触的称为外循环；始终与丝杠保持接触的称内循环。

图 5-17 所示为外循环滚珠丝杠，这种结构是在螺母体上轴向相隔数个半导程处钻两个孔与螺旋槽相切，作为滚珠的进口与出口。再在螺母的外表面上铣出回珠槽并沟通两孔。另外在螺母内进出口处各装一挡珠器，并在螺母外表面装一套筒，这样构成封闭的循环滚道。外循环结构制造工艺简单，使用较广泛。其缺点是滚道接缝处很难做得平滑，影响滚珠滚动的平稳性，甚至发生卡珠现象，噪声也较大。

表 5-3　　　　　　　　　　　　　　　　　滚珠丝杠副分类及特点

种　类	特　点	圈　数	列　数	螺母尺寸
内循环结构	通过反向器组成滚珠循环回路，每一个反向器组成1圈滚珠链，因此承载小，适用于微型滚珠丝杠副或普通滚珠丝杠副	1	2列以上	小
外循环结构	通过插管组成滚珠循环回路，每一个插管至少1.5圈滚珠链，承载大，适应于小导程、一般导程、大导程与重型滚珠丝杠副	1.5以上	1列以上	大
端盖结构	通过螺母两端的端盖组成滚珠循环回路，每个回路至少1圈滚珠链，承载大，适应于多头大导程、超大导程滚珠丝杠副	1以上	2列以上	小
盖板结构	通过盖板组成滚珠循环回路，每个螺母一个板，每个盖板至少组成1.5圈滚珠链，适用于微型丝杠副	1.5以上	1	中

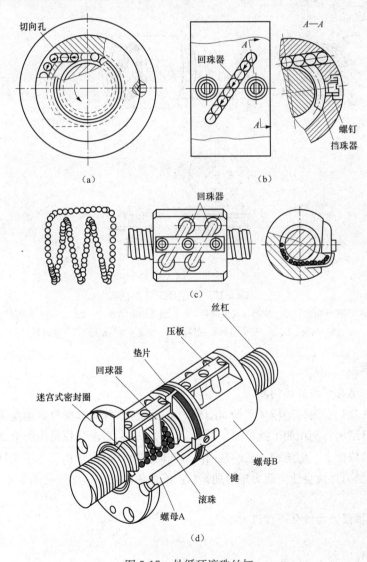

图 5-17　外循环滚珠丝杠

（a）切向孔结构；（b）回珠器结构；（c）滚珠的运动轨迹；（d）结构图

2. 内循环的结构

内循环均采用反向器实现滚珠循环，反向器有两种型式。如图5-18（a）所示为圆柱凸键反向器，反向器的圆柱部分嵌入螺母内，端部开有反向槽2。反向槽靠圆柱外圆面及其上端的凸键1定位，以保证对准螺纹滚道方向。图5-18（b）为扁圆镶块反向器，反向器为一半圆头平键形镶块，镶块嵌入螺母的切槽中，其端部开有反向槽3，用镶块的外廓定位。两种反向器比较，后者尺寸较小，从而减小了螺母的径向尺寸及缩短了轴向尺寸。但这种反向器的外廓和螺母上的切槽尺寸精度要求较高。

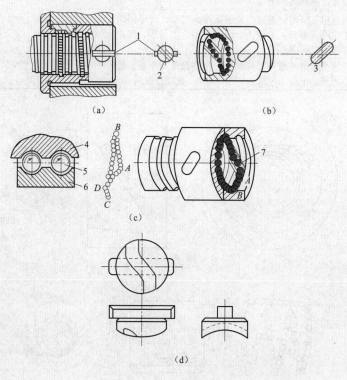

图 5-18　内循环滚珠丝杠

（a）凸键反向器；（b）扁圆镶块反向器；（c）滚珠的运动轨迹；（d）凸键反向器结构

1—凸键；2、3—反向槽；4—丝杠；5—钢珠；6—螺母；7—反向器

📖 一体化教学

三、滚珠丝杠螺母副间隙的调整

为了保证滚珠丝杠反向传动精度和轴向刚度，必须消除滚珠丝杠螺母副轴向间隙。消除间隙的方法常采用双螺母结构，利用两个螺母的相对轴向位移，使两个滚珠螺母中的滚珠分别贴紧在螺旋滚道的两个相反的侧面上，用这种方法预紧消除轴向间隙时，应注意预紧力不宜过大（小于1/3最大轴向载荷），预紧力过大会使空载力矩增加，从而降低传动效率，缩短使用寿命。

> 💡 想一想：预紧力为什么不宜过大？

1. 双螺母消隙

常用的双螺母丝杠消除间隙方法如下。

（1）垫片调隙式，如图 5-19 所示，调整垫片厚度使左右两螺母产生轴向位移，即可消除间隙和产生预紧力。这种方法结构简单，刚性好，但调整不便，滚道有磨损时不能随时消除间隙和进行预紧。

（2）螺纹调整式，如图 5-20 所示，螺母 1 的一端有凸缘，螺母 7 外端制有螺纹，调整时只要旋动圆螺母 6，即可消除轴向间隙并可达到产生预紧力的目的。

（3）齿差调隙式，如图 5-21 所示，在两个螺母的凸缘上各制有圆柱外齿轮，分别与固紧在套筒两端的内齿圈相啮合，其齿数分别为 Z_1 和 Z_2，并相差一个齿。调整时，先取下内齿圈，让两个螺母相对于套筒同方向都转动一个齿，然后再插入内齿圈，则两个螺母便产生相对角位移，其轴向位移量 $S=（1/Z_1-1/Z_2）P_n$。例如，$Z_1=80$，$Z_2=81$，滚珠丝杠的导程为 $P_n=6mm$ 时，$S=6/6480≈0.001mm$，这种调整方法能精确调整预紧量，调整方便、可靠、但结构尺寸较大，多用于高精度的传动。

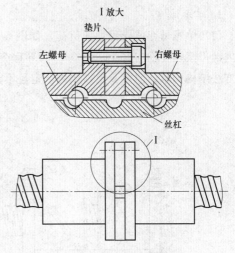

图 5-19　垫片调隙式

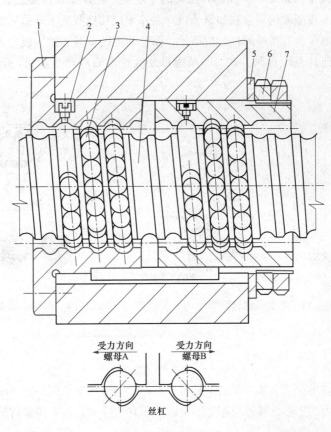

图 5-20　螺纹调整式

1、7—螺母；2—返向器；3—钢球；4—丝杠；5—垫圈；6—圆螺母

2. 单螺母消隙

（1）单螺母变位导程预加负荷，如图 5-22 所示，它是在滚珠螺母体内的两列循环珠链之间，使内螺母滚道在轴向产生一个 $\triangle L_0$ 的导程突变量，从而使两列滚珠在轴向错位实现预紧。这种调隙方法结构简单，但负荷量须预先设定且不能改变。

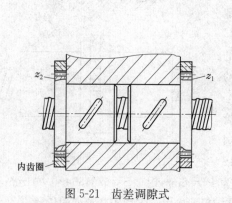

图 5-21　齿差调隙式

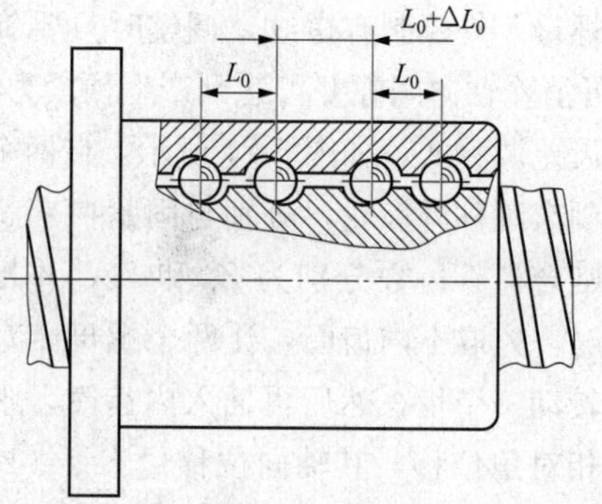

图 5-22　单螺母变导程预加负荷

（2）单螺母螺钉预紧，如图 5-23 所示，螺母的专业生产工作完成精磨之后，沿径向开一薄槽，通过内六角调整螺钉实现间隙的调整和预紧。该专利技术成功地解决了开槽后滚珠在螺母中良好的通过性。单螺母结构不仅具有很好的性能价格比，而且间隙的调整和预紧极为方便。

（3）单螺母增大滚珠直径预紧方式，是单螺母加大滚珠直径产生预紧，磨损后不可恢复。如图 5-24 所示。

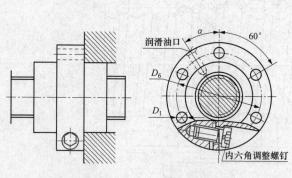

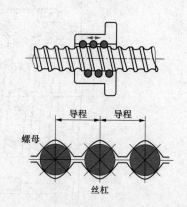

图 5-23　单螺母螺钉预紧

图 5-24　单螺母增大滚珠直径预紧

一体化教学

四、滚珠丝杠的支承

螺母座、丝杠的轴承及其支架等刚度不足将严重地影响滚珠丝杠副的传动刚度。因此螺母座应有加强肋，以减少受力的变形，螺母与床身的接触面积宜大一些，其连接螺钉的刚度要高，定位销要紧密配合。

滚珠丝杠常用推力轴承支座，以提高轴向刚度（当滚珠丝杠的轴向负载很小时，也可用角接触球轴承支座），滚珠丝杠在机床上的安装支承方式有以下几种：

1）一端装推力轴承。如图 5-25（a）所示，这种安装方式的承载能力小，轴向刚度低。只适用于短丝杠，一般用于数控机床的调节环节或升降台式数控铣床的立向（垂直）坐标中。

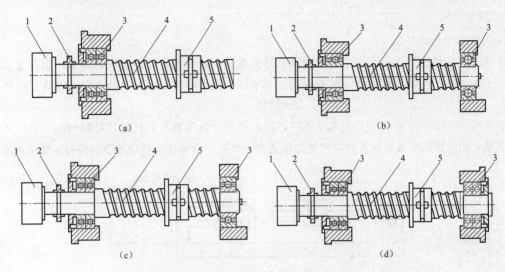

图 5-25　滚珠丝杠在机床上的支承方式

（a）一端装止推轴承；（b）一端装止推轴承，另一端装向心球轴承；

（c）两端装止推轴承；（d）两端装止推轴承及向心球轴承

1—电动机；2—弹性联轴器；3—轴承；4—滚珠丝杠；5—滚珠丝杠螺母

2）一端装推力轴承，另一端装向心球轴承。如图 5-25（b）所示，此种方式可用于丝杠较长的情况。应将止推轴承远离液压电动机等热源及丝杠上的常用段，以减少丝杠热变形的影响。

3）两端装推力轴承。如图 5-25（c）所示，把推力轴承装在滚珠丝杠的两端，并施加预紧拉力，这样有助于提高刚度，但这种安装方式对丝杠的热变形较为敏感，轴承的寿命较两端装推力轴承及向心球轴承方式低。

4）两端装推力轴承及向心球轴承。如图 5-25（d）所示，为使丝杠具有最大的刚度，它的两端可用双重支承，即推力轴承加向心球轴承，并施加预紧拉力。这种结构方式不能精确地预先测定预紧力，预紧力的大小是由丝杠的温度变形转化而产生的。但设计时要求提高推力轴承的承载能力和支承刚度。

近来出现一种滚珠丝杠专用轴承，其结构如图 5-26 所示。这是一种能够承受很大轴向力的特殊角接触球轴承，与一般角接触球轴承相比，接触角增大到 60°，增加了滚珠的数目并相应减小滚珠的直径。这种新结构的轴承比一般轴承的轴向刚度提高 2 倍以上，使用极为方便。产品成对出售，而且在出厂时已经选配好内外环的厚度，装配调试时只要用螺母和端盖将内环和外环压紧，就能获得出厂时已经调整好的预紧力。使用极为方便。

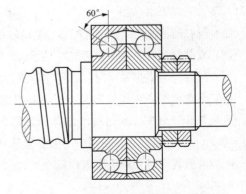

图 5-26　接触角 60° 的角接触球轴承

看一看： 您所在学校的数控机床所用滚珠丝杠采用的是哪种支承?

技能训练

五、滚珠丝杠的安装

滚珠丝杠在机床运动过程中主要承受的是轴向载荷。通常在丝杠两端安装轴承，用以支承滚珠丝杠，并通过轴承座将丝杠固定。丝杠的固定支承端连接电动机用以提供动力源，螺母上安装运动部件。

图 5-27 中两端轴承座是活动的两个零件，运动部件上设计有与丝杠连接的螺母座。丝杠两端用轴承支撑，用锁紧圆螺母和压盖对丝杠施加预紧力。丝杠一侧轴端通过联轴器与伺服电动机相连接。

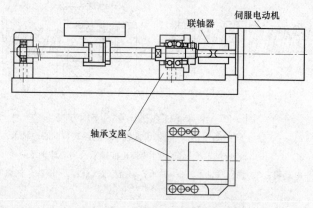

图 5-27　滚珠丝杠装配简图

1. 安装要求

（1）基准面水平校平≤0.02mm/1000mm。

（2）滚珠丝杠水平面和垂直面母线与导轨平行度≤0.015mm。

（3）滚珠丝杠螺母端面跳动≤0.02mm。

2. 注意事项

滚珠丝杠副仅用于承受轴向负荷，径向力、弯矩会使滚珠丝杠副产生附加表面接触应力等负荷，从而可能造成丝杠的永久性损坏。正确的安装是有效维护的前提，因此，滚珠丝杠副安装到机床时，应注意以下事项。

（1）丝杠的轴线必须和与之配套导轨的轴线平行，机床的两端轴承座与螺母座必须三点成一线。

（2）安装螺母时，尽量靠近支撑轴承。

（3）同时安装支撑轴承时，尽量靠近螺母安装部位。

（4）滚珠丝杠安装到机床时，请不要把螺母从丝杠轴上卸下来。如必须卸下来时要使用辅助套，否则装卸时滚珠有可能脱落。螺母装卸时应注意以下几点：①辅助套外径应小于丝杠底径0.1～0.2mm；②辅助套在使用中必须靠紧丝杠螺纹轴肩；③卸装时，不可使用过大力以免螺母损坏；④装入安装孔时要避免撞击和偏心。

3. 安装步骤

（1）丝杠安装。滚珠丝杠的装配是数控机床维修常见的操作项目，具体装配方法如表 5-4 所示。

表 5-4　　　　　　　　　　　　　滚珠丝杠的装配方法

序　号	说　明	操作示意图
1	如右图所示，将工作台倒转放置，在丝杠螺母孔中套入长 400mm 的精密试棒，测量其轴心线对工作台导轨面在垂直方向的平行度误差，公差为 0.005mm/1000mm	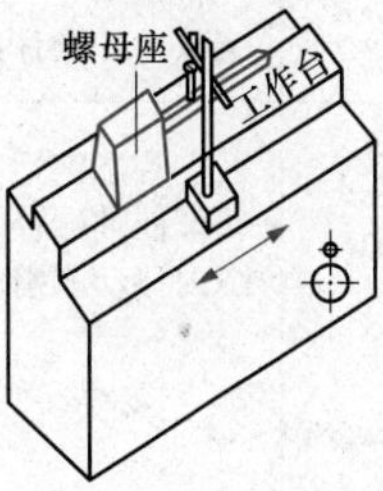
2	如右图所示以同样的方法测量丝杠轴心线对工作台导轨面在水平方向的平行度误差，公差为 0.005mm/1000mm	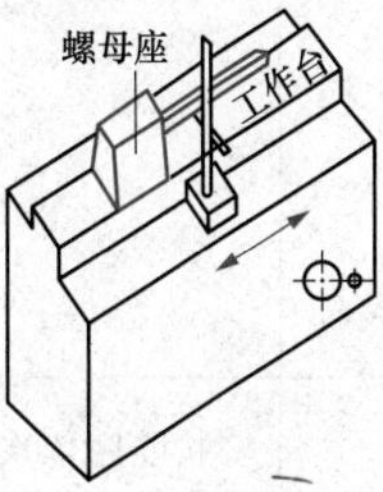
3	测量工作台导轨面与螺母座孔中心的高度尺寸，并记录	——
4	如右图所示，将轴承座装于底座两端，并各自套入精密试棒，测量其轴心线对底座导轨面在垂直方向的平行度误差，公差为 0.005mm/1000mm	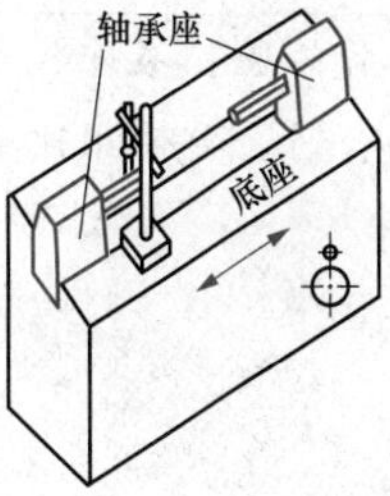
5	如右图所示，用同样方法测量轴承座孔轴心线对底座导轨面在水平方向的平行度误差，公差为 0.005mm/1000mm	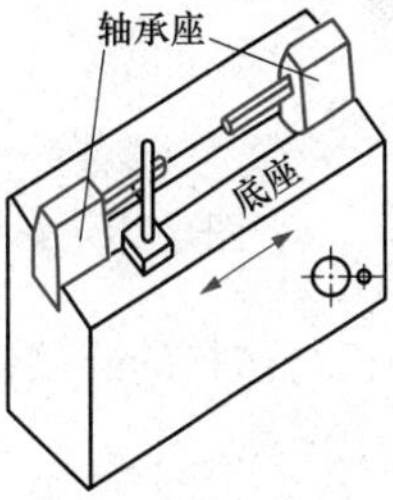
6	测量底座导轨面与轴承座孔中心线的高度尺寸，修整配合螺母座孔的高度尺寸	——
7	将工作台和底座导轨面擦拭干净，将工作台安放在底座正确位置上，装上镶条，以试棒为基准，测量螺母座轴心线与轴承座孔轴心线的同轴度，如果达到装配要求，则可紧固螺钉并配钻、铰定位销孔，如有偏差则需修整直到满足要求为止	

序　号	说　明	操作示意图
8	将轴承座孔、螺母座孔擦拭干净，再将滚珠丝杠副仔细装入螺母座，紧固螺钉	—
9	安装选定适当配合公差的轴承，轴承安装应采用专用套管，以免损坏轴承。使用百分表检查滚珠丝杠轴端径跳和轴向间隙，如图所示，移动工作台并调整滚珠丝杠螺母，使螺母能在全行程范围内移动顺滑  轴向间隙检测　　移动工作台并调整滚珠丝杠螺母，使螺母能在全行程范围内移动顺滑　　轴端径跳检测	
10	按顺序依次拧紧丝杠螺母、螺母支架、滚珠丝杠固定支承端、滚珠丝杠自由支承端	—

　　⏱ 工作经验：滚珠丝杠副安装到时机床时，请不要把螺母从丝杠上拆下来。但在必须把螺母卸下来的场合时，要使用比丝杠底径小 0.2～0.3mm 安装辅助套筒（见图 5-28）。

图 5-28　安装辅助套筒

　　将安装辅助套筒推至螺纹起始端面，从丝杠上将螺母旋至辅助套筒上，连同螺母、辅助套筒一并小心取下，注意不要使滚珠散落。

　　安装顺序与拆卸顺序相反。必须特别小心谨慎的安装，否则螺母、丝杠或其他内部零件可能会受损或掉落，导致滚珠丝杠传动系统的提前失效。

　　（2）电动机与丝杠的连接。首先安装电动机座；使用联轴器将电动机与丝杠相连，注意保证两者的安装精度。

　　1）调整电动机和滚珠丝杠位置，使电动机轴和滚珠丝杠轴在同一直线上。

　　2）清洗电动机轴和滚珠丝杠轴表面，并在其上涂上润滑油或油脂；注意不能使用含有硅和钼成分的油，以避免减小摩擦力。

　　3）将联轴器装到电动机轴上，然后移至轴承座。

　　4）将联轴器装在滚珠丝杠上，在紧固前，移动联轴器，确认是否存在阻力；如果旋转或移动时遇有阻力，说明两根轴出现偏移，装配完成后，当电动机旋转时会出现振动。调整电动机座，使电动机与滚珠丝杠的同轴度在规定的范围内。

　　5）用螺丝固定联轴器，并用力矩扳手按对角线方向紧固螺丝，最后沿圆周方向紧固螺丝。

6）检查安装精度。采用千分表检查联轴器外直径（避开螺钉孔），调整安装精度，使电动机轴处的精度在范围之内，如图 5-29 所示。

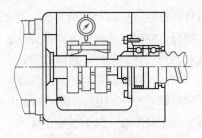

六、丝杠副的故障诊断与排除

1. 位置偏差过大的故障排除

故障现象：某卧式加工中心出现 ALM421 报警，即 Y 轴移动中的位置偏差量大于设定值而报警。

图 5-29　电动机与丝杠的连接

分析及处理过程：该加工中心使用 FANUC 0M 数控系统，采用闭环控制。伺服电动机和滚珠丝杠通过联轴器直接连接。根据该机床控制原理及机床传动连接方式，初步判断出现 ALM421 报警的原因是 Y 轴联轴器不良。

对 Y 轴传动系统进行检查，发现联轴器中的胀紧套与丝杠连接松动，紧定 Y 轴传动系统中所有的紧定螺钉后，故障消除。

2. 加工尺寸不稳定的故障排除

故障现象：某加工中心运行 9 个月后，发生 Z 轴方向加工尺寸不稳定，尺寸超差且无规律，CRT 及伺服放大器无任何报警显示。

分析及处理过程：该加工中心采用三菱 M3 系统，交流伺服电动机与滚珠丝杠通过联轴器直接连接。根据故障现象分析故障原因可能是联轴器连接螺钉松动，导致联轴器与滚珠丝杠或伺服电动机间产生滑动。

对 Z 轴联轴器连接进行检查，发现联轴器的 6 只紧定螺钉都出现松动。紧固螺钉后，故障排除。

3. 位移过程中产生机械抖动的故障排除

（1）故障现象：某加工中心运行时，工作台 Y 轴方向位移过程中产生明显的机械抖动故障，故障发生时系统不报警。

分析及处理过程：因故障发生时系统不报警，同时观察 CRT 显示出来的 Y 轴位移脉冲数字量的速率均匀（通过观察 X 轴与 Z 轴位移脉冲数字量的变化速率比较后得出），故可排除系统软件参数与硬件控制电路的故障影响。由于故障发生在 Y 轴方向，故可以采用交换法判断故障部位。通过交换伺服控制单元，故障没有转移，故故障部位应在 Y 轴伺服电动机与丝杠传动链一侧。为区别电动机故障，可拆卸电动机与滚珠丝杠之间的弹性联轴器，单独通电检查电动机。检查结果表明，电动机运转时无振动现象，显然故障部位在机械传动部分。脱开弹性联轴器，用扳手转动滚珠丝杠进行手感检查。通过手感检查，感觉到这种抖动故障的存在，且丝杠的全行程范围均有这种异常现象。折下滚珠丝杠检查，发现滚珠丝杠轴承损坏。换上新的同型号规格的轴承后，故障排除。

（2）故障现象：某加工中心运行时，工作台 X 轴方向位移过程中产生明显的机械抖动故障，故障发生时系统不报警。

分析及处理过程：因故障发生时系统不报警，但故障明显，故采用上方法，通过交换法检查，确定故障部位应在 X 轴伺服电动机与丝杠传动链一侧；为区别电动机故障，可拆卸电动机与滚珠丝杠之间的弹性联轴器，单独通电检查电动机。检查结果表明，电动机运转时无振动现象，显然故障部位在机械传动部分。脱开弹性联轴器，用扳手转动滚珠丝杠进行手感检查。通过手感检查，感觉到这种抖动故障的存在，且丝杠的全行程范围均有这种异常现象。拆下滚珠丝杠检查，发现滚珠丝杠螺母在丝杠副上转动不畅，时有卡死现象，故而引起机械转动过程中的抖动现象。折下滚珠丝杠螺母，发现螺母内的反向器处有脏物和小铁屑，因此钢球流动不畅，时有卡死现象。经过认真清洗和修理，重新装好，故障排除。

（3）丝杠窜动引起的故障维修

故障现象：TH6380 卧式加工中心，启动液压后，手动运行 Y 轴时，液压自动中断，CRT 显示报警，驱动失效，其他各轴正常。

分析及处理过程：该故障涉及电气、机械、液压等部分。任一环节有问题均可导致驱动失效，故障检查的顺序大致如下。

伺服驱动装置→电动机及测量器件→电动机与丝杠连接部分→液压平衡装置→开口螺母和滚珠丝杠→轴承→其他机械部分。

1）检查驱动装置外部接线及内部元器件的状态良好，电动机与测量系统正常。

2）拆下 Y 轴液压抱闸后情况同前，将电动机与丝杠的同步传动带脱离，手摇 Y 轴丝杠，发现丝杠上下窜动。

3）拆开滚珠丝杠上轴承座正常。

4）拆开滚珠丝杠下轴承座后发现轴向推力轴承的紧固螺母松动，导致滚珠丝杠上下窜动。

由于滚珠丝杠上下窜动，造成伺服电动机转动带动丝杠空转约一圈。在数控系统中，当 NC 指令发出后，测量系统应有反馈信号，若间隙的距离超过了数控系统所规定的范围，即电动机空走若干个脉冲后光栅尺无任何反馈信号，则数控系统必报警，导致驱动失效，机床不能运行。拧好紧固螺母，滚珠丝杠不再窜动，则故障排除。

▶讨论总结

通过上网查询、图书馆查资料等手段，通过在工厂中技术人员参与下讨论滚珠丝杠副的故障诊断与维修方法（见表 5-5）。

表 5-5　　　　　　　　　　滚珠丝杠副故障诊断

序号	故障现象	故障原因	排除方法
1	加工件粗糙值高	导轨的润滑油不足够，致使溜板爬行	加润滑油，排除润滑故障
		滚珠丝杠有局部拉毛或研损	更换或修理丝杠
		丝杠轴承损坏，运动不平稳	更换损坏轴承
		伺服电动机未调整好，增益过大	调整伺服电动机控制系统
2	反向误差大，加工精度不稳定	丝杠轴联轴器锥套松动	重新紧固并用百分表反复测试
		丝杠轴滑板配合压板过紧或过松	重新调整或修研，用 0.03mm 塞尺塞不入为合格
		丝杠轴滑板配合楔铁过紧或过松	重新调整或修研，使接触率达 70% 以上，用 0.03mm 塞尺塞不入为合格
		滚珠丝杠预紧力过紧或过松	调整预紧力。检查轴向窜动值，使其误差不大于 0.015mm
		滚珠丝杠螺母端面与结合面不垂直，结合过松	修理、调整或加垫处理
		丝杠支座轴承预紧力过紧或过松	修理调整

续表

序号	故障现象	故障原因	排除方法
2	反向误差大，加工精度不稳定	滚珠丝杠制造误差大或轴向窜动	用控制系统自动补偿功能消除间隙，用仪器测量并调整丝杠窜动
		润滑油不足或没有	调节至各导轨面均有润滑油
		其他机械干涉	排除干涉部位
3	滚珠丝杠在运转中转矩过大	二滑板配合压板过紧或研损	重新调整或修研压板，使0.04mm塞尺塞不入为合格
		滚珠丝杠螺母反向器损坏，滚珠丝杠卡死或轴端螺母预紧力过大	修复或更换丝杠并精心调整
		丝杠研损	更换
		伺服电动机与滚珠丝杠连接不同轴	调整同轴度并紧固连接座
		无润滑油	调整润滑油路
		超程开关失灵造成机械故障	检查故障并排除
		伺服电动机过热报警	检查故障并排除
4	丝杠螺母润滑不良	分油器是否分油	检查定量分油器
		油管是否堵塞	清除污物使油管畅通
5	滚珠丝杠副噪声	滚珠丝杠轴承压盖压合不良	调整压盖，使其压紧轴承
		滚珠丝杠润滑不良	检查分油器和油路，使润滑油充足
		滚珠产生破损	更换滚珠
		电动机与丝杠联轴器松动	拧紧连轴器锁紧螺钉
6	滚珠丝杠不灵活	轴向预加载荷太大	调整轴向间隙和预加载荷
		丝杠与导轨不平行	调整丝杠支座位置，使丝杠与导轨平行
		螺母轴线与导轨不平行	调整螺母座的位置
		丝杠弯曲变形	校直丝杠

◎ 任务扩展——滚珠丝杠的制动

由于滚珠丝杠副的传动效率高，无自锁作用（特别是滚珠丝杠处于垂直传动时），为防止因自重下降，故必须装有制动装置。

图5-30（a）为数控卧式镗床主轴箱进给丝杠制动装置示意图。机床工作时，电磁铁通电，使摩擦离合器脱开。运动由步进电动机经减速齿轮传给丝杠，使主轴箱上下移动。当加工完毕，或中间停车时，步进电动机和电磁铁同时断电，借压力弹簧作用合上摩擦离合器，使丝杠不能转动，主轴箱便不会下落。也可以采用带制动器的伺服电动机进行制动，图5-30（b）为FANUC公司伺服电动机带制动器的示意图。机床工作时，在制动器电磁线圈7电磁力的作用下，使外齿轮8与内齿轮9脱开，弹簧受压缩，当停机或停电时，电磁铁失电，在弹簧恢复力作用下，齿轮8、9啮合，内齿轮9与电动机端盖为一体，故与电动机轴连接的丝杠得到制动，这种电磁制动器装在电动机壳内，与电动机形成一体化的结构。

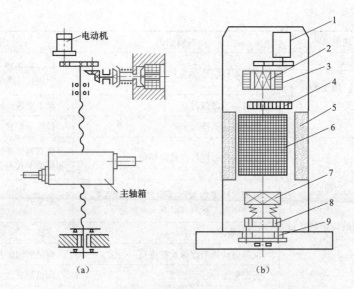

图 5-30　滚珠丝杠的制动

（a）数控卧式镗床主轴箱进给丝杠制动装置示意图；（b）FANVC 公司伺服电动机带制动器的示意图

1—旋转变压器；2—测速发电机转子；3—测速发电机定子；4—电刷；5—永久磁铁；

6—伺服电动机转子；7—电磁线圈；8—外齿轮；9—内齿轮

任务三　数控机床用导轨装调与维修

任务引入

　　导轨主要用来支承和引导运动部件沿一定的轨道运动。如图 5-31 所示，在导轨副中，运动的一方叫做动导轨，不动的一方叫做支承导轨。动导轨相对于支承导轨的运动，通常是直线运动或回转运动。

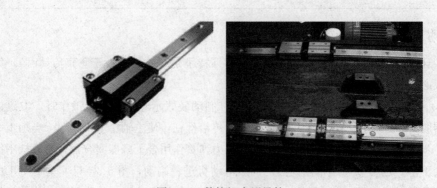

图 5-31　数控机床用导轨

任务目标

- 掌握数控机床用导轨的特点与种类

- 能对数控机床用导轨进行维护与安装
- 会排除数控机床导轨常见的机床故障

任务实施

⊛*教师讲解*

一、数控机床常用导轨

1. 塑料导轨

镶粘塑料导轨，已广泛用于数控机床上，其摩擦因数小，且动、静摩擦因数差很小，能防止低速爬行现象；耐磨性，抗撕伤能力强；加工性和化学稳定性好，工艺简单，成本低，并有良好的自润滑性和抗震性，塑料导轨多与铸铁导轨或淬硬钢导轨相配使用。

（1）贴塑导轨。贴塑导轨是在动导轨的摩擦表面上贴上一层塑料软带，以降低摩擦因数，提高导轨的耐磨性。导轨软带材料是以聚四氟乙烯为基体，加入青铜粉、二硫化钼和石墨等填充混合烧结，并做成软带状。这种导轨摩擦因数低，摩擦因数在 $0.03\sim0.05$，且耐磨性、减振性、工艺性均好，广泛应用于中小型数控机床。镶粘塑料—金属导轨结构如图 5-32 所示。

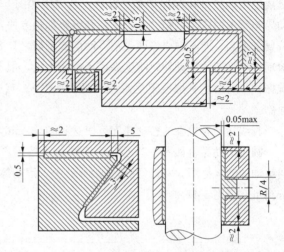

图 5-32　镶粘塑料—金属导轨结构

（2）注塑导轨。注塑导轨又称为涂塑导轨。其抗磨涂层是环氧型耐磨导轨涂层，其材料是以环氧树脂和二硫化钼为基体，加入增塑剂，混合成膏状为一组分，固化剂为一组分的双组分塑料涂层。这种导轨有良好的可加工性，有良好的摩擦特性和耐磨性，其抗压强度比聚四氟乙烯导轨软带要高，特别是可在调整好固定导轨和运动导轨间的相对位置精度后注入塑料，可节省很多工时，适用于大型和重型机床。

贴塑导轨有逐渐取代滚动导轨的趋势，不仅适用于数控机床，而且还适用于其他各种类型机床导轨，它在旧机床修理和数控化改装中可以减少机床结构的修改，因而更加扩大了塑料导轨的应用领域。

2. 滚动导轨

（1）滚动导轨的特点。如图 5-33 所示滚动导轨是在导轨工作面间放入滚动体，使导轨面间成为滚动摩擦。滚动导轨摩擦因数小（$\mu=0.0025\sim0.005$），动、静摩擦因数很接近，且不受运动速度变化的影响，因面运动轻便灵

图 5-33　滚动导轨
1—伺服电动机；2—联轴器；3—滚动导轨；4—润滑油管；5—滚珠丝杠

活，所需驱动功率小；摩擦发热少、磨损小、精度保持性好；低速运动时，不易出现爬行现象，定位精度高；滚动导轨可以预紧，显著提高了刚度。适用于要求移动部件运动平稳、灵敏，以及实现

精密定位的场合，在数控机床上得到了广泛的应用。

滚动导轨的缺点是结构较复杂、制造较困难、成本较高。此外，滚动导轨对脏物较敏感，必须要有良好的防护装置。

（2）滚动导轨的种类。滚动导轨分为开式和闭式两种，开式用于加工过程中载荷变化较小，颠覆力矩较小的场合。当颠覆力矩较大，载荷变化较大时则用闭式，此时采用预加载荷，能消除其间隙，减小工作时的振动，并大大提高了导轨的接触刚度。

滚动导轨分为直线滚动导轨、圆弧滚动导轨、圆形滚动导轨。直线滚动导轨品种很多，有整体型和分离型。整体型滚动导轨常用的有滚动导轨块，如图 5-34 所示，滚动体为滚柱或滚针，其有单列和双列；直线滚动导轨副，图 5-35（a）所示滚动体为滚珠，图 5-35（b）所示滚动体为滚柱。分离型滚动导轨有 V 字形和平板形，其应用如图 5-36 所示，滚动体有滚柱、滚针和滚珠。直线滚动导轨摩擦因数小，精度高，安装和维修都很方便，由于它是一个独立部件，对机床支承导轨的部分要求不高，即不需要淬硬也不需磨削或刮研，只要精铣或精刨。由于这种导轨可以预紧，因而比滚动体不循环的滚动导轨刚度高，承载能力大，但不如滑动导轨。抗振性也不如滑动导轨，为提高抗振性，有时装有抗振阻尼滑座（见图 5-37）。有过大的振动和冲动载荷的机床不宜应用直线导轨副。

直线运动导轨副的移动速度可以达到 60m/min，在数控机床和加工中心上得到广泛应用。

圆弧滚动导轨如图 5-38 所示，圆弧角可按用户需要定制。另外还派生出直线和圆弧相接的直曲滚动导轨（见图 5-39）。圆形滚动导轨中，滚动体用滚珠或交叉滚柱，分整体型（见图 5-40）和分离型（见图 5-41）。

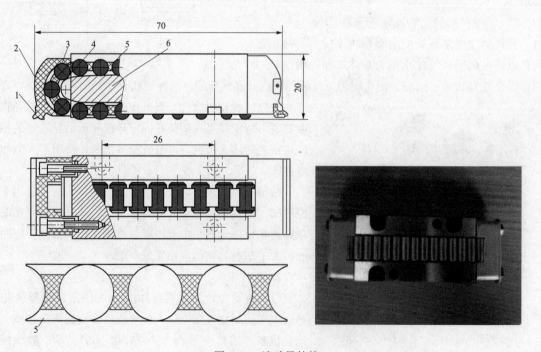

图 5-34　滚动导轨块

1—防护板；2—端盖；3—滚柱；4—导向片；5—保持器；6—本体

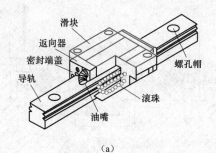

（a）

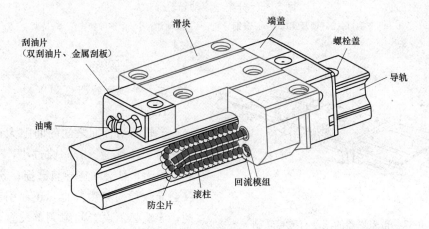

（b）

图 5-35　直线滚动导轨

（a）滚动体为滚珠；（b）滚动体为滚柱

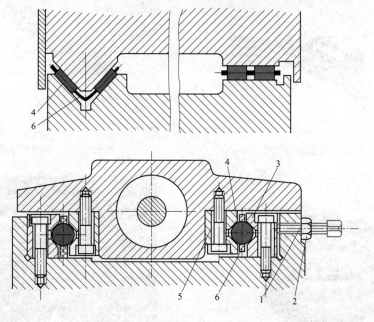

图 5-36　分离型滚动导轨（一）

1—调节螺钉；2—锁紧螺母；3—镶钢导轨；4—滚动体；5—镶钢导轨；6—保持架

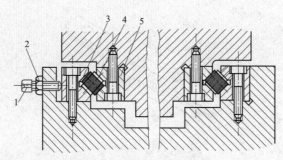

图 5-36 分离型滚动导轨（二）

1—调节螺钉；2—锁紧螺母；3—镶钢导轨；4—滚动体；5—镶钢导轨；6—保持架

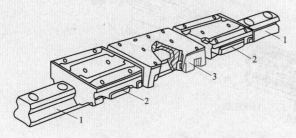

图 5-37 带阻尼器的滚动直线导轨副

1—导轨条；2—循环滚柱滑座；3—抗振阻尼滑座

⏩技能训练

二、导轨副的调整

1. 间隙调整

导轨的结合面之间的间隙大小直接影响导轨的工作性能。若间隙过小，不仅会增加运动阻力，且会加速导轨磨损；若间隙过大，又会导致导向精度降低，还易引起振动。因此，导轨必须设置间隙调整装置，以利于保持合理的导轨间隙。常用压板和镶条来调整导轨间隙。

图 5-38 圆弧滚动导轨

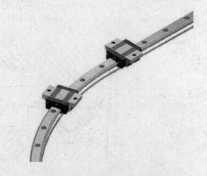

图 5-39 直曲滚动导轨

图 5-40 整体型圆形滚动导轨

图 5-41 分离型圆形滚动导轨

（1）压板。图 5-42 所示的是矩形导轨常用的几种压板调整间隙装置。图 5-42（a）所示的是在压板 3 的顶面用沟槽将 d、e 面分开，若导轨间隙过大，可修磨或刮研 d 面，若间隙过小，可修磨或刮研 e 面。这种结构刚性好，结构简单，但调整费时，适用于不经常调整间隙的导轨。图 5-42（b）所示的是在压板和动导轨结合面之间放几片垫片 4，调整时根据情况更换或增减垫片数量。这种结构调整方便，但刚度较差，且调整量受垫片厚度限制。图 5-42（c）所示的是在压板和支承导轨面之间装一平镶条 5，通过拧动带锁紧螺母的调整螺钉 6 来调整间隙。这种方法调整方便，但由于镶条与螺钉只是几个点接触，刚度较差。多用于需要经常调整间隙、刚度要求不高的场合。

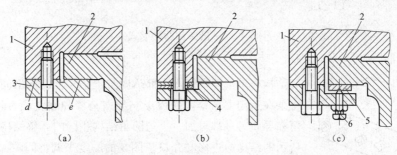

图 5-42　压板

（a）在压板 3 的顶面用沟槽将 d、e 面分开；（b）在压板和动导轨结合面之间
放几片垫片 4；（c）在压板和支承导轨面之间装一平镶条 5

1—动导轨；2—支承导轨；3—压板；4—垫片；5—平镶条；6—螺钉

（2）镶条。为了保证平导轨具有较高的导向精度，常采用平镶条或斜镶条进行间隙调整，如图 5-43 所示。

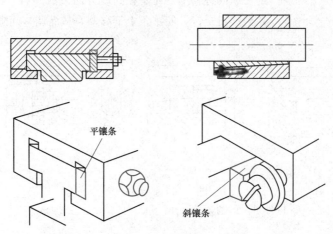

图 5-43　镶条调整间隙

图 5-44 所示的是平镶条的两种形式，用来调整矩形导轨和燕尾形导轨的间隙。平镶条是一种全长厚度相等、横截面为平行四边形（用于燕尾导轨）或矩形的平镶条，通过侧面的螺钉调节和螺母锁紧，以其横向位移来调整间隙。拧紧调节螺钉时必须从导向滑块两端向中间对称且均匀地进行，如图 5-45 所示。

图 5-46 所示的是斜镶条的三种结构。斜镶条的斜度在 1∶100～1∶40 选取，镶条长，可选较小斜度；镶条短，则选较大斜度。图 5-46（a）所示的结构是用螺钉 1 推动镶条 2 移动来调整间隙的。

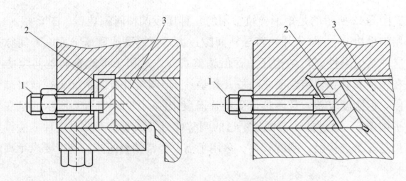

图 5-44　平镶条的两种形式

1—螺钉；2—平镶条；3—支承导轨

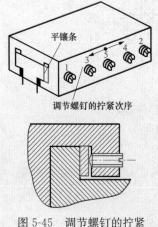

图 5-45　调节螺钉的拧紧

其结构简单，但螺钉 1 头部凸肩与镶条 2 上的沟槽间的间隙会引起镶条在运动中窜动，从而影响导向精度和刚度。为防止镶条窜动，可在导轨另一端再加一个与图示结构相同的调整结构。图 5-46（b）所示的结构通过修磨开口垫圈 3 的厚度来调整间隙。这种方法的缺点是调整麻烦。图 5-46（c）所示的结构用螺母 6、7 来调整间隙，用螺母 5 锁紧。其特点是工作可靠，调整方便。斜镶条两侧面分别与动导轨和支承导轨均匀接触，故刚度比平镶条高，但制造工艺性较差。

（3）压板镶条调整间隙。如图 5-47 所示，T 形压板用螺钉固定在运动部件上，运动部件内侧和 T 形压板之间放置斜镶条，镶条不是在纵向有斜度，而是在高度方面做成倾斜。调整时，借助压板上几个推拉螺钉，使镶条上下移动，从而调整间隙。

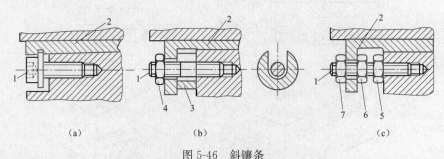

（a）　　　　　　　　（b）　　　　　　　　　（c）

图 5-46　斜镶条

1—螺钉；2—镶条；3—开口垫圈；4、5、6、7—螺母

（4）调整实例。图 5-48 是滚动导轨块的调整实例（楔铁调整机构），楔铁 1 固定不动，滚动导轨块 2 固定在楔铁 4 上，可随楔铁 4 移动，扭动调整螺钉 5、7 可使楔铁 4 相对楔铁 1 运动，因而可调整滚动导轨块对支承导轨的间隙和预加载荷。

2. 滚动导轨的预紧

为了提高滚动导轨的刚度，对滚动导轨应预紧。预紧可提高接触刚度和消除间隙；在立式滚动导轨上，预紧可防止滚动体脱落和歪斜。常见的预紧方法有两种。

（1）采用过盈配合。如图 5-49（a）所示，在装配导轨时，量出实际尺寸 A，然后再刮研压板与溜板的接合面或通过改变其间垫片的厚度，使之形成 δ（为 2～3μm）大小的过盈量。

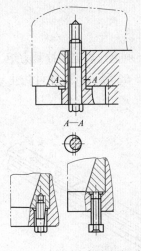

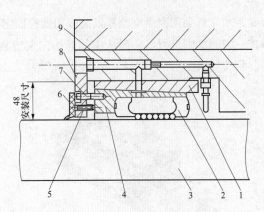

图 5-47　压板镶条调整间隙　　　　　图 5-48　滚动导轨块的调整实例

1、4—楔铁；2—滚动导轨块；3—支承导轨；

5、7—调整螺钉；6—刮板；8—楔铁调整板；9—润滑油路

（2）调整法。如图 5-49（b）所示，拧动调整螺钉 3，即可调整导轨体 1 及 2 的距离而预加负载。也可以改用斜镶条调整，则过盈量沿导轨全长的分布较均匀。

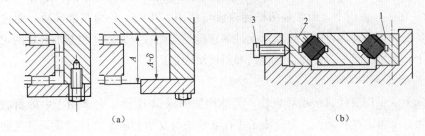

图 5-49　滚动导轨的预紧

（a）过盈配合预紧；（b）调整预紧

1、2—导轨体；3—调整螺钉

三、滚动导轨的密封

导轨经过安装和调节后，需要对螺栓的安装孔进行密封，这样可以确保导轨面的光滑和平整。安装孔的密封有两种办法：防护条和防护塞。在密封安装孔前需使导轨表面（包括侧面）保持清洁，没有油脂，如图 5-50 所示。为了去除滑块前面导轨上的污垢、液体等，避免它们进入滑块的滚动体中，在滑块的两端装有刮屑板，如图 5-51 所示，以延长导轨的使用寿命，保障导轨的精度。

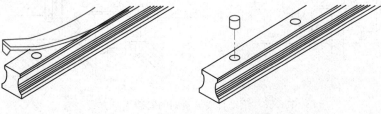

图 5-50　安装孔的密封

四、导轨副的安装

1. 导轨的固定

直线滚动导轨采用由供应商提供的专用螺栓固定，拧紧时必须达到规定的拧紧力矩。螺栓的拧紧必须按一定的次序进行，一般从中间开始向两边延伸，如图 5-52 所示，这样可防止导轨内部产生应力，致使导轨变形。

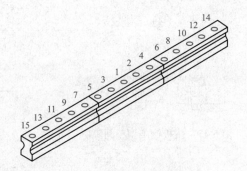

图 5-51　刮屑板的应用　　　　　图 5-52　导轨螺栓的拧紧顺序
1—润滑脂油嘴；2—刮屑板

滚动直线导轨副的安装固定方式主要有螺栓固定、压板固定、定位销固定和斜楔块固定，如图 5-53 所示。在实际使用中，通常是两根导轨成对使用，其中一条为基准导轨，通过对基准导轨的正确安装，以保证运动部件相对于支承元件的正确导向。在安装时，将基准导轨的定位面紧靠在安装基准面上，然后用螺栓、压板、定位销和斜楔块固定。

2. 滑块座的固定

数控机床上常采用滚柱式滚动导轨块，其结构如图 5-54 所示，它多用于中等负载导轨。支承块 2 用紧固螺钉 1 固定在移动件 3 上，滚子 4 在支承块与支承导轨 5 之间滚动，并经两端挡板 7 和 6 及上面的返回槽返回，作循环运动。使用时每一导轨副至少用两块或更多块，导轨块的数目取决于动导轨的长度和负载大小。直线滚动导轨块的安装方式之一如图 5-55（a）所示，其中件 3 和件 4

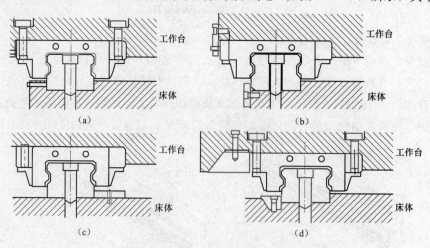

图 5-53　滚动直线导轨副的安装固定方式
（a）用螺栓固定；（b）用压板和螺栓固定；（c）定位销固定；（d）用楔块和螺栓固定

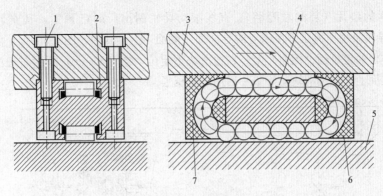

图 5-54　滚动导轨块

1—紧固螺钉；2—支承块；3—移动件；4—滚子；5—支承导轨；6、7—挡块

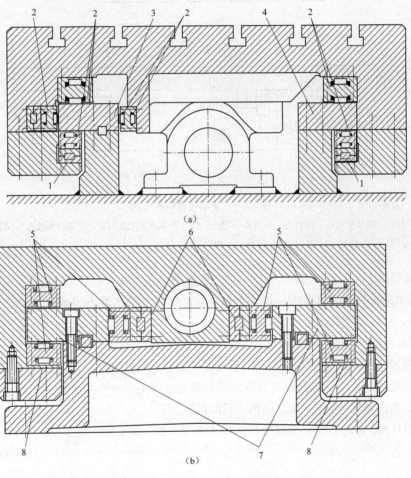

（a）

（b）

图 5-55　滚动导轨块安装方式

（a）方式一；（b）方式二

1、6—斜楔；2—滚动导轨块；3、4—钢导轨；5—滚动导轨；7—淬硬导轨；8—垫片

为淬硬的钢导轨，件 2 是不同型号的滚动导轨块，件 1 是预加负荷用的斜楔组件，左侧导轨 3 是导向导轨，四面都经过精磨，右侧导轨 4 是支承导轨，上下面精磨。安装方式之二如图 5-55（b）所示，用两条淬硬导轨 7 内侧导向，5 是相同型号的滚动导轨块，件 6 是侧向预加负荷用的斜楔组件，

件 8 是上下预紧的垫片（装配时配磨）。直线滚动导轨副出厂时已预紧，其安装比较方便，如图 5-56 所示，导轨条用压板压紧在床身的导向面（侧面）上。其中，图 5-56（a）所示左边滑块用压板压紧在工作台的定位面（侧面）上，右边滑块不定位，图 5-56（b）所示右边滑块用压板压紧在工作台的定位面上，左边滑块配好垫片后用压板压紧。

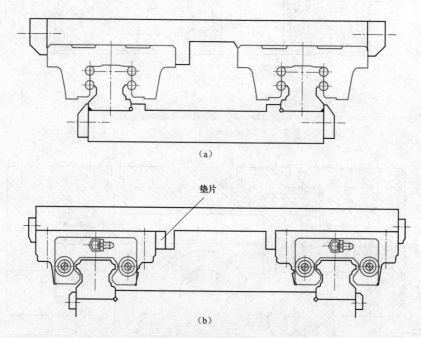

图 5-56　滚动导轨副的安装

（a）左滑块规定在工作台上，右滑块不定位；（b）右滑块用压板固定，左滑块配垫片后压紧

3. 安装

（1）安装要求。

1）对机床安装基准面的要求：基准面水平校平，水平仪水泡不得超过半格；水平面内平行度≤0.04mm；侧基面内平行度≤0.015mm。

2）安装后运行平行度≤0.010mm。

3）安装后普通导轨对基准导轨的运行平行度≤0.015～0.02mm。

运行平行度（μm）——指螺栓将导轨紧固到基准平面上，导轨处于紧固状态，使滑块沿行程全长运行时，导轨和滑块基准平面之间的平行度误差。

（2）安装步骤。本任务所用的直线导轨采用平行安装方式，如图 5-57 所示。滚动导轨副的安装步骤见表 5-6。

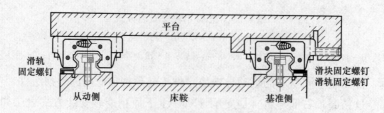

图 5-57　总装配示意图

　　安装时需注意：装配同一组位置的螺栓，应保证长短一致，松紧均匀；装配时须涂上机油，螺栓尾部不得露出在沉孔外；备有防尘帽的最后要将防尘帽全部盖好，螺孔防尘盖放置在导轨螺栓孔中，用塑料槌轻敲防尘盖，并保持防尘盖上面与导轨顶面平行，不要凸起造成脱落，也不要凹陷造成堆积铁屑。

表 5-6　　　　　　　　　　　　　　滚动导轨副安装步骤及检测方法

序　号	说　明	操作示意图
1	检查待装机床部件，领出要用的直线滚动导轨副，区分出基准轨和从动轨，并辨识基准面 　　基准轨侧边基准面精度较高，作为机床安装承靠面 　　基准轨上刻有 MA 标记，如右图所示	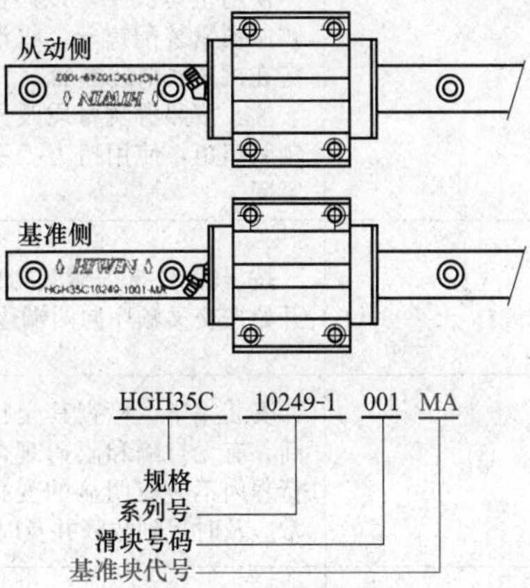 从动侧 基准侧 HGH35C　10249-1　001　MA 规格 系列号 滑块号码 基准块代号
2	检查装配面 　　使用油石将安装基准面的毛刺及微小变形处修平，并清洗导轨基准面上的防锈油，所有安装面上不得有油污、脏物和铁屑存在	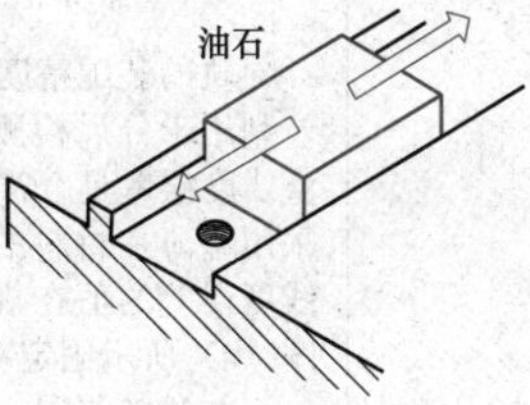 油石
3	检测安装基准面的精度 　　用水平仪校准基准面的水平，水泡不得超过半格，否则调整机床垫铁	—
4	将滑轨平稳地放置在机床安装基准面上，将滑轨侧边基准面靠上机床装配面	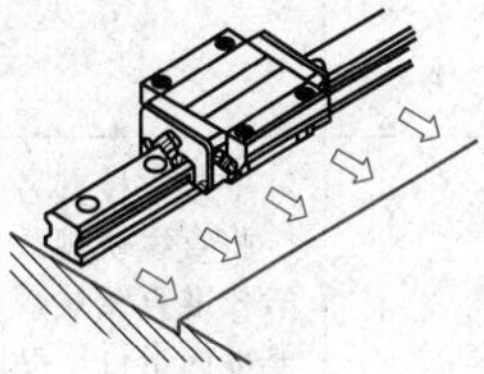
5	用螺栓试配以确认与螺孔位置是否吻合，由中央向两侧按顺序将滑轨定位螺丝稍微旋紧，使滑块底部基准面大概固定于机床底部装配面	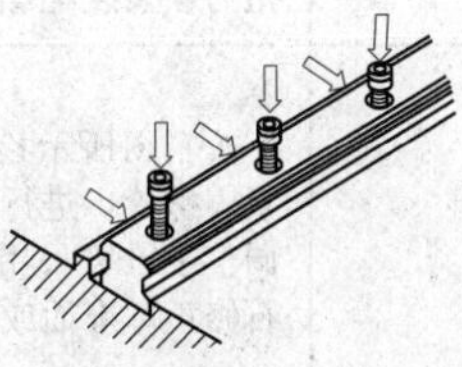

序　号	说　明	操作示意图
6	使用侧向固定螺钉，按顺序将滑轨侧边基准面紧靠机床侧边装配面，以固定滑轨位置	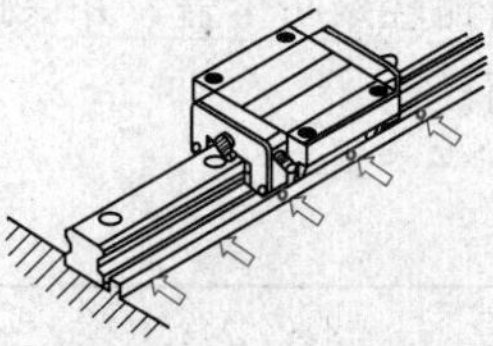
7	使用扭力扳手，以厂商规定的扭力，按顺序锁紧装配螺丝，将滑轨底部基准面固定在机床底部装配面 　注：按照滑轨材质及固定螺丝型号选用锁紧扭矩，使用扭力扳手将滑轨螺栓慢慢紧固	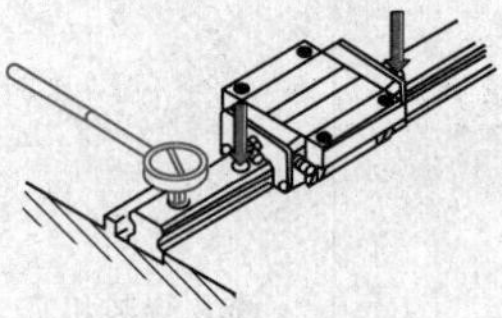
8	按步骤2～5安装其余配对滑轨。从中间开始按交叉顺序向两端逐步拧紧所有螺钉	—
9	安装完毕，检查其全行程内运行是否灵活，有无打隔和阻碍现象，摩擦阻力在全行程内不应有明显的变化，若此时发现异常应及时找到故障并及时解决，以防后患	—
10	导轨的装配精度检测和校值 　利用千分尺检测导轨水平和铅垂方向的直线度误差是否符合要求，否则调整导轨。采用垫薄片材料的方式校值导轨，使其直线度误差的值在规定的范围内。千分表按图（a）所示固定在中间位置，触头接触平尺，并调整平尺，使其头尾读数相等。然后全程检验，取其最大差值，即为垂直方向的直线度误差。 　水平面内的直线度测量方法如图（b）所示	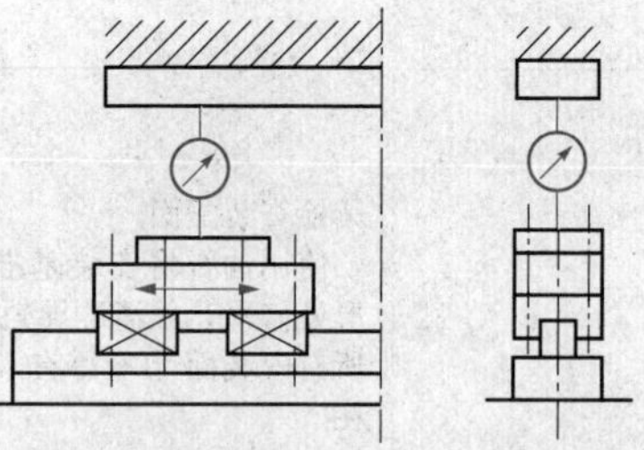 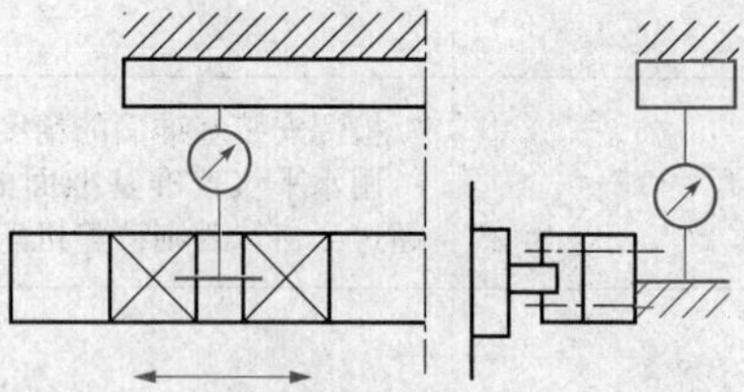
11	安装并校直另一根从动导轨。 　将直线块规放置于两滑轨之间，用千分表校准直线块规，使之与基准滑轨的侧边基准面平行；再按直线块规校准从动滑轨，从滑轨的一端开始校准，并依序按一定的扭力锁紧装配螺钉	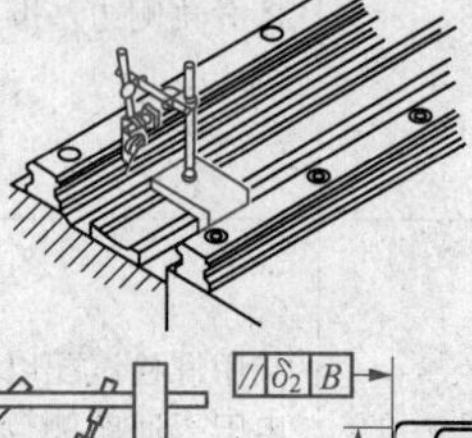
12	按右图所示检验精度，如不合格，松开紧固螺栓，进行返修调整，直至合格为止。调整手段可采用铲刮基准面、用沙皮或油石修正基准面或增加补偿垫片	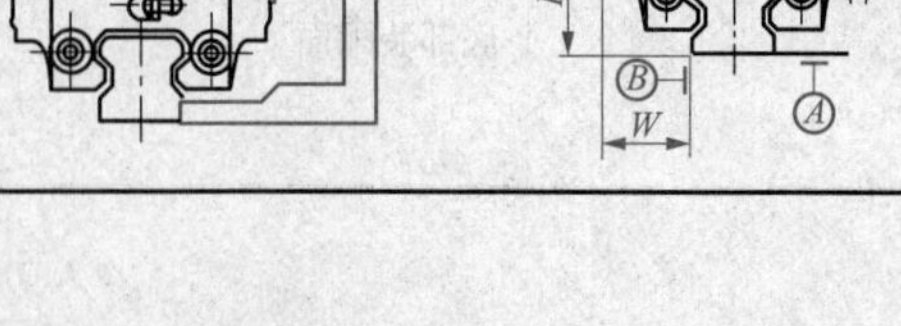

　　安装时首先要正确区分基准导轨副与非基准导轨副,基准导轨上除有标有 MA 的外,还有标有 J 的,滑块上有磨光的基准侧面,如图 5-58 所示;其次认清导轨副安装时所需的基准侧面,如图 5-59 所示。

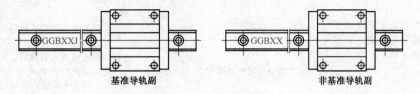

图 5-58　基准导轨副与非基准导轨副的区分

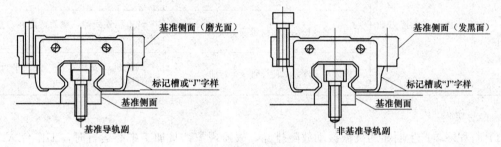

图 5-59　基准侧面的区分

五、导轨的故障排除

▶▶ 讨论总结

上网查询、工厂调研、参考资料、在教师的带领下与工厂技术人员讨论总结以下两个方面的问题。

1. 导轨的故障诊断

表 5-7 为导轨故障诊断的方法。

表 5-7　　　　　　　　　　　　　　　　　导轨故障诊断的方法

序号	故障现象	故障原因	排除方法
1	导轨研伤	机床经长期使用,地基与床身水平有变化,使导轨局部单位面积负荷过大	定期进行床身导轨的水平调整,或修复导轨精度
		长期加工短工件或承受过分集中的负荷,使导轨局部磨损严重	注意合理分布短工件的安装位置避免负荷过分集中
		导轨润滑不良	调整导轨润滑油量,保证润滑油压力
		导轨材质不佳	采用电镀加热自冷淬火对导轨进行处理,导轨上增加锌铝铜合金板,以改善摩擦情况
		刮研质量不符合要求	提高刮研修复的质量
		机床维护不良,导轨里落入脏物	加强机床保养,保护好导轨防护装置

续表

序号	故障现象	故障原因	排除方法
2	导轨上移动部件运动不良或不能移动	导轨面研伤	用180号砂布修磨机床导轨面上的研伤
		导轨压板研伤	卸下压板调整压板与导轨间隙
		导轨镶条与导轨间隙太小，调得太紧	松开镶条止退螺钉，调整镶条螺栓，使运动部件运动灵活，保证0.03m塞尺不得塞入，然后锁紧止退螺钉
3	加工面在接刀处不平	导轨直线度超差	调整或修刮导轨，允差0.015/500mm
		工作台塞铁松动或塞铁弯度太大	调整塞铁间隙，塞铁弯度在自然状态下小于0.05mm/全长
		机床水平度差，使导轨发生弯曲	调整机床安装水平，保证平行度、垂直度在0.02/1000mm

2. 排除实例

(1) 行程终端产生明显的机械振动故障排除。故障现象：某加工中心运行时，工作台 X 轴方向位移接近行程终端过程中产生明显的机械振动故障，故障发生时系统不报警。

分析及处理过程：因故障发生时系统不报警，但故障明显，故通过交换法检查，确定故障部位应在 X 轴伺服电动机与丝杠传动链一侧；为区别电动机故障，可拆卸电动机与滚珠丝杠之间的弹性联轴器，单独通电检查电动机。检查结果表明，电动机运转时无振动现象，显然故障部位在机械传动部分。脱开弹性联轴器，用扳手转动滚珠丝杠进行手感检查；通过手感检查，发现工作台 X 轴方向位移接近行程终端时，感觉到阻力明显增加。拆下工作台检查，发现滚珠丝杠与导轨不平行，故而引起机械转动过程中的振动现象。经过认真修理、调整后，重新装好，故障排除。

(2) 电动机过热报警的排除。故障现象：X 轴电动机过热报警。

分析及处理过程：电动机过热报警，产生的原因有多种，除伺服单元本身的问题外，可能是切削参数不合理，亦可能是传动链上有问题。而该机床的故障原因是由于导轨镶条与导轨间隙太小，调得太紧。松开镶条防松螺钉，调整镶条螺栓，使运动部件运动灵活，保证0.03mm的塞尺不得塞入，然后锁紧防松螺钉。故障排除。

(3) 机床定位精度不合格的故障排除。故障现象：某加工中心运行时，工作台 Y 轴方向位移接近行程终端过程中丝杠反向间隙明显增大，机床定位精度不合格。

分析及处理过程：故障部位明显在轴伺服电动机与丝杠传动链一侧；拆卸电动机与滚珠丝杠之间的弹性联轴器，用扳手转动滚珠丝杠进行手感检查。通过手感检查，发现工作台轴方向位移接近行程终端时，感觉到阻力明显增加。拆下工作台检查，发现 Y 轴导轨平行度严重超差，故而引起机械转动过程中阻力明显增加，滚珠丝杠弹性变形，反向间隙增大，机床定位精度不合格。经过认真修理、调整后，重新装好，故障排除。

(4) 移动过程中产生机械干涉的故障排除。故障现象：某加工中心采用直线滚动导轨，安装后用扳手转动滚珠丝杠进行手感检查，发现工作台 X 轴方向移动过程中产生明显的机械干涉故障，运动阻力很大。

分析及处理过程：故障明显在机械结构部分。拆下工作台，首先检查滚珠丝杠与导轨的平行度，检查合格。再检查两条直线导轨的平行度，发现导轨平行度严重超差。拆下两条直线导轨，检查中滑板上直线导轨的安装基面的平行度，检查合格。再检查直线导轨，发现一条直线导轨的安装基面与其滚道的平行度严重超差（0.5mm）。更换合格的直线导轨，重新装好后，故障排除。

◎ 任务扩展——静压导轨

静压导轨的滑动面之间开有油腔，将有一定压力的油通过节流器输入油腔，形成压力油膜，浮起运动部件，使导轨工作表面处于纯液体摩擦，不产生磨损，精度保持性好。同时摩擦因数也极低（0.0005），使驱动功率大大降低；其运动不受速度和负载的限制，低速无爬行，承载能力大，刚度好；油液有吸振作用，抗振性好，导轨摩擦发热也小。其缺点是结构复杂，要有供油系统，油的清洁度要求高。

由于承载的要求不同，静压导轨分为开式和闭式两种，其工作原理与静压轴承完全相同。开式静压导轨的工作原理，如图 5-60（a）所示。液压泵 2 启动后，油经滤油器 1 吸入，用溢流阀 3 调节供油压力 P_s，再经滤油器 4，通过节流器 5 降压至 P_r（油腔压力）进入导轨的油腔，并通过导轨间隙向外流出，回到油箱 8。油腔压力 P_r 形成浮力将运动导轨 6 浮起，形成一定导轨间隙 h_0。当载荷增大时，运动部件下沉，导轨间隙减小，液阻增加，流量减小，从而油经过节流器时的压力损失减小，油腔压力 P_r 增大，直至与载荷 W 平衡时为止。

开式静压导轨只能承受垂直方向的负载，承受颠覆力矩的能力差。闭式静压导轨能承受较大的颠覆力矩，导轨刚度也较高，其工作原理如图 5-60（b）所示。当运动部件 6 受到颠覆力矩 M 后，油腔 3、4 的间隙 h_3、h_4 增大，油腔 1、6 的间隙 h_1、h_6 减小。由于各相应的节流器的作用，使 P_{r3}、P_{r4} 减小，P_{r1}、P_{r6} 增大，由此作用在运动部件上的力，形成一个与颠覆力矩方向相反的力矩，从而使运动部件保持平衡。而在承受载荷 W 时，则油腔 1、4 间隙 h_1、h_4 减小，油腔 3、6 间隙 h_3、h_6 增大。由于各相应的节流器的作用，使 P_{r1}、P_{r4} 增大，P_{r3}、P_{r6} 减小，由此形成的力向上，以平衡载荷 W。

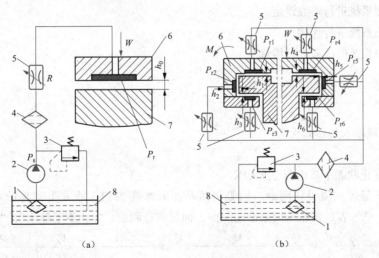

图 5-60　静压导轨

（a）开式静压导轨的工作原理；（b）闭式静压导轨的工作原理

1、4—滤油器；2—液压泵；3—溢流阀；5—节流器；6—运动导轨；7—静止导轨；8—油箱

任务四　进给驱动系统的装调与维修

任务引入

进给驱动有步进驱动、直流伺服驱动与交流伺服驱动；传统的伺服控制将速度环和电流环控制集成在"伺服单元"上（如 FANUC 6 系统，FANUC 10/11/12 系列等），但是 FANUC αi 系列伺服，已经将这三个控制环节通过软件的方式"融入"CNC 系统中，在 FANUC 0D 系统中有单独的数字伺服软件 Servo ROM，在 FANUC 0i 系列中伺服软件装在系统 F-ROM 中，文件名为 DGSEKV0，支撑它的硬件就是 DSP——数字信号处理器。其结构如图 5-61 所示。

CNC 至伺服采用总线结构连接，并被称之为 FSSB（Fanuc Serial Servo Bus——FANUC 串行伺服总线），反馈装置采用高分辨率编码器，分辨率可达 100 万/转。各伺服轴挂在 FSSB 总线上，实现总线控制结构。目前 FANUC 公司新推出的 αi 系列伺服控制器，采用 HRV1～HRV4——高响应矢量控制技术，大大提高伺服控制的刚性和跟踪精度，适宜高精度轮廓加工。

图 5-61　FANUC—0i 伺服系统结构图

任务目标

- 能对伺服系统进行参数设定
- 会对伺服系统进行连接
- 会对伺服系统的故障进行维修

任务实施

▶▶ 现场教学

一、数字伺服参数的初始设定

1. 调出方法

1）在紧急停止状态下将电源至于 ON。

2）设定用于显示伺服设定画面、伺服调整画面的参数 3111。输入类型为设定输入；数据类型。其中 0 号位 SVS 表是否显示伺服设定画面、伺服调整画面，"0：不予显示"；"1：予以显示"。

	7号	6号	5号	4号	3号	2号	1号	0号
3111								SVS

3）暂时将电源置于 OFF，然后再将其置于 ON。

4）按下功能键▣、功能菜单键▶、软键［SV 设定］。显示图 5-62 所示伺服参数的设定画面。

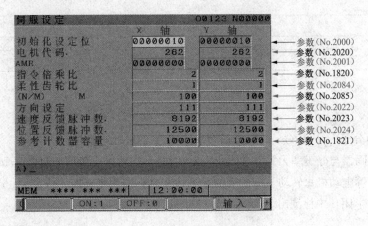

图 5-62　伺服参数的设定画面

5）利用光标翻页键，输入初始设定所需的数据。

6）设定完毕后将电源置于 OFF，然后再将其置于 ON。

2. 设定方法

（1）初始化设定。初始化设定如下，其内容见表 5-8。

	7号	6号	5号	4号	3号	2号	1号	0号
2000							DGPR	PLC0

表 5-8　　　　　　　　　　　　初 始 化 设 定 内 容

参数	位数	内容	设定	说　　明
2000	0	PLC0	0	原样使用参数（No. 2023、No. 2024）的值
			1	使参数（No. 2023、No. 2024）的值再增大 10 倍
	1	DGPR	0	进行数字伺服参数的初始化设定
			1	不进行数字伺服参数的初始化设定

（2）电动机代码。根据电动机型号、图号（A06B－××××－B×××的中间 4 位数字）的不同，输入不同的伺服电动机代码。如电动机型号：αiS2/5000；电动机图号：0212 则输入电动机代码：262。

（3）任意 AMR 功能。设定 "00000000"，设定方法如下。

	7号	6号	5号	4号	3号	2号	1号	0号	
2001	AMR7	AMR6	AMR5	AMR4	AMR3	AMR2	AMR1	AMR0	轴形

（4）指令倍乘比。指定方式如下。

1820	每个轴的指令倍乘比（CMR）

1）CMR 由 1/2 变为 1/27 时：设定值＝1/CMR＋100。

2）CMR 由 1 变为 48 时：设定值＝2×CMR。

（5）暂时将电源置于 OFF，然后再将其置于 ON。

（6）进给齿轮（F·FG）n/m 的设定。设定方法如下：αi 脉冲编码器和半闭环的设定。n、$m \leqslant 32767$，$\dfrac{n}{m} = \dfrac{\text{电动机每转一周所需的位置反馈脉冲数}}{1000000}$。

2084	柔性进给齿轮的 n

2085	柔性进给齿轮的 m

 说明：

1）F·FG 的分子、分母（n、m），其最大设定值（约分后）均为 32767。

2）αi 脉冲编码器与分辨率无关，在设定 F·FG 时，电动机每转动一圈作为 100 万脉冲处理。

3）齿轮齿条等电动机每转动一圈所需的脉冲数中含有圆周率 π 时，假定 π＝355/113。

【例 5-1】　在半闭环中检测出 $1\mu m$ 时，F·FG 的设定见表 5-9。

表 5-9　　　　　　　　　　　　　　F · FG 的 设 定

滚珠丝杠的导程/mm	所需的位置反馈脉冲数/脉冲/r	F · FG
10	10000	1/100
20	20000	2/100 或 1/50
30	30000	3/100

（7）方向设定。111：正向（从脉冲编码器一侧看沿顺时针方向旋转）；—111：反向（从脉冲编码器一侧看沿逆时针方向旋转）。设定方法如下。

2022	电动机旋转方向

（8）速度反馈脉冲数、位置反馈脉冲数。一般设定指令单位：$1/0.1\mu m$；初始化设定位：bit0＝0；速度反馈脉冲数：8192。位置反馈脉冲数的设定如下。

1）半闭环的情形设定 12500。

2）全闭环的情形。在位置反馈脉冲数中设定电动机转动一圈时从外置检测器反馈的脉冲数（位置反馈脉冲数的计算，与柔性进给齿轮无关）。

【例 5-2】　在使用导程为 10mm 的滚珠丝杠（直接连接）、具有 1 脉冲 $0.5\mu m$ 的分辨率的外置检测器的情形下电动机每转动一圈来自外置检测器的反馈脉冲数如下。

10/0.0005＝20000。因此，位置反馈脉冲数为 20000。

3）位置反馈脉冲数的设定大于 32767 时。FS0i-C 中，需要根据指令单位改变初始化设定位的bit0（高分辨率位），但是，FS0i-D 中指令单位与初始设定位的 0 号之间不存在相互依存关系。即使如 FS0i-C 一样地改变初始化设定位的 bit0 也没有问题，也可以使用位置反馈脉冲变换系数。

位置反馈脉冲变换系数将会使设定更加简单。使用位置反馈脉冲变换系数，以两个参数的乘积设定位置反馈脉冲数。设定方式如下。

2024	位置反馈脉冲数

2185	位置反馈脉冲数变换系数

【例 5-3】　使用最小分辨率为 $0.1\mu m$ 的光栅尺，电动机每转动一圈的移动距离为 16mm 的情形。

由于 Ns ＝电动机每转动一圈的移动距离（mm）/检测器的最小分辨率（mm）＝16mm/0.0001mm＝160000（＞32767）＝10000×16。

所以进行如下设定。

A（参数 No. 2024）＝10000

B（参数 No. 2185）＝16

电动机的检测器为 αi 脉冲编码器的情形（速度反馈脉冲数＝8192），尽可能为变换系数选择 2 的乘方值（2，4，8，…）。软件内部中所使用的位置增益值将更加准确。

（9）参考计数器的设定。

1821	每个轴的参考计数器容量（0～999999999）

1）半闭环的情形。参考计数器＝电动机每转动一圈所需的位置反馈脉冲数或其整数分之一。旋转轴上电动机和工作台的旋转比不是整数时，需要设定参考计数器的容量，以使参考计数器＝0 的点（栅格零点）相对于工作台总是出现在相同位置。

【例 5-4】 检测单位＝1μm、滚珠丝杠的导程＝20mm、减速比＝1/17 的系统。

a. 以分数设定参考计数器容量的方法。电动机每转动一圈所需的位置反馈脉冲数＝20000/17；设定分子＝20000，分母＝17。设定方法如下。分母的参数在伺服设定画面上不予显示，需要从参数画面进行设定。

1821	每个轴的参考计数器容量（分子）（0～999999999）

2179	每个轴的参考计数器容量（分母）（0～32767）

b. 改变检测单位的方法。电动机每转动一圈所需的位置反馈脉冲数＝20000/17 使表 5-10 的参数都增大 17 倍，将检测单位改变为 1/17μm。

因为检测单位由 1μm 改变为 1/17μm，故需要将用检测单位设定的参数全都增大 17 倍。

2）全闭环的情形。参考计数器＝Z 相（参考点）的间隔/检测单位或者其整数分之一。

二、FSSB 数据的显示和设定画面

将 CNC 和多个伺服放大器之间用一根光纤电

表 5-10　参　数　改　变

参　数	变更方法
FFG	可在伺服设定画面上变更
指令倍乘比	可在伺服设定画面上变更
参考计数器	可在伺服设定画面上变更
到位宽度	No. 1826，No. 1827
移动时位置偏差量限界值	No. 1828
停止时位置偏差量限界值	No. 1829
反间隙量	No. 1851，No. 1852

缆连接起来的高速串行伺服总线（FSSB：Fanuc Serial Servo Bus），可以设定画面输入轴和放大器的关系等数据，进行轴设定的自动计算，若参数 DFS（No. 14476 ♯ 0）＝0，则自动设定参数（No. 1023，1905，1936～1937，14340～14349，14376～14391），若参数 DFS（No. 14476 ♯ 0）＝1，则自动设定参数（No. 1023，1905，1910～1919，1936～1937）。

1. 显示步骤

（1）按下功能键 [SYSTEM]。

（2）按继续菜单键 [▷] 数次，显示软键 ［FSSB］。

（3）按下软键 ［FSSB］，切换到"放大器设定"画面（或者以前所选的 FSSB 设定画面），显示如图 5-63 所示软键。

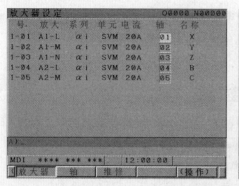

图 5-63 软键

1) 放大器设定画面。放大器设定画面上，将各从控装置的信息分为放大器和外置检测器接口单元予以显示，如图 5-64 所示。通过翻页键 ⬆PAGE、PAGE⬇ 切换画面，显示信息见表 5-11。

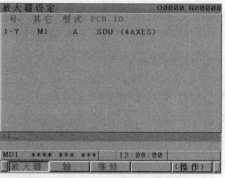

图 5-64 放大器设定画面

表 5-11   显 示 信 息

信　息	内　容	说　明
号	从控装置号	由 FSSB 连接的从控装置，从最靠近 CNC 数起的编号，每个 FSSB 线路最多显示 10 个从控装置（对放大器最多显示 8 个，对外置检测器接口单元最多显示 2 个）。放大器设定画面中的从控装置号中，表示 FSSB1 行的 1 后面带有 "—"，而后连接的从控装置的编号从靠近 CNC 的一侧按照顺序显示
放大	放大器类型	在表示放大器开头字符的 "A" 后面，从靠近 CNC 一侧数起显示表示第几台放大器的数字和表示放大器中第几轴的字母（L：第 1 轴，M：第 2 轴，N：第 3 轴）
轴	控制轴号	若参数 DFS（No. 14476 ♯ 0）＝0，则显示在参数（No. 14340～14349）中所设定的值上加 1 的轴号；若参数 DFS（No. 14476 ♯ 0）＝1，则显示在参数（No. 1910～1919）所设定的值上加 1 的轴号。所设定的值处在数据范围外时，显示 "0"
名称	控制轴名称	显示对应于控制轴号的参数（No. 1020）的轴名称。控制轴号为 "0" 时，显示 "—"
系列	伺服放大器系列	
单元	伺服放大器单元的种类	
电流	最大电流值	
其他		在表示外置检测器接口单元的开头字母 "M" 之后，显示从靠近 CNC 一侧数起的表示第几台外置检测器接口单元的数字。
型式	外置检测器接口单元的型式	以字母予以显示
PCB ID		以 4 位 16 进制数显示外置检测器接口单元的 ID。此外，若是外置检测器模块（8 轴），"SDU（8AXES）" 显示在外置检测器接口单元的 ID 之后，若是外置检测器模块（4 轴），"SDU（4AXES）" 显示在外置检测器接口单元的 ID 之后

2）轴设定画面。在轴设定画面上显示轴信息。轴设定画面上显示见表 5-12。

表 5-12　　　　　　　　　　显　示　项　目

信息	内　容	说　　　明	
轴设定画面	轴	控制轴号	按照 NC 的控制轴顺序显示
	名称	控制轴名称	
	放大器	连接在每个轴上的放大器类型	
	M1	外置检测器接口单元 1	显示保持在 SRAM 上的用于外置检测器接口单元 1、2 的连接器号
	M2	外置检测器接口单元 2	
	轴专有	伺服 HRV3 控制轴上以一个 DSP 进行控制的轴数有限制时，显示可由保持在 SRAM 上的一个 DSP 进行控制可能的轴数。"0"表示没有限制	
	Cs	Cs 轮廓控制轴	显示保持在 SRAM 上的值。在 Cs 轮廓控制轴上显示主轴号
	双电	显示保持在 SRAM 上的值	对于进行串联控制时的主控轴和从控轴，显示奇数和偶数连续的编号
放大器维护画面	轴	控制轴号	
	名称	控制轴名称	
	放大器	连接在每个轴上的放大器类型	
	系列	连接在每个轴上的伺服放大器类型	
	单元	连接在每个轴上的伺服放大器单元的种类	
	轴	连接在每个轴上的伺服放大器最大轴数	
	电流	连接在每个轴上的放大器的最大电流值	
	版本	连接在每个轴上的放大器的单元版本	
	测试	连接在每个轴上的放大器的测试日	
	维护号	连接在每个轴上的放大器的改造图号	

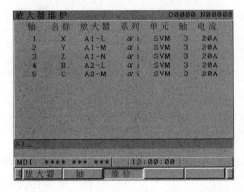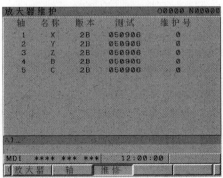

图 5-65　放大器维护画面

3）放大器维护画面。在放大器维护画面上显示伺服放大器的维护信息。放大器维护画面如图 5-66 所示的两个画面，通过翻页键进行切换。

2. 设定

在 FSSB 设定画面（放大器维护画面除外）上，按下软键［（操作）］时，显示如图 5-66 所示软键。输入数据时，设定为 MDI 方式或者紧急停止状态，使光标移动到输入项目位置，键入后按下软键［输入］。（或者按下 MDI 面板的 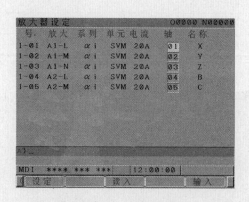 键）；输入后按下软键［设定］时，若设定值有误，则发出告警；设定值正确的情况下，若参数 DFS（No.14476♯0）＝0，则在参数（No.1023，1905，1936～1937，14340～14349，14376～14391）中进行设定，若参数 DFS（No.14476♯0）＝1，则在参数（No.1023，1905，1910～1919，1936～1937）中进行设定。在输入错误值等时，若希望返回到参数中所设定的值，按下软键［读入］。此外，通电时读出设定在参数中的值，并予以显示。

图 5-66　软键

> **注意：** ①有关在 FSSB 设定画面输入并进行设定的参数，请勿在参数画面上通过直接 MDI 输入来进行设定，或者通过 G10 输入进行设定，务须在 FSSB 设定画面上进行设定；②按下软键［设定］而有告警发出的情况下，重新输入，或者按下软键［读入］来解除告警，即使按下 RESET（复位）键也无法解除告警。

（1）放大器设定画面。如图 5-67 所示。轴表示控制轴号，在"1"～最大控制轴数的范围内输入控制轴号。当输入了范围外的值时，发出警告"格式错误"。输入后按下软键［设定］并在参数中进行设定时，输入重复的控制轴号或输入了"0"时，发出警告"数据超限"，不会被设定到参数。

（2）轴设定画面。如图 5-68 所示，轴设定画面上可以设定如下项目。

图 5-67　放大器设定画面

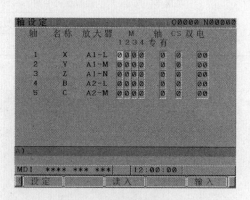

图 5-68　轴设定画面

1）M1、M2。用于外置检测器接口单元 1、2 的连接器号，对于使用各外置检测器接口单元的轴，以 1～8（外置检测器接口单元的最大连接器数范围内）输入该连接器号。不使用各外置检测器接口单元时，输入"0"。在尚未连接各外置检测器接口单元的情况下，输入了超出范围的值时，发出警告"非法数据"。在已经连接各外置检测器接口单元的情况下，输入了超出范围的值时，出现警告"数据超限"。

2）轴专有。以伺服 HRV3 控制轴限制一个 DSP 的控制轴数时，设定可以用一个 DSP 进行控制的轴数。伺服 HRV3 控制轴，设定值：3；在 Cs 轮廓控制轴以外的轴中设定相同值。输入了"0"、"1"、"3"以外的值时，发出警告"数据超限"。

3）Cs。Cs 轮廓控制轴，输入主轴号（1，2）。输入了 0～2 以外的值时，发出警告"数据超限"。

4）双电［EGB（T 系列）有效时为 M/S］。对进行串联控制和 EGB（T 系列）的轴，在 1～控制轴数的范围内输入奇数、偶数连续的号码。输入了超出范围的值时，发出警告"数据超限"。

三、伺服调整画面

1. 参数的设定

设定显示伺服调整画面的参数。输入类型：设定输入；数据类型：位路径型。

	#7	#6	#5	#4	#3	#2	#1	#0
3111								SVS

♯0SVS 是否显示伺服设定画面、伺服调整画面。0：不予显示；1：予以显示。

2. 显示伺服调整画面

1）按下功能键 、功能菜单键、软键 ［SV 设定］。

2）按下软键 ［SV 调整］，选择伺服调整画面，如图 5-69 所示，说明见表 5-13。

四、αi 伺服信息画面

在 αi 伺服系统中，获取由各连接设备输出的 ID 信息，输出到 CNC 画面上。具有 ID 信息的设备主要

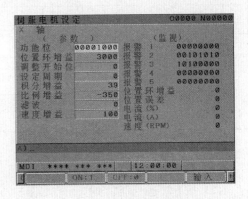

图 5-69 伺服调整画面

表 5-13 伺服调整画面的说明

项 目	说 明	项 目	说 明
功能位	参数（No. 2003）	报警 2	诊断号 201
位置环增益	参数（No. 1825）	报警 3	诊断号 202
调整开始位	0	报警 4	诊断号 203
设定周期	0	报警 5	诊断号 204
积分增益	参数（No. 2043）	位置环增益	实际环路增益
比例增益	参数（No. 2044）	位置误差	实际位置误差值（诊断号 300）
滤波	参数（No. 2067）	电流（A）	以 A（峰值）表示实际电流
速度增益	设定值 $=\dfrac{（参数\ No.\ 2021）+256}{256}\times 100$	电流%	以相对于电动机额定值的百分比表示电流值
报警 1	诊断号 200 报警 1～5 信息见表 5-14。	速度（RPM）	表示电动机实际转速

表 5-14   报 警 1～5 信 息

#7	#6	#5	#4	#3	#2	#1	#0
OVL	LVA	OVC	HCA	HVA	DCA	FBA	OFA
ALD			EXP				
	CSA	BLA	PHA	RCA	BZA	CKA	SPH
DTE	CRC	STB	PRM				
	OFS	MCC	LDM	PMS	FAN	DAL	ABE

有伺服电动机、脉冲编码器、伺服放大器模块和电源模块等。CNC 首次启动时，自动地从各连接设备读出并记录 ID 信息。从下一次起，对首次记录的信息和当前读出的 ID 信息进行比较，由此就可以监视所连接的设备变更情况。当记录与实际情况不一致时，显示表示警告的标记（＊）。可以对存储的 ID 信息进行编辑。由此，就可以显示不具备 ID 信息的设备的 ID 信息。但是，与实际情况不一致时，显示表示警告的标记（＊）。

1. 参数设置（见表 5-15）

表 5-15   参 数 设 置

13112	#7	#6	#5	#4	#3	#2	#1	#0
							SVI	IDW

输入类型	参数输入	参数	说明	设置	
参数输入	位路径型	IDW	对伺服或主轴的信息画面进行编辑	0	禁止
				1	不禁止
		SVI	是否显示伺服信息画面	0	予以显示
				1	不予显示

2. 显示伺服信息画面

（1）按下功能键▣，按下软键［系统］。

（2）按下软键［伺服］时，出现如图 5-70 所示画面。※伺服信息被保存在 FLASH-ROM 中。画面所显示的 ID 信息与实际 ID 信息不一致的项目，在下列项目的左侧显示"＊"。此功能在即使因为需要修理等正当的理由而进行更换的情况，也会检测该更换并显示"＊"标记。擦除"＊"标记的步骤。

1）可进行编辑，参数 IDW（No. 13112♯0）＝1。

2）在编辑画面，将光标移动到希望擦除"＊"标记的项目。

3）通过软键［读取 ID］→［输入］→［保存］进行操作。

3. 编辑伺服信息画面

1）设定参数 IDW（No. 13112♯0）＝1。

2）按下机床操作面板上的 MDI 开关。

3）按照"显示伺服信息画面"的步骤显示如图 5-71 所示画面。

4）通过光标键▣▣，移动画面上的光标。按键操作见表 5-16。

⚙ **注意：** 对进给轴参数进行操作时，注意操作后要进行恢复。

技能训练

五、伺服驱动的连接

伺服驱动的连接如图 5-72 所示。

图 5-70　显示伺服信息画面　　　　图 5-71　编辑伺服信息画面

表 5-16　　　　　　　　　　　　　按　键　操　作

按键操作		用　途
翻页键		上下滚动画面
软键	［输入］	将所选中的光标位置的 ID 信息改变为键入缓冲区内的字符串
	［取消］	擦除键入缓冲区的字符串
	［读取 ID］	将所选中的光标位置的连接设备具有 ID 信息传输到键入缓冲区。只有左侧显示"＊"（※3）的项目有效
	［保存］	将在伺服信息画面上改变的 ID 信息保存在 FLASH-ROM 中
	［重装］	取消在伺服信息画面上改变的 ID 信息，由 FLASH-ROM 上重新加载
光标键		上下滚动 ID 信息的选择

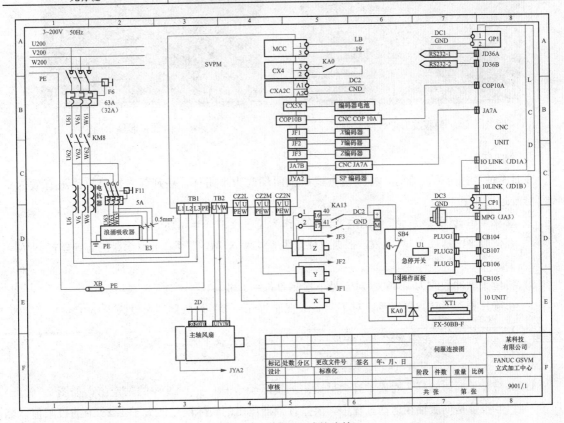

图 5-72　伺服驱动的连接

六、FANUC 交流进给伺服系统的故障与排除

1. 数字伺服波形诊断画面

1）设定参数 3112♯0＝1（伺服波形功能使用完之后，一定要还原为 0），关机再开。

> **注意：** FANUC 0i 系列加工轨迹／实体显示功能与伺服波形显示功能不能同时使用，当开通伺服波形显示功能后，加工轨迹不再显示。

2）按 [SYSTEM] 键，再按右翻页 [▶]，直到出现如图 5-73 所示子菜单。

图 5-73　子菜单

3）按 W.DGNS 键，出现如图 5-74 所示画面。按照右面参数含义提示信息输入需要的值，其中 N 代表第几轴，例如设置参数表明第一通道显示第 2 轴（Y 轴）的移动指令波形，第二通道显示第 2 轴的位置偏差。共有 3 页相关参数，按照提示逐一将参数填写。

4）按 W.GRPH 软件键，出现伺服波形画面准备，移动被检测的轴（例如第 2 轴 Y 轴）。如图 5-75 所示，按"开始"软件键，到达设定采样时间（此例 3000ms）后，显示该轴移动波形，该功能用于检查"指令位移"与"实际位移（反馈脉冲）"的差，非常直观。

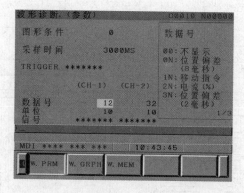

图 5-74　伺服波形参数设定画面

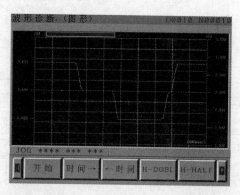

图 5-75　伺服波形显示画面

2. 全闭环改半闭环

在日常的数控机床维修时，将控制方式从全闭环改为半闭环，是判断光栅尺故障最有效的手段，修改过程如下。

1）1815♯b1（OPTx）＝0 使用内置编码器作为位置反馈（半闭环方式）。

2）在伺服画面修改 N/M 参数，根据丝杠螺距等计算 N/M。对于 10mm 螺距的直连丝杠 N/M＝1/100。

3）将位置脉冲数改为 12500（对于最小检测单位＝0.001）。

4）正确计算参考计数器容量，对于 10mm 直连丝杠，参考计数器容量设为 10000。

> **工作经验：** 在修改之前应将原全闭环伺服参数记录下来，以便正确恢复。

3. 误差过大与伺服报警（410♯/411♯报警）

410♯报警是伺服轴停止时误差计数器读出的实际误差值大于 1829 中的限定值，如图 5-76（a）所示；411♯报警是伺服轴在运动过程中，误差计数器读出的实际误差值大于 1828 中的极限值，如图 5-76（b）所示。

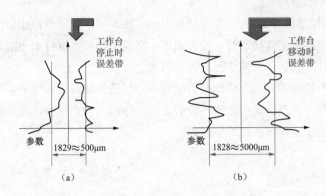

图 5-76　410＃/411＃报警

(a) 410＃报警；(b) 411＃报警

(1) 工作原理。误差计数器的读数过程如图 5-77 所示，伺服环的工作过程是一个"动态平衡"的过程。

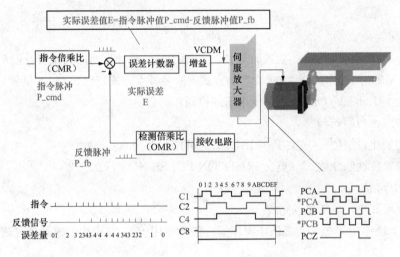

图 5-77　误差计数器的读数过程

1) 系统没有移动指令。

情况 1：机床比较稳定，伺服轴没有任何移动。

指令脉冲＝0→反馈脉冲数＝0→误差值＝0→VCMD＝0→电动机静止。

情况 2：机床受外界影响（如震动、重力等），伺服轴移动。

指令脉冲＝0→反馈脉冲数≠0→误差值≠0→VCMD≠0→电动机调整→直到指令脉冲＝0→反馈脉冲数＝0→误差值＝0→VCMD＝0→电动机静止。

2) 系统有移动指令。

a. 初始状态到机床待启动。

指令脉冲＝10000→反馈脉冲数＝0→误差值＝10000→VCMD 输出指令电压→电动机启动。

b. 电动机运行。

指令脉冲＝10000→反馈脉冲数＝6888→误差值＝3112→VCMD 输出指令电压→电动机继续转动。

c. 定位完成。

指令脉冲数＝0→反馈脉冲数＝0→误差值＝0→VCMD＝0→电动机停止。

（2）故障原因。当伺服使能接通时，或者轴定位完成时，都要进行上述的调整。当上面的调整失败后，就会出现 410 号报警——停止时的误差过大。

当伺服轴执行插补指令时，指令值随时分配脉冲，反馈值随时读入脉冲，误差计数器随时计算实际误差值。当指令值、反馈值其中之一不能够正常工作时，均会导致误差计数器数值过大，即产生 411 号移动中误差过大。导致故障的原因如下。

1）编码器损坏。

2）光栅尺脏或损坏。

3）光栅尺放大器故障。

4）反馈电缆损坏，断线、破皮等。

5）伺服放大器故障，包括驱动晶体管击穿、驱动电路故障、动力电缆断线虚接等。

6）伺服电动机损坏，包括电动机进油、进水，电动机匝间短路等。

7）机械过载，包括导轨严重缺油，导轨损伤、丝杠损坏、丝杠两端轴承损坏，连轴节松动或损坏。

（3）维修实例。

【例 5-5】　牧野 Professonal-3 立式加工中心（全闭环），低速运行时无报警，但是无论在哪种方式下高速移动 X 轴时（包括 JOG 方式、自动方式、回参考点方式）出现 411♯报警。

1）将参数 1815♯b2（OPTx）＝0（半闭环控制）

2）进入伺服参数画面。

3）将"初始化设定位"（英文 INITIAL SET BITS）改为 00000000。

4）将"位置反馈脉冲数."（英文 POSITION PULSE NO.）改为 12500。

5）计算 N/M 值。

6）关电，再开电，参数修改完成。

之后先用手轮移动 X 轴，当确认半闭环运行正常后用 JOG 方式从慢速到高速进行试验，结果 X 轴运行正常。

由此得出半闭环运行正常结论；全闭环高速运行时 411♯报警，充分证明全闭环测量系统故障。

后打开光栅尺护罩，发现尺面上有油膜，清除尺面油污，重新安装光栅尺并恢复原参数，包括将 1815♯b2＝1，恢复修改过的伺服参数 N/M 等，机床修复。

【例 5-6】　某数控车床 FANUC 0i TB 数控系统（半闭环控制），Z 轴移动时 411♯报警。

首先通过伺服诊断画面观察 Z 轴移动时误差值。

通过观察，发现 Z 轴低速移动时"位置偏差"数值可随着轴的移动而变化，而 Z 轴高速移动时，"位置偏差"数值尚未来得及调整完就出现 411♯报警。这种现象是比较典型的指令与反馈不谐调，有可能是反馈丢失脉冲、也有可能是负载过重而引起的误差过大。

由于是半闭环控制，所以反馈装置就是电动机后面的脉冲编码器，该机床使用 FANUC 0i-TB 数控系统，并且 X 和 Z 轴均配置 αi 系列数字伺服电动机，所以编码器互换性好。

1）首先更换了两个轴的脉冲编码器。但是更换以后故障依旧，初步排除编码器问题。

2）通过查线、测量，确认反馈电缆及连接也无问题。

3）将电动机与机床脱离，将电动机从联轴节中卸下，通电旋转电动机，无报警。排除了数控系统和伺服电动机有问题。

4）机械时用手攀丝杠，发现丝杠很沉，明显超过正常值，说明进给轴传动链机械故障，通过钳工检修，修复 Z 轴机械问题，重新安装 Z 轴电动机，机床工作正常。

【例 5-7】 某立式数控铣床 FANUC 0i-MC 数控系统（半闭环），Y 轴解除急停开关后数秒钟随即产生 410♯报警。

1）首先观察伺服运转（SV-TURN）画面。发现松开急停开关后"位置偏差"数值快速加大，并出现报警，此时机床攒动一下并停止。

2）先按下紧急停止开关，用手或借助工具使电动机转动。此时，伺服 TURN 画面中的"位置偏差"也跟着变化，基本排除脉冲编码器及反馈环节的问题。

3）通过仔细观察发现，通电时间不长，电动机温升可达 60～70℃。通过摇表测量，发现电动机线圈对地短路，更换电动机后，机床工作正常。

◎ **任务扩展——直接驱动回转工作台**

直接驱动回转工作台（见图 5-78）。一般采用力矩电动机（Synchronous Built-in Servo Motor）驱动。力矩电动机（见图 5-79）是一种具有软机械特性和宽调速范围的特种电动机。它在原理上与他激直流电动机和两相异步电动机一样，只是在结构和性能上有所不同，力矩电动机的转速与外加电压成正比，通过调压装置改变电压即可调速。不同的是它的堵转电流小，允许超低速运转，它有一个调压装置调节输入电压以改变输出力矩。比较适合了低速调速系统，甚至可长期工作于堵转状态只输出力矩，因此它可以直接与控制对象相连而不需减速装置而实现直接驱动（Direct Drive，DD）。

图 5-78 直接驱动回转工作台

图 5-79 力矩电动机

任务五　数控机床有关参考点的安装与调整

任务引入

许多数控机床（全功能型及高档型）都设有机床参考点（见图5-80），该点至机床原点在其进给坐标轴方向上的距离在机床出厂时已准确确定，使用时可通过"返回参考点操作"方式进行确认。它与机床原点相对应。它是机床制造商在机床上借助行程开关设置的一个物理位置，与机床原点的相对位置是固定的，机床出厂之前由机床制造商精密测量确定。

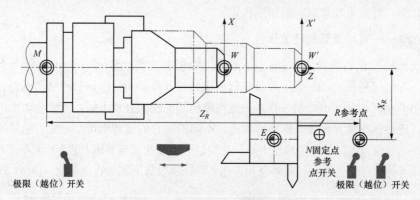

图5-80　机床原点与机床参考点

M—机床原点；W—工件原点；W'—工件偏移原点

任务目标

- 掌握各种方式返回参考点参数设置与调整
- 会对返回参考点时出现的故障进行诊断与维修

任务实施

▶▷现场教学

FANUC 0i系列数控系统可以通过三种方式实现回参考点：增量方式参考点、绝对方式回参考点、距离编码回参考点。

一、增量方式回参考点

所谓增量方式回参考点，就是采用增量式编码器，工作台快速接近，经减速挡块减速后低速寻找栅格零点作为机床参考点。

1. FANUC系统实现回参考点的条件

1）回参考点（ZRN）方式有效——对应PMC地址G43.7＝1，同时G43.0（MD1）和G43.2（MD4）同时＝1。

2）轴选择（＋/－Jx）有效——对应PMC地址G100～G102＝1。

3）减速开关触发（＊DECx）——对应PMC地址X9.0～X9.3或G196.0～3从1到0再到1。

4）栅格零点被读入，找到参考点。

5）参考点建立，CNC 向 PMC 发出完成信号 ZP4 内部地址 F094，ZRF1，内部地址 F120。其动作过程和时序图如图 5-81 所示。

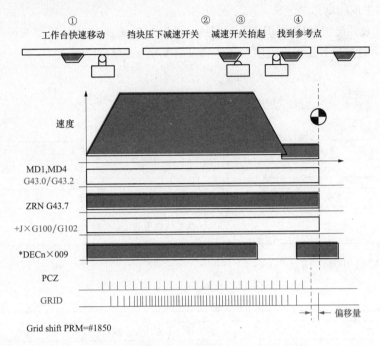

图 5-81　增量方式回参考点动作过程和时序图

FANUC 数控系统除了与一般数控系统一样，在返回参考点时需要寻找真正的物理栅格（栅格零点）——编码器的一转信号（见图 5-82），或光栅尺的栅格信号（见图 5-83）。并且还要在物理栅

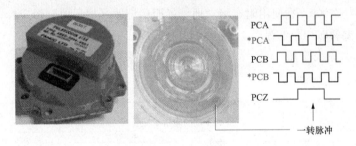

图 5-82　栅格零点

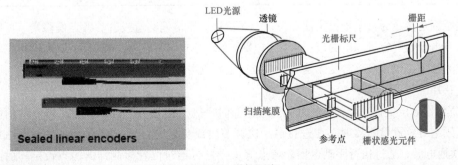

图 5-83　增加距离

格的基础上再加上一定的偏移量——栅格偏移量（1850♯参数中设定的量），形成最终的参考点。也即图 5-81 中的"GRID"信号，"GRID"信号可以理解为是在所找到的物理栅格基础上再加上"栅格偏移量"后生成的点。

　　FANUC 公司使用电气栅格"GRID"的目的，就是可以通过 1850♯参数的调整，在一定量的范围内（小于参考计数器容量设置范围）灵活的微调参考点的精确位置。

2. 参数设置

（1）1005 号参数见表 5-17。

表 5-17　　　　　　　　　　　　　　1005 号 参 数

1005	#7	#6	#5	#4	#3	#2	#1	#0
							DLZx	

参数输入	参数	说明	设置	
位轴型	DLZX	无挡块参考点设定功能	0	无效
			1	有效

（2）1821 号参数见表 5-18。

表 5-18　　　　　　　　　　　　　　1821 号 参 数

1821	每个轴的参考计数器容量

参数输入	数据单位	数据范围
2 字轴型	检测单位	0~999999999

　　数据范围为参数设定参考计数器的容量，为执行栅格方式的返回参考点的栅格间隔。设定值在 0 以下时，将其视为 10000。在使用附有绝对地址参照标记的光栅尺时，设定标记 1 的间隔。在设定完此参数后，需要暂时切断电源。

（3）1850 号参数见表 5-19。

表 5-19　　　　　　　　　　　　　　1821 号 参 数

1850	每个轴的栅格偏移量/参考点偏移量

参数输入	数据单位	数据范围
2 字轴型	检测单位	−99999999~99999999

　　数据范围是参数为每个轴设定使参考点位置偏移的栅格偏移量或者参考点偏移量。可以设定的栅格量为参考计数器容量以下的值。参数 SFDX（No. 1008 号 4）为"0"时，成为栅格偏移量，为"1"时成为参考点偏移量。若是无挡块参考点设定，仅可使用栅格偏移，不能使用参考点偏移。

（4）1815 号参数见表 5-20。

　　APZX：作为位置检测器使用绝对位置检测器时，机械位置与绝对位置检测器之间的位置对应关系。使用绝对位置检测器时，在进行第 1 次调节时或更换绝对位置检测器时，务须将其设定为"0"，再次通电后，通过执行手动返回参考点等操作进行绝对位置检测器的原点设定。由此，完成机械位置与绝对位置检测器之间的位置对应，此参数即被自动设定为"1"。

表 5-20　　　　　　　　　　　　　　1815 号 参 数

	#7	#6	#5	#4	#3	#2	#1	#0
1815			APCx	APZx			OPTx	

参数输入	参数	说明	设置		备注
位轴型	OPTX	位置检测器	0	不使用外置脉冲编码器	使用带有参照标记的光栅尺、或者带有绝对地址原点的光栅尺（全闭环系统）时，将参数值设定为"1"
			1	使用外置脉冲编码器	
	APZX	对应关系	0	尚未建立	
			1	已经结束	
	APCX	位置检测器	0	非绝对位置检测器	
			1	绝对位置检测器	

（5）外置脉冲编码器与光栅尺的设置。通常，将电动机每转动一圈的反馈脉冲数作为参考计数器容量予以设定。

1821	每个轴的参考计数器容量

光栅尺上多处具有参照标记的情况下，有时将该距离以整数相除的值作为参考计数器容量予以设定，如图 5-84 所示。

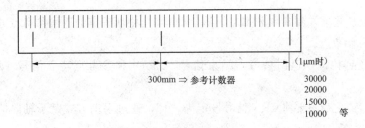

图 5-84　多处参照标记

二、绝对方式回参考点（又称无挡块回零）

所谓绝对回零（参考点），就是采用绝对位置编码器建立机床零点，并且一旦零点建立，无需每次开电回零，即便系统关断电源，断电后的机床位置偏移（绝对位置编码器转角）被保存在电动机编码器 S-RAM 中，并通过伺服放大器上的电池支持电动机编码器 S-RAM 中的数据。

传统的增量式编码器，在机床断电后不能够将零点保存，所以每遇断电再开点后，均需要操作者进行返回零点操作。20 世纪 80 年代中后期，断电后仍可保存机床零点的绝对位置编码器被用于数控机床上，其保存零点的"秘诀"就是在机床断电后，机床微量位移的信息被保存在编码器电路的 S-RAM 中，并有后备电池保持数据。FANUC 早期的绝对位置编码器有一个独立的电池盒，内装干电池，电池盒安装在机柜上便于操作者更换。目前 αi 系列绝对位置编码器电池安装在伺服放大器塑壳迎面正上方。

这里需要注意的是，当更换电动机或伺服放大器后，由于将反馈线与电动机航空插头脱开，或电动机反馈线与伺服放大器脱开，必将导致编码器电路与电池脱开了，S-RAM 中的位置信息即刻丢失。再开机后会出现 300 号报警，需要重新建立零点。

1. 绝对零点建立的过程（见图 5-85）

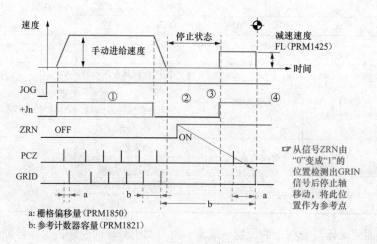

a: 栅格偏移量（PRM1850）
b: 参考计数器容量（PRM1821）

图 5-85　绝对零点建立的过程

2. 操作

（1）将希望进行参考点设定的轴向返回参考点方向 JOG 进给到参考点跟前的附近。

（2）选择手动返回参考点方式，将希望设定参考点的轴的进给轴方向选择信号（正向或者负向）设定为"1"。

（3）定位于以从当前点到参数 ZMIX（No. 1006♯5）中所确定的返回参考点方向的最靠近栅格位置，将该点作为参考点。

（4）确认已经到位后，返回参考点结束信号（ZPn）和参考点建立信号（ZRFn）即被设定为"1"。

若设定完参考点之后只要将 ZRN 信号设定为"1"，通过手动方式赋予轴向信号，刀具就返回到参考点。

3. 参数设置

（1）1005 号参数见表 5-17。

（2）1006 号参数见表 5-21。

表 5-21　　　　　　　　　　1006　号　参　数

	♯7	♯6	♯5	♯4	♯3	♯2	♯1	♯0
1006			ZMIx					

输入类型	参数输入	参数	说明	设置	
参数输入	位轴型	ZMIx	手动返回参考点的方向	0	正
				1	负

三、距离编码回零

光栅尺距离编码是解决"光栅尺绝对回零"的一种特殊的解决方案。具体工作原理如下。

传统的光栅尺有 A 相、B 相以及栅格信号，A 相、B 相作为基本脉冲根据光栅尺分辨精度产生步距脉冲，而栅格信号是相隔一固定距离产生一个脉冲，所谓固定距离是根据产品规格或订货要求而确定的,如 10、15、20、25、30、50mm 等。该栅格信号的作用相当于编码器的一转信号,用于返回零点时的基准零位信号。

而距离编码的光栅尺,其栅格距离不像传统光栅尺是固定的,它是按照一定比例系数成变化的,如图 5-86 所示;当机床沿着某个轴返回零点时,CNC 读到几个不等距离的栅格信号后,会自动计算出当前的位置,不必像传统的光栅尺那样每次断电后都要返回到固定零点,它仅需在机床的任意位置移动一个相对小的距离就能够"找到"机床零点。

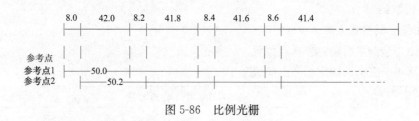

图 5-86　比例光栅

1. 距离编码零点建立过程

(1) 选择回零方式,使信号 ZRN 置 1,同时 MD1、MD4 置 1。

(2) 选择进给轴方向 (+J1,−J1,+J2,−J2,etc.)。

(3) 机床按照所选择的轴方向移动寻找零点信号,机床进给速度遵循 1425 参数中 (FL) 设定速度运行。

(4) 一旦检测到第一个栅格信号,机床即停顿片刻,随后继续低速(按照参数 1425FL 中设定的速度)按照指定方向继续运行。

(5) 继续重复上述 (4) 的步骤,找到 3~4 个栅格后停止,并通过计算确立零点位置。

(6) 最后发出参考点建立信号 (ZRF1,ZRF2,ZRF3,etc. 置 1),如图 5-87 所示。

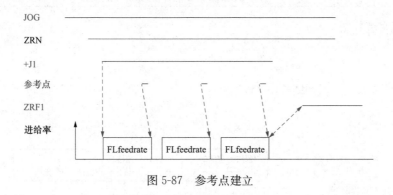

图 5-87　参考点建立

2. 参数设置

	#7	#6	#5	#4	#3	#2	#1	#0
1815						DOLx	OPTx	

[数据类型] 位数据

OPTx　位置检测方式

　　0:不使用分离式编码器(采用电动机内置编码器作为位置反馈)

　　　　1：使用分离式编码器（光栅）

DCLx　分离检测器类型

　　　　0：光栅尺检测器不是绝对栅格的类型

　　　　1：光栅尺采用绝对栅格的形式

	#7	#6	#5	#4	#3	#2	#1	#0
1802							DC4	

［数据类型］位数据

DC4　当采用绝对栅格建立参考点时

　　　　0：检测 3 个栅格后确定参考点位置

　　　　1：检测 4 个栅格后确定参考点位置

1821	参考计数器容量

［数据类型］双字节数据

［数据单位］检测单位

［数据有效范围］0～99999999

距离编码 1（Mark 1）栅格的间隔

1882	距离编码 2（Mark 2）栅格的间隔

［数据类型］双字节数据

［数据单位］检测单位

［数据有效范围］0～99999999

距离编码 2（Mark 2）栅格的间隔

1883	光栅尺栅格起始点与参考点的距离

［数据类型］双字节数据

［数据单位］检测单位

［数据有效范围］−99999999～99999999

1821、1882、1883 参数关系如图 5-88 所示。

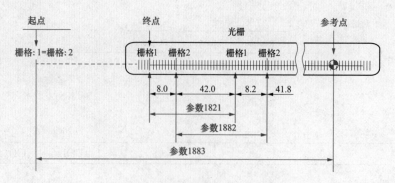

图 5-88　1821、1882、1883 参数

　　具体实例如图 5-89 所示，机床采用米制输入。

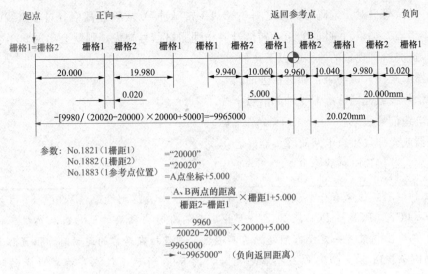

图 5-89　参数设置实例

> **注意**：对参考点的参数进行设定操作后应注意恢复。

>> **技能训练**——机床不能正常返回参考点检查与维修。

四、增量方式不能正常返回参考点（增量方式）

1. 手动回零时不减速并伴随超程报警。

（1）故障原因。当选择了回参考点方式 ［ZERO RETURN］ 后，按下某个轴的方向按钮 ［+x］，此时如果机床能够快速向参考点方向移动时，则说明方式选择信号通过 PMC 接口通知了 CNC（时序图 5-81 第①步顺利通过）。此后如果没有减速现象出现，并且还伴随超程报警，则说明在执行到时序图 5-81②的时候出现了问题——减速开关信号 *DECn 没有通知到 CNC，造成这种现象的原因有以下几种。

1）减速开关进油或进水，信号失效，I/O 单元之前就没有信号。

2）减速开关 OK，但 PMC 诊断画面没有反应，虽然信号已经输入到系统接口板，但由于 I/O接口板或输入模块已经损坏。

由于减速开关在工作台下面，工作条件比较恶劣（油、水、铁屑侵蚀），严重时引起 24V 短路，损伤接口板，从而导致上述两种情况时有发生。

（2）检查方法。用万用表检测开关通断情况，通过 PMC 诊断画面观察 *DECn 的变化。*DECn 的地址是 X9.0～X9.3 或 G196.0～G196.3，分别代表第 1 轴到第 4 轴的减速开关的状态，n 表示第 n 轴。

> **注意**：这里"*"表示负逻辑，即低电平有效，正常情况下 *DECn 应该是 1→0→1 的变化。只要 *DECn 信号能够从 1 变为 0，则工作台就会完成减速这一动作，即时序图 5-81 中②步可以通过。

2. 有减速动作

手动回零有减速动作，但减速后轴运动不停止直至 90♯ 报警——伺服轴找不到零点。

从图 5-81 时序图中应该注意一个细节，FANUC 数控系统寻找参考点一般是在减速开关抬起后寻找第一个一转信号（对于编码器，参见图 5-82 "一转脉冲"）或物理栅格（对于直线光栅尺，参见图 5-83 "参考点" 栅格），此时如果一转信号或物理栅格信号缺失，则就会出现 90♯ 报警——找不到参考点，造成这种现象的原因有以下几种。

1) 编码器或光栅尺被污染，如进水进油。

2) 反馈信号线或光栅适配器受外部信号干扰。

3) 反馈电缆信号衰减。

4) 编码器或光栅尺接口电路故障、器件老化。

5) 伺服放大器接口电路故障。

工作经验：这里有一个表面现象常常会使维修人员感到疑惑，从图 5-82 可以看到脉冲反馈有 PCA/＊PCA、PCB/＊PCB 及 PCZ/＊PCZ，人们有时会错误的认为；既然机床伺服轴能够正常的移动，那么反馈装置一定没有问题。其实不然，伺服轴在通常的运动时，位置环和速度环主要取 PCA/＊PCA、PCB/＊PCB 以及格雷码信号，图 5-90 所示而仅在寻找参考点的时候才采集 PCZ 信号，另外由于 PCZ 是窄脉冲，所以在同样的污染条件下，有时候 PCA/＊PCA，PCB/＊PCB 可以正常工作，但是 PCZ 信号已经达不到门槛电压，或波形严重失真。这就是为什么脉冲编码器或光栅尺其他信号可以正常工作，唯独 "栅格" 信号不好的原因。

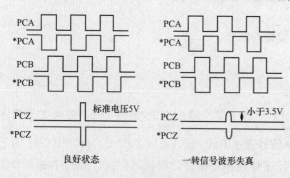

图 5-90　回参考点波形

3. 维修实例

【例 5-8】　龙门数控镗铣床 FANUC16iM 系统，半闭环控制，每天开机手动返回参考点时 X 轴偶尔会出现 90 号报警，找不到参考点，返回参考点时工作台有减速动作，但是一旦手动回参考点成功，重复用 G28 方式回零没有任何问题。

分析原因：大多数机床制造商设置在手动返回参考点时，寻找并读取 PCZ 信号（物理栅格信号）建立参考点，而在 G28 方式下使用计数器清零的方式返回参考点，不寻找物理栅格信号。从故障描述来看重点应该检查一转信号。首先采用最简便易行的方法，检查反馈电缆，用万用表电阻挡测量电缆两端通断，结果没有问题。接下来更换脉冲编码器，将 X 轴编码器与另一个可以回参考点的轴（Y 轴）编码器互换，结果没有任何变化，即 X 轴仍然不能够每次找到零点，而 Y 轴回零正常，说明脉冲编码器良好。之后更换伺服放大器，仍然没有效果。说明相关的硬件均已更换，仍然没有找到故障点。仔细分析机床的结构，发现 X 轴反馈电缆经过坦克链到伺服放大器共计 50 余米，初步判断可能是由于信号衰减造成的一转信号不好，最后将 5V 及 0V 线脚与电缆中多余的备用线并联加粗，降低线间电阻，提高信号幅值，最终排除了故障。

工作经验：FANUC α 系列驱动的反馈装置采用的是高速串行传送，用传统的示波器无法观测波形，所以更多的是采用替代法或者借助系统界面诊断排查故障。

【例 5-9】　辛辛那提 T30 加工中心，采用 FANUC 11M 系统，全闭环，Z 轴手动返回参考点时找不到零点。

分析原因：由于该机床是全闭环控制，所以物理栅格位置是在光栅上面，将光栅用无水酒精擦干净后可以找到零点，但是时有时无，成功比率占到70%，仍旧不能满足正常生产要求，初步判断原参考点栅格有损伤，由于光栅尺的栅格是由一定间距的多个栅格组成的，具体读取哪一个栅格作为零点，取决于减速挡块的位置和减速开关信号的触发。往往某一个栅格损坏了，其他栅格却完好无损。所以将减速挡块前移一个（或n个）栅格位置，手动回零成功。

注意：这时候的参考点已经和机床出厂时的完全不同，换刀用的第二参考点和工件零点已经改变了，所以维修人员一定要将这些点重新调整（通过参数设定机床坐标零点、第二参考点位置，以及重新建立工件坐标系等）。

五、绝对零点丢失

绝对位置信息是依靠伺服放大器中的电池保护数据，所以当下面几种情况发生时，零点会丢失，并出现300#报警，如图5-91所示。

1）更换了编码器或伺服电动机。

2）更换了伺服放大器。

3）反馈电缆脱离伺服放大器或伺服电动机。

4）绝对位置编码器后备电池掉电。确认绝对位置编码器后备电池良好，进行绝对零点重新设置，即可恢复参考点。

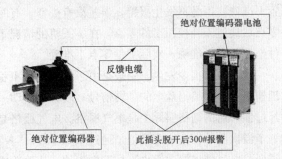

图5-91 绝对零点丢失

注意：绝对位置编码器通常采用无挡块、无标志的机床结构，重新恢复参考点很难精确地回到原来的那个点上。所以新的参考点建立后，一定要对机械坐标零点、工件零点、第二参考点进行校准（通过参数修正）。

六、返回参考点不准确的维修

【例5-10】 某数控车床FANUC 21T系统，增量回零方式，Z轴返回参考点可以完成，不报警。但偶尔会差一个丝杠螺距，非常有规律。

这种现象是数控机床非常典型的故障之一，其原因是减速挡块位置距离栅格位置太近或太靠近参考点时，处于一种"临界状态"，导致了离散误差，如图5-92所示。

由于触电开关信号通、断的精确度比较差，所以信号触发的时间不很准确，当信号来早时，就找到栅格1。当信号来迟时，就找到信号2，或者时而找到栅格2，时而找到栅格3，如图5-93所示，解决方案如下。

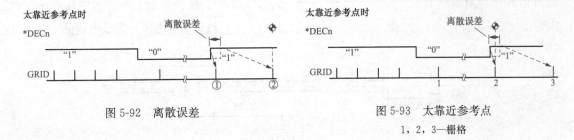

图5-92 离散误差

图5-93 太靠近参考点
1，2，3—栅格

（1）调整挡块位置。

1）手动返回参考点。

2）选择诊断画面，读取诊断号 0302 的值。（0302 的含义——从挡块脱离的位置到读取到第一个栅格信号时的距离）。

3）纪录参数 1821 的值，1821♯参数中设定的是参考计数器容量。

4）微调减速挡块，使诊断号 0302 中的值等于 1821 设定值的一半（1/2 栅格）。

5）之后，一面多次重复进行手动回参考点，一面确认诊断号 0302 上显示的值每次为 1/2 栅格左右，而且变化幅度不大。

（2）调整栅格偏移量。通过参数 1850♯调整栅格偏移量，调整栅格位置处于合理位置。

【例 5-11】 某数控车床，FANUC 0i-TB 数控系统，半闭环，增量编码器。X 轴每次回零点位置不准确，但是不发生报警，误差没有规律，有时 3mm 左右，有时 7mm 左右。操作者每天开机回零点后通过刀补校正工件零点，在不关机的情况下加工尺寸准确。但是一旦关电，重新回零后，工件坐标尺寸不准确，实际上是零点不准确。

这种故障很少发生，一般是由于栅格位置不稳定所造成。FANUC 系统找零实际上是在找到物理栅格（玻璃编码盘上的一转信号）后，再移动一个"偏移量"后形成的栅格停止作为零点，这个经过偏移后的栅格实际上是电气栅格。电气栅格是由一组溢出脉冲发出的，每相隔一定容量值产生一个溢出脉冲。这个容量值是通过参数 1821"参考计数器容量"决定的。当参考计数器容量设置错误，电气栅格的"溢出"是不规律的，从而造成每次回零不准。

故障解决过程：查看参数 1821——参考计数器容量设置值为 3600，核算设置是不正确的。

X 轴丝杠螺距为 10mm，并且确认电动机与丝杠的传动链是直连的，通过相关计算得到，参考计数器容量应设置 10000。

修改参考计数器容量值后，X 轴回零正常。

◎ 任务扩展——参考点重新设置

绝对型位置编码器，以在机床重新通电后无需作返回参考点的操作这一优点，在实际应用中占了很大的比例。在使用绝对型位置编码器中，当更换伺服模块、伺服电动机、丝杠、位置编码器等出现位置数据丢失时，在报警显示屏幕上会显示要求重新返回原点的报警，这时就必须重新进行设定绝对型位置编码器原点的操作。下面就以重新设定 X 轴的原点为例，说明设定原点的操作，其步骤为如图 5-94～图 5-98 所示五步；第六步是将图 5-96 设定画面中的可写入项由"1"变为"0"，然后切断电源，再通电即可。

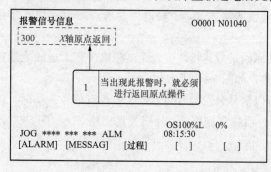

图 5-94　第一步

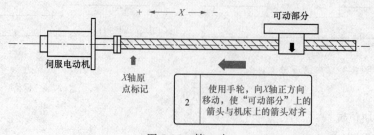

图 5-95　第二步

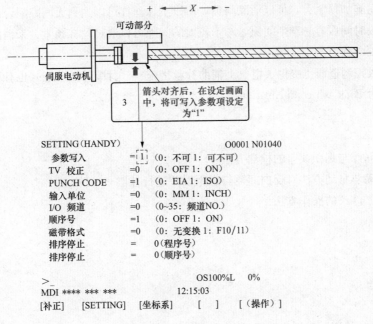

图 5-96 第三步

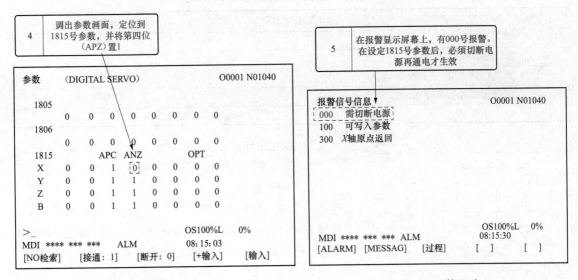

图 5-97 第四步

图 5-98 第五步

任务六 反向间隙与螺距误差的补偿

任务引入

滚珠丝杠是滚动摩擦，摩擦因数小，动态响应快，易于控制，精度高。滚珠丝杠生产过程中，在滚道和珠子之间施加预紧力，可以消除间隙，所以滚珠丝杠可以达到无间隙配合。

但是使用一段时间后容易产生间隙，对于较大的间隙可以通过丝杠预紧，来消除丝杠间隙。但预紧力不能大于轴向载荷的1/3。

现在大多数数控制造商也提供了电气上辅助补救措施——背隙补偿功能（也有称之为"反向间隙补偿"），英文为Backlash compensating。

任务目标

- 掌握反向间隙与螺距误差的检测方法
- 会应用手动与自动方法对反向间隙与螺距误差进行补偿
- 掌握激光干涉仪的操作方法

任务实施

技能训练

一、手动补偿

1. 检测方法

（1）直线运动的检测。目标位置数量和正、负方向循环次数按表5-22规定。

表5-22　　　　　　　　直线运动检测目标位置数及正负方向循环数

行程/mm		目标位置数：≥	正、负方向循环数：≥
≤1000		5	5
1000～2000		10	
2000～6000	常用工作行程2000	10	
	其余行程每250或500	1	3
大于6000		由制造厂与用户协商确定	

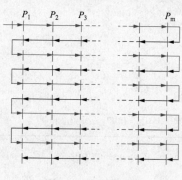

图5-99　线性循环

1）线性循环。线性循环方式如图5-99所示。

2）阶梯循环。阶梯循环方式如图5-100所示。

（2）回转运动的检测。检测应在0°、90°、180°、270°等4个主要位置检测。若机床允许任意分度，除4个主要位置外，可任意选择3个位置进行。正、负方向循环检测5次，循环方式与线性运动的方式相同。

2. 反向偏差/间隙的检测

反向偏差亦称为反向间隙或失动量。由于各坐标轴进给传动链上驱动部件（如伺服电动机、伺服液压电动机等）存在反向死区，各机械运动传动副存在反向间隙，当各坐标轴进行转向移动时会造成反向偏差。反向偏差的存在会影响半闭环伺服系统机床的定位精度和重复定位精度，特别容易出现过象限切削过渡偏差，造成圆度不够或出现刀痕等现象。随着设备运行时间的增加，因运动磨损，各运动副的间隙亦会逐渐增大，反向偏差还会增加，因此需要定期对机床各坐标轴的反向偏差进行测定和补偿。

反向偏差可用百分表/千分表进行简单测量，也可以用激光干涉仪或球杆仪进行自动测量。

（1）测量方法。测量方法必须严格按国家标准执行。但对于小型机床，尤其是行程较短的机床可采用下述简单方法进行，其检测条件及给定方式与国家标准规定一致，只是选取的目标位置点数可按此方法进行。

1）测量条件按 GB 10931—1989 规定。

2）位置目标点：行程中点及两端点。

3）移动行程（距目标点距离）：0.2～1mm。

4）手脉操作或调用循环程序（手脉操作时，手脉倍率选"×10"挡）。

5）循环方式：阶梯方式 5～7 次。

6）计算方法及给定方式：按国家标准。

测量时，注意表座和表杆不要伸出过高过长。悬臂较长时，表座容易移动，造成计数不准。

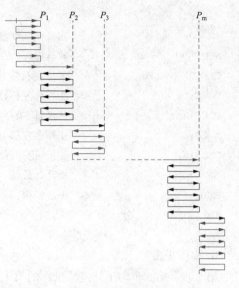

图 5-100　阶梯循环

（2）具体操作。

1）手脉进给操作。以 X 轴行程中点为目标位置的测量操作为例。

第 1 步：将磁性表座吸在主轴上，百分表/千分表伸缩杆顶在工作台上的某个凸起物上（顶紧程度必须在满足正负方向移动所需的测量距离后不会超出表的量程）。

第 2 步：用手脉（"×10"挡）正向移动 X 轴约 0.1mm 后，记下百分表或千分表的表盘读数（或旋转表盘，使指针与"0"刻度重合），并清除 NC 显示器的 X 轴相对坐标显示值（显示为 0）。

第 3 步：用手脉继续正向移动 X 轴 0.5～1mm（以 NC 显示器 X 轴的相对坐标显示值为基准），必须保证 X 轴的移动方向不变（没换向）。

第 4 步：用手脉反向移动 X 轴，待 NC 显示器上 X 轴的相对坐标显示值为 0 时停止，记下百分表或千分表的表盘读数。

第 5 步：将百分表或千分表的表盘读数相对变化值计算出来，该值即是第 1 次测量的 X 轴中点位置负向反向偏差值（$X_m\downarrow$）。

第 6 步：继续用手脉负向移动 X 轴 0.5～1mm（以 NC 显示器 X 轴相对坐标显示值为准），记录下百分表或千分表表盘读数（注意，移动期间不能换向）。

第 7 步：用手脉正向移动 X 轴，直至 NC 显示器 X 轴相对坐标显示值为 0 止，记录下百分表或千分表的读数。

第 8 步：计算出负向移动向正向移动换向时的反向偏差值（表盘读数的相对变化值），这是第 1 次测量的 X 轴中点位置正向反向偏差（$X_m\uparrow$），测量方法如图 5-101 所示。

这样按第 1 步～第 8 步的方法循环测量 5～7 次正向和负向的反向偏差值，然后按国家标准规定计算出 X 轴行程中点位置的反向偏差。行程两端的测量方法与计算方法相同。

机床其他坐标轴的反向偏差测量方法与 X 轴的方法一致。

2）自动运行测量。用手脉进给测量时，繁琐、工作量大，操作手脉时容易误操作而引起不该换向时换向，效率不高。采用编程法自动测量时，可使测量过程变得更便捷、更精确。

a. 编制运行程序（以 X 轴的测量为例编制循环测量程序）。

```
O100;
#1 = 0;                         定义循环变量
WHILE[ #1 LE 6 ]DO 1;           执行循环
G91 G01 X1.0 F6;                工作台右移 1mm
X-1.0;                          工作台左移,复位至测量目标点
G04 X10;                        暂停,记录百分表/千分表表盘读数,以便计算 Xm↓
X-1.0;                          工作台左移 1mm
G04 X10;                        暂停,记录百/千分表盘读数,以便计算 Xm↑
#1 = #1 +1;                     循环计数值
END1;                           循环结束
M30;
%
```

b. 操作步骤。

第 1 步、第 2 步与手脉进给操作的第 1 步、第 2 步一致。

第 3 步:运行上述程序"O100"(进给倍率置于"100%"挡)。

第 4 步:在程序运行暂停点记录百分表/千分表表盘读数,并填入表 5-23 对应项。

第 5 步:计算 X 轴各测量目标点的 $X_m\uparrow$、$X_m\downarrow$ 值,最后得到 X 轴的反向偏差值。

其他轴的测量只需将宏程序中的 X 轴改成测量轴,按上述相同操作即可。

表 5-23　　　　　　　　　　　　　反向偏差测量记录表

测量点	循环次数	百分表/千分表打表初值	正向接近测量点百分表/千分表读数	负向接近测量点百分表/千分表读数	$X_{mi}\uparrow$	$X_{mi}\downarrow$
n 轴行程端点 1	1					
	2					
	3					
	4					
	5					
	6					
	7					
n 轴行程端点 1 的正、负向反向偏差值					$\overline{X}_1\uparrow$	$\overline{X}_1\downarrow$
n 轴行程中点	1					
	2					
	3					
	4					
	5					
	6					
	7					
n 轴行程中点的正、负向反向偏差值					$\overline{X}_m\uparrow$	$\overline{X}_m\downarrow$

续表

测量点	循环次数	百分表/千分表打表初值	正向接近测量点百分表/千分表读数	负向接近测量点百分表/千分表读数	$X_{mi}\uparrow$	$X_{mi}\downarrow$
	1					
	2					
	3					
n 轴 行程端点 2	4					
	5					
	6					
	7					
n 轴行程端点 2 的正、负向反向偏差值					$\overline{X}_2\uparrow$	$\overline{X}_2\downarrow$
n 轴反向偏差 B：各测量点的正、负向反向偏差值的最大值					B	

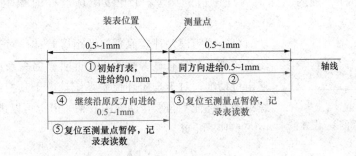

图 5-101　反向偏差测量位置点的第 1 次循环过程

3. 反向偏差的补偿

将所测得的各轴反向偏差值输入给数控系统的补偿参数，当 NC 系统回零后，各补偿参数值生效，现以 FANUC 系统为例介绍之。

FANUC 0 系统 X 轴～第 4 轴的反向偏差补偿参数分别对应为 PRM♯535～536。FANUC 0i 系统的反向偏差补偿分为切削进给补偿和快速进给补偿。切削进给补偿参数为 PRM♯1851；快速进给补偿参数为 PRM♯1852，且参数 PRM♯1800.4（RBK）为 1 时有效。

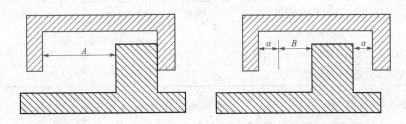

图 5-102　FANUC 0i 系统切削进给与快速进给的反向偏差关系

图 5-102 中的"A"（按上述测量方法测得的数据）赋给参数 PRM♯1851；"B"（为快速进给速度下测得的反向偏差值）赋给参数 PRM♯1852，图中的 $\alpha=(A-B)/2$。补偿关系如表 5-24 所示。

表 5-24　　　　　　　FANUC 0i 系统切削进给与快速进给时的反向偏差值补偿

移动方向变化　　进给变化	切削进给→切削进给	快速进给→快速进给	快速进给→切削进给	切削进给→快速进给
同方向	0	0	$\pm\alpha$	$\pm(-\alpha)$
反方向	$\pm A$	$\pm B$	$\pm B(B+\alpha)$	$\pm B(B+\alpha)$

表中补偿量的符号（±）与轴移动方向一致。

进行分类补偿的目的是为了提高加工精度。手动连续进给时视为切削进给；NC 上电后第 1 次返回参考点结束前，不进行切削/快速进给分别补偿；只有当参数 PRM♯1800.4 为 1 时才分别进行补偿，若其值为 0 则只进行切削进给补偿。

4. 螺距误差补偿

螺距误差是丝杠导程的实际值与理论值的偏差。PⅡ级滚珠丝杠的螺距公差为 0.012mm/300mm。

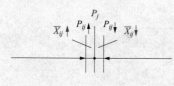

图 5-103　位置偏差/误差

（1）螺距误差补偿原理。螺距误差补偿对开环控制系统和半闭环控制系统具有显著的效果，可明显提高系统的定位精度和重复定位精度；对于全闭环控制系统，由于其控制精度较高，进行螺距误差补偿不会取得明显的效果，但也可以进行螺距误差补偿。由图 5-103 可知

$$P_j = P_{ij}\uparrow + \overline{X}_{ij}\uparrow$$
$$P_j = P_{ij}\downarrow + \overline{X}_{ij}\downarrow$$

P_j 为指定的目标位置，P_{ij} 为目标实际的运动位置。实际正、负向趋近 P_j 的平均位置偏差为 $\overline{X}_i\uparrow$ 和 $\overline{X}_i\downarrow$。将位置偏差值输入数控系统的螺距误差补偿参数表，等机床回零后，数控系统在计算时会自动将目标位置的平均位置偏差叠加到插补指令上，抵消误差部分，实现螺距误差的补偿。

（2）螺距误差的补偿方法。FANUC-0i 系统的螺距误差补偿参数见表 5-25。

表 5-25　　　　　　　FANUC-0i 系统的螺距误差补偿参数

参数号	说明	参数号	说明
♯3620	各轴参考点的螺距误差补偿点号	♯3623	各轴螺距误差补偿倍率
♯3621	各轴负方向最远一端的螺距误差补偿点号	♯3624	各轴螺距误差补偿点间距
♯3621	各轴正方向最远一端的螺距误差补偿点号		

FANUC 数控系统的螺距误差补偿原点取各坐标轴的零点（参考点），以原点为中心设定螺距误差补偿点，补偿间隔相等，并在补偿间隔的中点执行补偿，每轴能设置多达 128 个补偿点，如图 5-104 所示。图 5-104 中的螺距误差补偿量见表 5-26，参考点的螺距误差补偿号为 33。

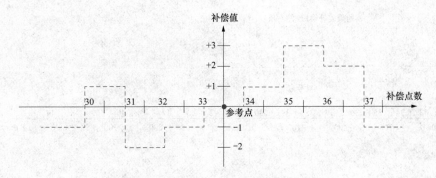

图 5-104　螺距误差补偿间隔设定及补偿点

表 5-26　图 5-104 所示各补偿点的补偿值

补偿点号	30	31	32	33	34	35	36	37
设定补偿值	−2	+3	−1	−1	+1	+2	−1	−3

若补偿间距设为 0，则不执行螺距误差补偿。补偿单位为最小移动单位（一般为 1μm）。

1）补偿倍率。螺距误差的补偿值在 0～±7 间设定（增量值见表 5-26），当实际值大于 7 时，应使用补偿倍率。补偿倍率＝各点实际测量值（增量值）/7 的最小公倍数，因此数控系统实际补偿时，其各点的补偿值为各点补偿设定值乘以补偿倍率，此时的准确度为一个统计指标值，每点的补偿不像各点测量值小于 7 时的精度高。

2）最小补偿间距的确定。FANUC 0i 系统的最小间距：最大快速移动速度（快速进给速度）/3750（mm）。如若最大进给速度为 15 000mm/min 时，FANUC 0i 系统的最小补偿间距为 4mm。

若按上述的最小补偿间距设定，补偿点超过 128 点时，必须加大补偿间距，其最小补偿间距为轴行程/128（小数点后的数进位）。若机床行程不大，能满足最大补偿点数要求，且局部测量值大于 7（增量值）时，可从以下几方面解决：①缩短补偿间距或降低最大进给速度；②调整机械配合；③更换精度等级高的丝杠。

【例 5-12】　直线轴的螺距误差补偿

设某型机床 X 轴的机械行程为 −400～800mm，螺距误差补偿点间隔为 50mm，参考点的补偿号为 40，各点测量值及其分布见表 5-27，并如图 5-105 所示。正确设置相关参数，完成补偿设置。

表 5-27　各补偿点补偿值（单位为最小移动单位）

号码	33	34	35	36	37	38	39	40	41	42	43	44	45	46	47	48	49
补偿值	+2	+1	+1	−2	0	−1	0	−1	+2	+1	0	−1	−1	−2	0	+1	+2

正方向最远端补偿点的号码如下。

参考点的补偿点号码＋（机床正方向行程长度/补偿间隔）＝40＋800/50＝56

负方向最远端补偿点的号码如下。

参考点的补偿点号码－（机床负方向行程长度/补偿间隔）＋1＝40－400/50＋1＝33

图 5-106 中的"○"符号为螺距误差补偿生效点，参数设定见表 5-28。

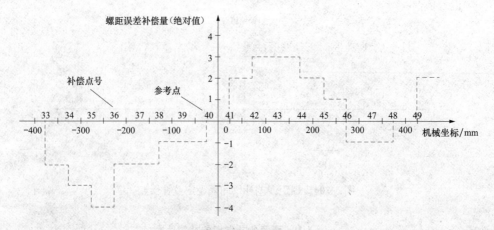

图 5-105　补偿值分布

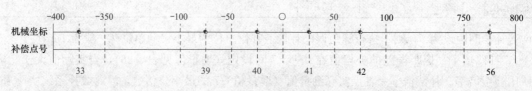

图 5-106　补偿点位置

表 5-28　　　　　　　　　　　　参　数　设　定

含义	FANUC 0 系统参数	FANUC 0i 参数	设定值
参	PRM♯1000	PRM♯3620	40
负	PRM♯1001～1128 对应 0～127 号	PRM♯3621	33
正	PRM♯1001～1128 对应 0～127 号	PRM♯3622	56
补	PRM♯11.0～.1 均为 0 时对应 1 倍	PRM♯3623	1
补	PRM♯712	PRM♯3624	50000

【例 5-13】　旋转轴的螺距误差补偿

某型机床配置了 FANUC 0iC 系统，其旋转轴 C 的每转移动量为 360°，误差补偿点的间距为 45°，参考点的补偿点号为 60，各点测得的补偿量见表 5-29 和如图 5-107 所示。设置正确的补偿参数值。

表 5-29　　　　　　　　　　　旋　转　轴　各　点　补　偿　量

补偿点号	60	61	62	63	64	65	66	67	68
补偿量设定值	−1	−2	+1	+3	−1	−1	−3	+2	+1

负方向最远一端的补偿点号：对于旋转轴，其号通常与参考点的补偿点号相同。

正方向最远一端的补偿点号：参考点的补偿点号＋(每转移动量/补偿点的间隔)＝60＋360/45＝68。由于旋转轴每转移动量为 360°，所以补偿点号 68 与 60 号的补偿量相等，参数设定见表 5-30。

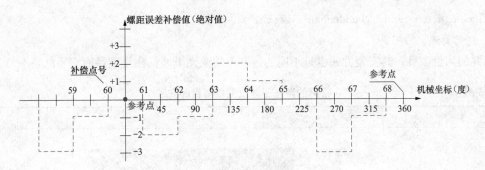

图 5 107 C 轴各点补偿值分布

表 5-30 参 数 设 置

含义	FANUC 0i 参数	设定值
参考点的补偿号	PRM＃3620	60
负方向最远一端的补偿点号	PRM＃3621	60
正方向最远一端的补偿点号	PRM＃3622	68
补偿倍率	PRM＃3623	1
补偿点间隔	PRM＃3624	45000

对于旋转轴的螺距误差补偿要求：

1）360 000 能被补偿点的间隔整除，否则不能进行补偿。

2）一转的补偿值总和必须为 0。

二、自动补偿

手动测量及参数输入的反向偏差与螺距误差补偿，工作量大、繁琐，容易出现计算和操作上的错误。目前，位置精度的补偿一般通过仪器/系统进行自动测量和补偿。目前行业使用最普遍的检定设备是激光干涉仪。反向偏差可以用激光干涉仪或球杆仪进行测量。现以激光干涉仪为例介绍。

1. 主要功能

具有自动线性误差补偿功能，可以很方便地恢复机床精度，主要功能如下。

（1）几何精度检测——可检测直线度、垂直度、俯仰与偏摆、平面度、平行度等。

（2）位置精度的检测及其自动补偿——可检测数控机床定位精度、重复定位精度、微量位移精度等。

（3）线性误差自动补偿——通过 RS-232 接口传输数据，效率高，避免了手工计算和手动数据键入而引起的操作误差；可最大限度地选用被测轴上的补偿点数，使机床达到最佳精度。

（4）数控转台分度精度的检测及其自动补偿——ML10 激光干涉仪加上 RX10 转台基准能进行回转轴的自动测量，可对任意角度，以任意角度间隔进行全自动测量。

（5）双轴定位精度的检测及其自动补偿——可同步测量大型龙门移动式数控机床，由双伺服驱动某一轴向运动的定位精度，通过 RS-232 接口，自动对两轴线性误差分别进行补偿。

（6）数控机床动态性能检测——利用 RENISHAW 动态特性测量与评估软件，可用激光干涉仪进行机床振动测试与分析（FFT）、滚珠丝杠的动态特性分析、伺服驱动系统的响应特性分析、导轨的动态特性（低速爬行）分析等。

激光干涉仪可供选择的补偿软件——Fanuc 系列、Siemens 800 系列、UNM、Mazak、Mitsubishi、Cincinnati Acramatic、Heidenhain、Bosch、Allen-Bradley 等。

2. 激光干涉仪的安装

不同的测量项目，其安装方式也是不同的，常见的激光干涉仪测量项目的安装见表 5-31。

表 5-31　　　　　　　　　　常见的激光干涉仪测量项目的安装

项　目	图　　示
角度测量	
直线度测量	
垂直度测量	
平面度测量	

续表

项　目	图　示
回转轴测量	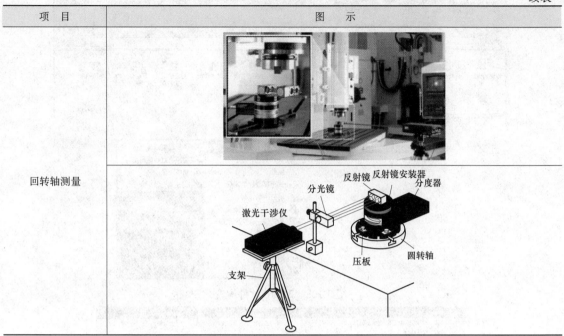

3. 位置误差补偿操作

ML10 激光干涉仪系统可自动测量和补偿机床各运动轴的反向间隙及螺距误差。所配置的自动测量和补偿软件可选择机床所配置的系统品牌和型号，可选型号基本上涵盖了目前行业使用的品牌和型号。

以测某型数控机床的直线轴——X 轴为例，说明激光干涉仪对反向偏差及螺距误差补偿的操作步骤。

（1）准备工作。先将激光干涉仪及其补偿单元、温度/湿度传感器、计算机、机床系统串口与计算机串口等连接好，暂不安装光路—反射镜及分光镜等。启动计算机、机床系统及激光干涉仪、补偿单元等。选择与机床数控系统品牌一致的自动采集与自动补偿软件。若只配置了自动采集软件，则不能进行自动补偿，必须通过手动将自动采集与计算出的数据输入给数控系统的补偿参数，因此下面分两种情况介绍。图 5-108 是未带自动补偿功能的数据采集与分析软件。找到其安装目录/Renishaw Laser10，进入目录后，或在"开始"菜单中找到"Renishaw Laser10"图标，用鼠标单击该图标会出现下拉菜单，如图 5-108 所示。

（2）备份机床的补偿数据。在进行测试与自动补偿之前，先备份好机床原来的补偿数据，以便在完成测量和自动补偿后，进行补偿前后的对比分析。若是新机床，不需操作这一步。

带自动补偿功能的软件可以完成机床补偿数据的备份，不带自动补偿功能的软件必须通过其他数据传输软件备份机床的补偿数据，如可用"WINPCIN"等软件备份机床参数。备份文件的类型为"OMP"格式。

在备份前，必须使计算机的串口通信参数与机床系统的串口通信参数设置保持一致。计算机串口参数的设置如图 5-109 所示。

（3）清除机床补偿参数值。补偿前，必须清除机床数控系统各轴反向间隙和螺距误差原补偿参数值，避免在测量各目标点位置误差值时，原补偿值仍起作用。

1）逐点清零反向间隙和螺距误差补偿参数。

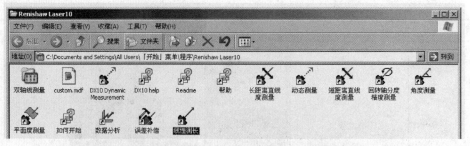

图 5-108　ML10 软件配置

图 5-109　计算机串口参数的设置（图中箭头表示操作顺序）

2）使补偿轴的补偿功能失效。

3）补偿倍率设为零。

4）清除机床坐标偏置及 G54 设置值。

完成上述操作后，系统断电重启，并进行参考点返回操作，确保绝对坐标与机床机械坐标相同。

（4）目标点定义。目标点定义界面如图 5-110 所示。

当被测量轴的首尾目标点不能与机床行程软、硬限位点重合时，应考虑 ≥0.1mm 的越程值。理论上要求误差补偿原点与参考点重合，因此参考点必须位于补偿长度首尾之间。实际上，考虑了越程值后，目标点并不一定要求在参考点上。

（5）根据所选测量轴，建立满足测量要求的激光光路。线性测量镜组如图 5-111 所示，用一个分光镜和线性反射镜组合后，便成为一个线性干涉镜。

安装与调整光路时，必须保证反射光与入射光重合。调整时，借助光靶，调节激光干涉仪的三脚架高度和角度，然后再调节云台的水平和俯仰角度，保证其光路重合。可通过软件"窗口"→"光强"项检查其反射光的强度，使其强度满足测量要求，如图 5-112 所示。

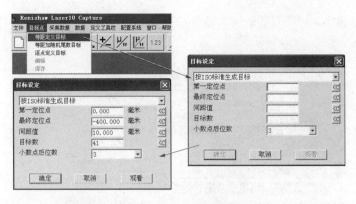

图 5-110　目标点定义界面（图中箭头表示操作顺序，后续图类同）

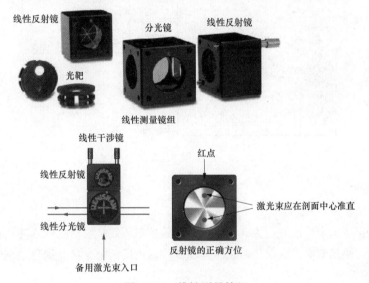

图 5-111　线性测量镜组

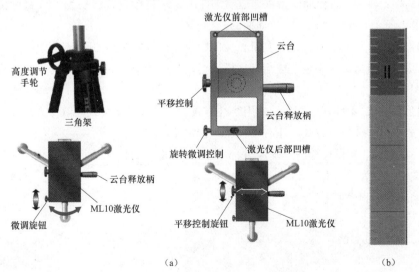

图 5-112　光路调节及反射光强度检查图

（a）光路调节示意图；（b）反射光强度条

（6）生成测量程序。利用测量软件自动生成系统能执行的 NC 程序文件，操作如图 5-113 所示。包括如下内容。

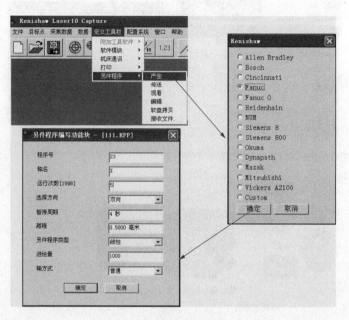

图 5-113　测量程序生成操作步骤

1）程序号或程序名。

2）轴名：指定被测量的轴名。

3）运行次数：按国家标准规定为 5 次。运行次数越多，其补偿精度就越高。

4）选择方向：采用双向。双向是指机床运动部件以正反两个方向分别运动到每一个目标位置，以便统计反向间隙误差。

5）暂停周期：≥2s。暂停周期指机床运动部件由某一目标位置移动到下一目标位置前的暂停时间。一般最小停止周期设为机床暂停周期的一半。

6）越程值：≥0.1mm。越程指在测量长度的首尾目标位置换向的区域。

7）进给量：由机床结构确定。进给量指机床运动部件由某一目标位置向下一个目标位置行动时的进给速率。

8）数据采集方式/零件程序类型：采用线性方式，还可选摆动法或等阶梯方式。

9）轴方式：选"普通"方式，还有"直径"方式可选。

完成上述设定后，用鼠标单击"确定"，生成所选测量轴的机床运行程序并自动保存在计算机硬盘上，其文件类型为"RPP"格式。

X 轴移动的参考程序如下。

```
O0023;
N0020 G54 G91G01X0.F1000;
#1 = 0;
#2 = 5;
#3 = 0;
```

```
#4 = 20;
N0070G04X4. ;
N0080G01X-30. ;
G04X4. ;
#3 = #3 + 1;
IF［#3NE#4］GOTO80;从第 1 点负向走到第 21 点
N0120G04X4. ;
G01X30. ;
#3 = #3-1;
IF［#3 NE 0］GOTO120;从第 21 点正向走到第 1 点
G04X4. ;
#1 = #1 + 1;
IF［#1 NE #2］GOTO 70;5 次全行程负、正向循环
M30;
%
```

（7）将 X 轴移动程序上传给机床系统。将数控系统设为数据接收状态，并注意上传程序号或程序名不能与系统中已有程序号或程序名相同。无自动补偿功能的软件无此功能，需用"WIN-PCIN"等传输软件上传。

（8）采集并分析原始数据。采集数据之前，用鼠标单击坐标清零图标"◉"，软件界面如图 5-114 所示。

图 5-114　软件界面

再检查反射激光束的强度是否满足测量要求，若出现强度不够或被遮挡，则待反射激光束准直后或无遮挡时再进行测量。采用自动数据采集方式，让机床执行所传的上述程序。执行程序前，应注意将数控系统的进给速率降低，以免撞机。激光测量执行的是 GB/T 17421.2—2000 标准，采用线性数据采集方式，主要是考虑机床运动时带来的升温比较小。测量结束后将采集数据存入计算机硬盘，其文件类型为"RTL"文件格式，然后根据测量分析软件查看测量结果。

数据自动采集的操作如图 5-115 所示，采集界面如图 5-116 所示。数据分析操作如图 5-117 所示。

（9）将误差补偿值传给数控系统并检查补偿结果。计算机中已存储的"RTL"文件包含了各目标点的平均误差值，该值是自动采集软件自动计算出来的（对各次循环中目标点的位置偏差进行平均），再根据各点的平均误差值自动计算出各目标点的补偿值，如图 5-118 左边内容所示。将该误差补偿值存入计算机硬盘，文件类型为"NMP"格式。再将该文件中的补偿值传送给数控系统，

再次执行机床运动程序，重新采集各目标点的位置误差数据，并存入计算机中，进行补偿前后的对比分析及补偿效果分析之用。

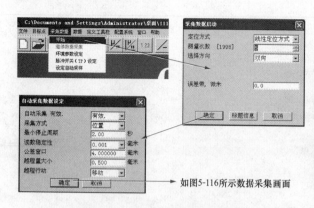

图 5-115　数据自动采集的操作

图 5-116　采集界面

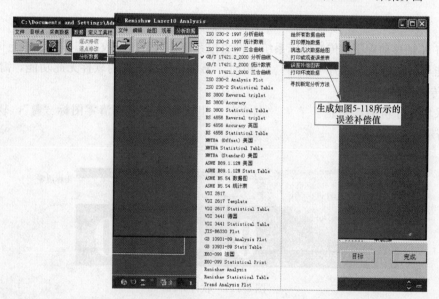

图 5-117　数据分析操作

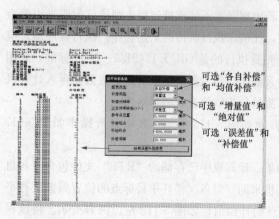

图 5-118　误差补偿值表

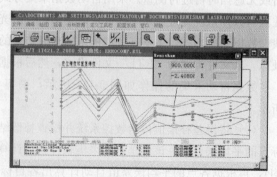

图 5-119　定位精度与重复定位精度的数据分析曲线

具有自动补偿功能的软件可利用其数据传输功能将误差补偿值直接传送给数控系统；没有配置自动补偿功能的软件（如 Renishaw Laser 10）可利用其计算出的误差补偿值表，手动逐项、逐点输入数控系统对应的补偿参数中。

　　通过测量分析软件，按照 GB/T 17421.2—2000 标准或国际标准评定机床被补偿轴的位置误差是否在公差范围内。如果满足公差要求，则完成了机床位置误差补偿工作。如果未满足公差要求或需要再提高精度，可以通过增加测量目标点数量和重复位置误差补偿过程的方式满足位置误差的补偿要求。可借助软件"数据分析"中的"分析曲线"功能对各点的定位精度及重复定位精度进行观测与评估，如图 5-119 所示。也可通过比较补偿前后的测量结果评估补偿效果。

　　机床其他轴的测量与补偿可参考 X 轴的操作进行，方法相同，只是测量轴的选择（目标测量点的轴名、机床移动程序中的轴名更改为所选轴）与测量光路（符合所选轴的测量要求）的安装必须按所选轴进行更改和修正，其他操作基本相同。

任务扩展——球杆仪

　　球杆仪能快速（10～15min）、方便、经济的评价和诊断 CNC 机床动态精度的仪器，适用于各种立卧式加工中心和数控车床等机床，具有操作简单，携带方便的特点，其工作原理是将球杆仪的两端分别安装在机床的主轴与工作台上（或者安装在车床的主轴与刀塔上），测量两轴差补运动形成的圆形轨迹，并将这一轨迹与标准圆形轨迹进行比较，从而评价机床产生误差的种类和幅值。

　　球杆仪接口放置在机床上方便的，并且安全位置上。应打开机床防护罩放置接口，应注意将接口电缆通过合适的孔位拉出（见图 5-120）。球杆仪是通过传感器接口盒连接到计算机的一个串口上的。传感器接口包括一由 9V 电池供电的电子线路，它跟踪传感器的伸缩并通过串行接口把数据读数报告给计算机（见图 5-121）。

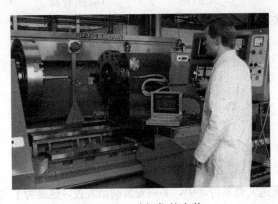

图 5-120　球杆仪的安装

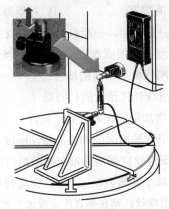

图 5-121　球杆仪的连接

　看一看：有条件的学校到当地数控机床生产厂家参观球杆仪的应用。

 综合测试

一、填空题

1. 丝杠螺母副作用是_____与_____相互转换。

2. 常用的双螺母滚珠丝杠消除间隙方法有_____、_____、_____三种。

3. 滚珠丝杠副常采用的防护套有_____、_____和_____三种。

4. 滚动导轨的结构形式，可按滚动体的种类分为_____、_____和_____。

5. 滚动导轨也可以按照滚动体的滚动是否沿封闭的轨道返回作连续运动分为_____和_____两类。

6. FANUC 0i 系列数控系统可以通过三种方式实现回参考点：_____回参考点、_____回参考点、_____回参考点。

7. 所谓增量方式回参考点，就是采用_____，工作台快速接近，经减速挡块减速后低速寻找_____作为机床参考点。

8. 当更换电动机或伺服放大器后，由于将反馈线与电动机航空插头脱开，或电动机反馈线与伺服放大器脱开，必将导致_____与____脱开了，_____中的位置信息即刻丢失。再开机后会出现 300 号报警，需要重新建立____。

9. FANUC 公司使用电气栅格"GRID"的目的，就是可以通过_____参数的调整，在一定量的范围内（小于参考计数器容量设置范围）灵活的微调参考点的精确位置。

二、选择题（请将正确答案的代号填在空格中）

1. 数控机床中将伺服电动机的旋转运动转换为溜板或工作台的直线运动的装置一般是（　　）。

A. 滚珠丝杠螺母副　　B. 差动螺母副　　　C. 连杆机构　　　　D. 齿轮副

2. 数控机床的进给机构采用的丝杠螺母副是（　　）。

A. 双螺母丝杠螺母副　B. 梯形螺母丝杠副　C. 滚珠丝杠螺母副

3. 滚珠丝杠螺母副由丝杠、螺母、滚珠和（　　）组成。

A. 消隙器　　　　　　B. 补偿器　　　　　C. 反向器　　　　　D. 插补器

4. 一端固定，一端自由的丝杠支承方式适用于（　　）

A. 丝杠较短或丝杠垂直安装的场合　　　　B. 位移精度要求较高的场合

C. 刚度要求较高的场合　　　　　　　　　D. 以上三种场合

5. 滚珠丝杠预紧的目的是（　　）。

A. 增加阻尼比，提高抗振性　　　　　　　B. 提高运动平稳性

C. 消除轴向间隙和提高传动刚度　　　　　D. 加大摩擦力，使系统能自锁

6. 滚珠丝杠副消除轴向间隙的目的是（　　）

A. 减小摩擦力矩　　B. 提高使用寿命　　C. 提高反向传动精度　D. 增大驱动力矩

7. 滚珠丝杠副在垂直传动或水平放置的高速大惯量传动中，必须安装制动装置，这是为了（　　）。

A. 提高定位精度　　B. 防止逆向传动　　C. 减小电动机驱动力矩

8. 塑料导轨两导轨面间的摩擦力为（　　）。

A. 滑动摩擦　　　　B. 滚动摩擦　　　　C. 液体摩擦

9. 数控机床导轨按接合面的摩擦性质可分为滑动导轨、滚动导轨和（　　）导轨三种。

A. 贴塑　　　　　　B. 静压　　　　　　C. 动摩擦　　　　　D. 静摩擦

10.（　　）不是滚动导轨的缺点。

A. 动、静摩擦因数很接近　　　　　　　　B. 结构复杂

C. 防护要求高

11. 滚动导轨预紧的目的是（　　　）。

A. 提高导轨的强度　　　　　　　　　　　B. 提高导轨的接触刚度

C. 减少牵引力

12. 目前机床导轨中应用最普遍的导轨型式是（　　　）。

A. 静压导轨　　　　　　B. 滚动导轨　　　　　　C. 滑动导轨

13. 参数 3111♯0 位 SVS 表示（　　　）。

A. 是否显示伺服设定画面、伺服调整画面

B. 是否显示主轴画面

C. 是否只显示伺服设定画面

D. 是否只显示伺服调整画面

14. 参数 3112♯0＝1 能显示（　　　）。

A. 程序仿真轨迹　　　B. 程序仿真图形　　　C. 伺服调整画面　　　D. 伺服波形诊断画面

15. 参数 3112♯0＝1 应用结束后，应使参数 No.3112♯0 设定为（　　　）。

A. 1　　　　　　　　B. 2　　　　　　　　C. 3　　　　　　　　D. 0

16. 若参数 DFS（No.14476♯0）＝0，则自动设定参数是（　　　）。

A. No.2023　　　　　B. No.1023　　　　　C. No.1024　　　　　D. No.1223

17. 若参数 DFS（N0.14476♯0）＝1，则自动设定参数是（　　　）。

A. No.1920　　　　　B. No.1930　　　　　C. No.1910　　　　　D. No.1940

三、判断题（正确的划"√"，错误的划"×"）

1. 滚珠丝杠副实现无间隙传动，定位精度高，刚度好。（　　　）

2. 滚珠丝杠副有高的自锁性，不需要增加制动装置。（　　　）

3. 滚珠在循环过程中有时与丝杠脱离接触的称为内循环。（　　　）

4. 贴塑导轨摩擦因数低，摩擦因数在 0.03～0.05，且耐磨性、减振性、工艺性均好，广泛应用于数控机床。（　　　）

5. 在数控机床中常用滚珠丝杠，用滚动摩擦代替滑动摩擦。（　　　）

6. 在滚珠丝杠副轴向间隙的调整方法中，常用双螺母结构形式，其中以齿差调隙式调整最为精确。（　　　）

7. 在开环和半闭环数控机床上，定位精度主要取决于进给丝杠的精度。（　　　）

8. 伺服系统的执行机构常采用直流或交流伺服电动机。（　　　）

9. "GRID"信号可以理解为是在所找到的物理栅格基础上再加上"栅格偏移量"后生成的点。（　　　）

10. 所谓绝对回零（参考点），就是采用增量位置编码器建立机床零点，并且一旦零点建立，无需每次开电回零。（　　　）

11. 传统的增量式编码器，在机床断电后不能够将零点保存，所以每遇断电再开点后，均需要操作者进行返回零点操作。（　　　）

12. 外置脉冲编码器与光栅尺的设置，通常，将电动机每转动一圈的反馈脉冲数作为参考计数器容量予以设定。（　　　）

模块六

自动换刀装置的装调与维修

按数控装置的刀具选择指令，将刀架上的刀具换刀加工位置或从刀库中将所需要的刀具转换到取刀位置，称为自动选刀。自动选择刀具通常采用两种方法。

一、顺序选择刀具

刀具按预定工序的先后顺序插入刀库的刀座中，使用时按顺序转到取刀位置。用过的刀具放回原来的刀座内，也可以按加工顺序放入下一个刀座内。该法不需要刀具识别装置，驱动控制也较简单，工作可靠。但刀库中每一把刀具在不同的工序中不能重复使用，为了满足加工需要，只有增加刀具的数量和刀库的容量，这就降低了刀具和刀库的利用率。此外，装刀时必须十分谨慎，如果刀具不按顺序装在刀库中，将会产生严重的后果。

二、任意选择刀具

这种方法根据程序指令的要求任意选择所需要的刀具，刀具在刀库中不必按照工件的加工顺序排列，可以任意存放。每把刀具（或刀座）都编上代码，自动换刀时，刀库旋转，每把刀具（或刀座）都经过"刀具识别装置"接受识别。当某把刀具的代码与数控指令的代码相符合时，该把刀具被选中，刀库将刀具送到换刀位置，等待机械手来抓取。任意选择刀具法的优点是刀库中刀具的排列顺序与工件加工顺序无关，相同的刀具可重复使用。因此，刀具数量比顺序选择法的刀具可少一些，刀库也相应的小一些。任意选择法主要有三种编码方式。

1. 刀具编码方式

这种方式是对每把刀具进行编码，由于每把刀具都有自己的代码（见表 6-1），因此，可以存放于刀库的任一刀座中。这样刀库中的刀具在不同的工序中也就可重复使用，用过的刀具也不一定放回原刀座中，避免了因刀具存放在刀库中的顺序差错而造成的事故，同时也缩短了刀库的运转时间。

2. 刀座编码方式

这种编码方式对每个刀座都进行编码，刀具也编号（见表 6-1），并将刀具放到与其号码相符刀座中，换刀时刀库旋转，使各个刀座依次经过识刀器，直至找到规定的刀座，刀库便停止旋转。由于这种编码方式取消了刀柄中的编码环，使刀柄结构大为简化。因此，识刀器的结构不受刀柄尺寸的限制，而且可以放在较适当的位置。另外，在自动换刀过程中必须将用过的刀具放回原来的刀座中，增加了换刀动作。与顺序选择刀具的方式相比，刀座编码的突出优点是刀具在加工过程中可重复使用。

表 6-1　　　　　　　　　　　　　　任意选择刀具的编码方式

序　号	编码方式	图　　示
1	刀具编码方式	
2	刀座编码方式	
3	编码附件方式	1—钥匙；2、5—接触片；3—钥匙齿；4—槽子

3. 编码附件方式

编码附件方式可分为编码钥匙（见表 6-1）、编码卡片、编码杆和编码盘等，其中早期应用较多的是编码钥匙。这种方式是先给各刀具都缚上一把表示该刀具号的编码钥匙，当把各刀具存放到刀库的刀座中时，将编码钥匙插进刀座旁边的钥匙孔中。这样就把钥匙的号码转记到刀座中，给刀座编上了号码。识别装置可以通过识别钥匙上的号码来选取该钥匙旁边刀座中的刀具。

近年来出现的在刀柄上嵌入 IC 芯片的办法，是刀具的"身份证"和"档案"，不仅编号，而且存入该刀的多种数据供读取。

想一想：三种编码方式有什么异同点？

◎模块目标

通过本模块的学习，掌握自动换刀装置的工作原理，能看懂数控机床自动换刀装置（刀架、刀库与机械手）的装配图与电气控制图；能对自动换刀装置进行拆卸与装配；并能排除自动换刀装置的故障。

任务一　刀架换刀装置的装调与维修

任务引入

如图 6-1 所示，刀架换刀一般应用在数控车床上，以加工轴类零件为主，控制刀具沿 X、Z 向进行各种车削、镗削、钻削等加工，但所加工孔的轴线一般都与 Z 轴重合，加工偏心孔要靠夹具协助完成。在车削中心上，动力刀具还可以沿 Y 轴进行运动，完成铣削加工、也可以进行轴线不与 Z 轴重合的孔加工；还可以进行其他加工，以实现工序集中的目的。

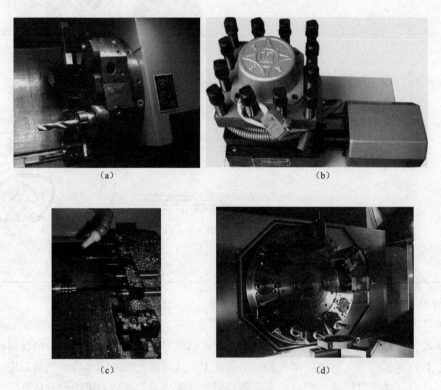

图 6-1　刀架换刀

（a）回转刀架；（b）四工位方刀架；（c）排刀架；（d）带动力刀具的刀架

任务目标

- 掌握常用刀架的工作原理
- 能看懂常用刀架的装配图
- 会对常用刀架进行拆装
- 能看懂刀架的电气图
- 能排除刀架换刀装置常见的故障

任务实施

▶▶ 教师讲解

一、经济型数控车床方刀架

1. 刀架的结构

以经济型数控车床方刀架来介绍其结构，经济型数控车床方刀架是在普通车床四方刀架的基础上发展的一种自动换刀装置，其功能和普通四方刀架一样：有四个刀位，能装夹四把不同功能的刀具，方刀架回转90°时，刀具交换一个刀位，但方刀架的回转和刀位号的选择是由加工程序指令控制。图6-2所示为其自动换刀工作原理图。图6-3所示为WED4型方刀架结构图。主要由电动机1、刀架底座5、刀架体7、蜗轮丝杠4、定位齿盘6、转位套9等组成。

2. 刀架的电气控制

图6-4所示为四工位立式回转刀架的电路控制图，主要是通过控制两个交流接触器来控制刀架电动机的正转和反转，进而控制刀架的正转和反转的。图6-5所示为刀架的PMC系统控制的输入及输出回路。其换刀流程图如图6-6所示。

3. 工作原理

换刀时方刀架的动作顺序是：刀架抬起、刀架转位、刀架定位和夹紧。

（1）刀架抬起。该刀架可以安装四把不同的刀具，转位信号由加工程序指定。数控系统发出换刀指令发出后，PMC控制输出正转信号Y1.5（见图6-5），刀架电动机正转控制继电器KA3吸合（见图6-4），刀架电动机正转控制接触器KM3吸合（见图6-4），小型电动机1启动正转，通过平键套筒联轴器2使蜗杆轴3转动，从而带动蜗轮丝杠4转动。蜗轮的上部外圆柱加工有外螺纹，所以该零件称蜗轮丝杠。刀架体7内孔加工有内螺纹，与蜗轮丝杠4旋合。蜗轮丝杠4内孔与刀架中心

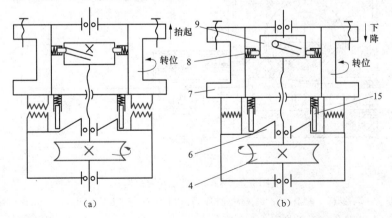

图6-2　方刀架工作原理图

轴外圆是滑配合，在转位换刀时，中心轴固定不动，蜗轮丝杠4环绕中心轴旋转。当蜗轮开始转动时，由于在刀架底座5和刀架体7上的端面齿处在啮合状态，且蜗轮丝杠轴向固定，这时刀架体7抬起。当刀架体7抬至一定距离后，端面齿脱开。转位套9用销钉与蜗轮丝杠4连接，随蜗轮丝杠4一同转动。

（2）刀架转位。当端面齿完全脱开，转位套正好转过160°，蜗轮丝杠4前端的转位套9上的销孔正好对准球头销8的位置［见图6-2（b）］。球头销8在弹簧力的作用下进入转位套9的槽中，带动刀架体转位，进行换刀。

（3）刀架定位。刀架体7转动时带着电刷座10转动，当转到程序指定的刀号时，PMC释放正转信号Y1.5，KA3、KM3断电，输出反转信号Y1.6，刀架电动机反转控制继电器KA4吸合，刀架电动机反转控制接触器KM4吸合，刀架电动机反转粗定位销15在弹簧的作用下进入粗定位盘6的槽中进行粗定位，由于粗定位槽的限制，刀架体7不能转动，使其在该位置垂直落下，刀架体7和刀架底座5上的端面齿啮合，实现精确定位。同时球头销8在刀架下降时可沿销孔的斜楔槽退出销孔。

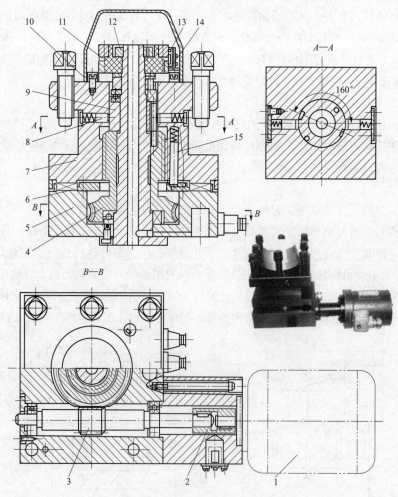

图 6-3　WED4 型方刀架结构

1—电动机；2—联轴器；3—蜗杆轴；4—蜗轮丝杠；5—刀架底座；6—粗定位盘；7—刀架体；8—球头销；
9—转位套；10—电刷座；11—发信体；12—螺母；13、14—电刷；15—粗定位销

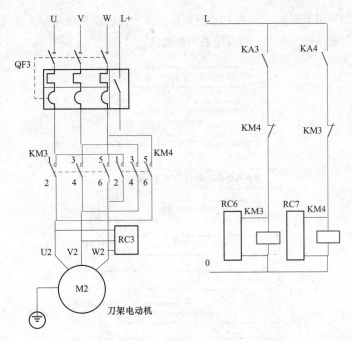

图 6-4　四工位立式回转刀架的电路控制图

M2—刀架电动机；KM3、KM4—刀架电动机正、反转控制交流接触器；QF3—刀架电动机带过载保护的电源断路器；

KA3、KA4—刀架电动机正、反转控制中间继电器；RC3—三相灭弧器；RC6、RC7—单相灭弧器

（4）夹紧。电动机继续反转，此时蜗轮停止转动，蜗杆轴 3 继续转动，随夹紧力增加，转矩不断增大时，达到一定值时，在传感器的控制下，电动机 l 停止转动。

译码装置由发信体 11、电刷 13、14 组成，电刷 13 负责发信，电刷 14 负责位置判断。刀架不定期会出现过位或不到位时，可松开螺母 12 调好发信体 11 与电刷 14 的相对位置。有些数控机床的刀架用霍尔元件代替译码装置。

图 6-7 为霍尔集成电路在 LD4 系列电动刀架中应用的示意图。其动作过程为：数控装置发出换刀信号→刀架电动机正转使锁紧装置松开且刀架旋转→检测刀位信号→刀架电动机反转定位并夹紧→延时→换刀动作结束。其中刀位信号是由霍尔式接近开关检测的，如果某个刀位上的霍尔式元件损坏，数控装置检测不到刀位信号，会造成刀台连续旋转不定位。

在图 6-7 中，霍尔集成元件共有三个接线端子，1、3 端之间是＋24V 直流电源电压；2 端是输出信号端，判断霍尔集

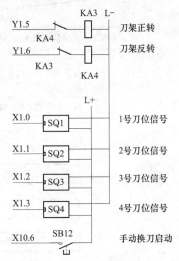

图 6-5　四工位立式回转刀架的 PMC
系统控制的输入及输出回路图

PMC 输入信号：X1.0～X1.3—1～4 号刀到位信号输入；X10.6—手动刀位选择按钮信号输入；PMC 输出信号：Y1.5—刀架正转继电器控制输出；Y1.6—刀架反转继电器控制输出；SB12—手动换刀启动按钮；SQ1～SQ4—刀位检测霍尔开关

成元件的好坏。可用万用表测量2、3端的直流电压，人为将磁铁接近霍尔集成元件，若万用表测量数值没有变化，再将磁铁极性调换；若万用表测量数值还没有变化，说明霍尔集成元件已损坏。

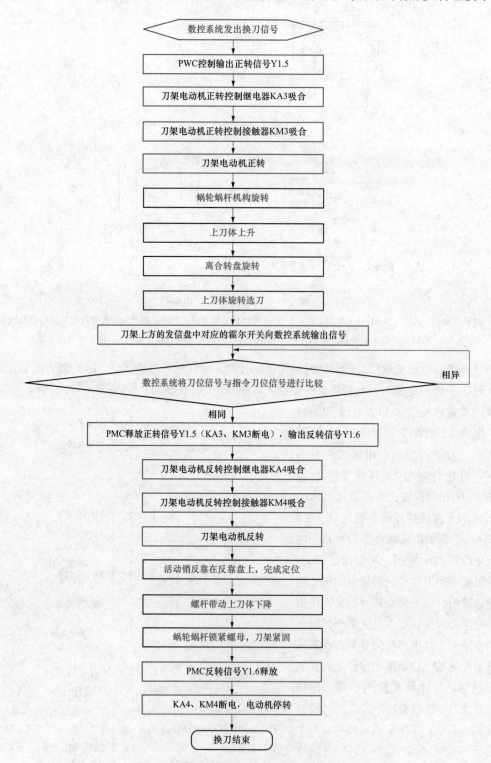

图6-6 四工位立式回转刀架换刀控制流程图

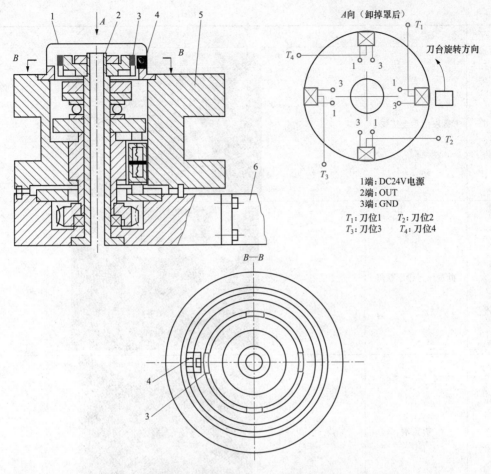

图 6-7 霍尔集成电路在 LD4 系列电动刀架中应用的示意图
1—罩壳；2—定轴；3—霍尔集成电路；4—磁钢；5—刀台；6—刀架座

➦ *技能训练*

4. 刀架的拆卸

以经济方刀架为例来介绍数控车床刀架的拆卸过程（见表 6-2）。

表 6-2   经济方刀架的拆卸过程

步 骤	说 明	图 示
1	拆上防护盖	

步 骤	说 明	图 示
2	拆发信盘连接线	
3	拆发信盘锁紧螺母	
4	拆磁钢	
5	拆转位盘锁紧部件	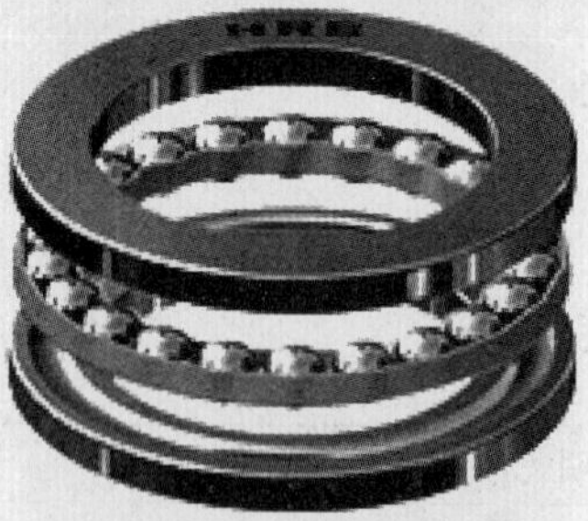
6	拆转位盘	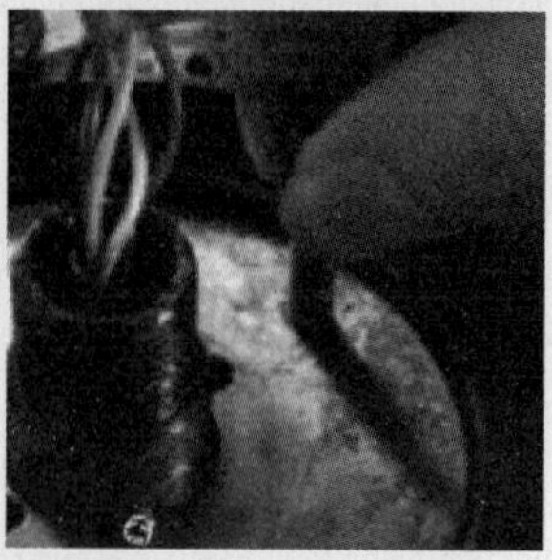

续表

步　骤	说　明	图　示
7	拆刀架体	
8	旋出刀架体	 
9	拆粗定位盘	
10	拆刀架底座	
11	拆刀架轴和蜗轮-丝杠	

续表

步　骤	说　明	图　示
12	拆分丝杠——蜗轮	

> 🔧 提示：（1）在刀架的拆卸过程中，应将各零部件集中放置，特别注意细小零件的存放，避免遗失。
>
> 　（2）刀架的安装基本上是拆卸的逆过程，按正确的安装顺序把刀架装好即可。操作时要注意保持双手的清洁，并注意零部件的防护。

💻 一体化教学

二、回转刀架

图 6-8（a）所示为液压驱动的转塔式回转刀架。其结构主要由液压电动机、液压缸、刀盘及刀架中心轴、转位凸轮机构、定位齿盘等组成。图 6-8（b）、（c）为其工作原理图，换刀过程如下。

1. 刀盘松开

液压缸 1 右腔进油，活塞推动刀架中心轴 2 将刀盘 3 左移，使端齿 4、5 脱开啮合，松开刀盘。

2. 刀盘转位

齿盘脱开啮合后，液压电动机带动转位凸轮 6 转动。凸轮每转一周拨过一个柱销 8，通过回转盘 7 便带动中心轴及刀盘转 $1/n$ 周（n 为拨销数），直至刀盘转到指定的位置，液压电动机刹车，完成转位。

3. 刀盘定位与夹紧

刀盘转位结束后，液压缸 1 左腔进油，活塞将刀架中心轴 2 和刀盘拉回，齿盘重新啮合，液压缸 1 左腔仍保持一定压力将刀盘夹紧。

三、刀架的检修

1. 经济型数控车床刀架旋转不停故障的处理

故障现象：刀架旋转不停。

故障分析：刀架刀位信号未发出。应检查发信盘弹性片触头是否磨坏；发信盘地线是否断路。

故障排除：更换弹性片触头或调整发信盘地线。

2. 经济型数控车床刀架越位故障的处理

故障现象：刀架越位。

故障分析：反靠装置不起作用。应检查反靠定位销是否灵活，弹簧是否疲劳；反靠棘轮与螺杆连接销是否折断；使用的刀具是否太长。

故障排除：针对检查的具体原因给予排除。

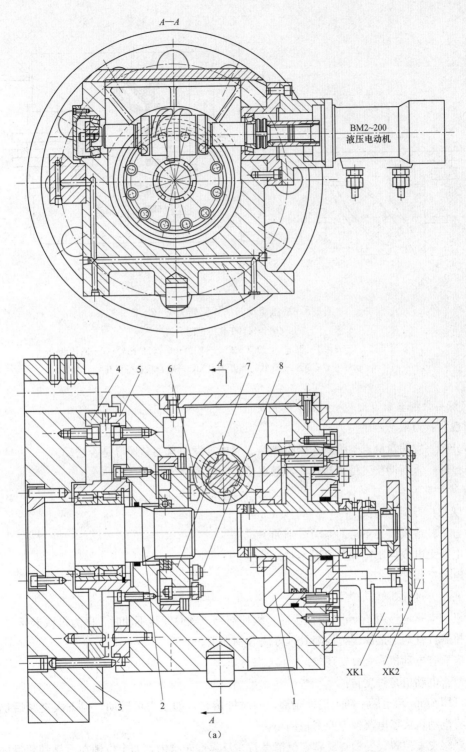

图 6-8　液压驱动转塔式回转刀架（一）

(a) 液压驱动的转塔式回转刀架

1—液压缸；2—刀架中心轴；3—刀盘；4、5—端齿；6—转位凸轮；7—回转盘；

8—分度柱销；XK1—计数行程开关；XK2—啮合状态行程开关

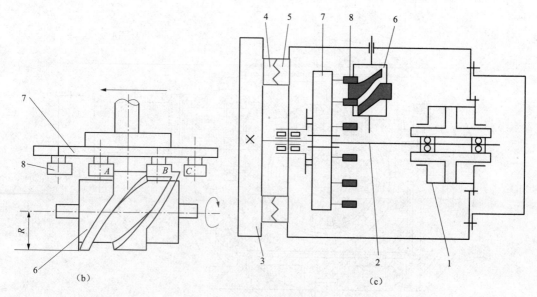

图 6-8　液压驱动转塔式回转刀架（二）

（b）、（c）工作原理图

1—液压缸；2—刀架中心轴；3—刀盘；4、5—端齿；6—转位凸轮；7—回转盘；

8—分度柱销；XK1—计数行程开关；XK2—啮合状态行程开关

3. 经济型数控车床刀架转不到位故障的处理

故障现象：刀架转不到位。

故障分析：发信盘触点与弹簧片触点错位。应检查发信盘夹紧螺母是否松动。

故障排除：重新调整发信盘与弹簧片触点位置，锁紧螺母。

4. 经济型数控车床自动刀架不动故障的排除

故障现象：刀架不动。

故障分析：造成刀架不动的原因分别如下。

（1）电源无电或控制箱开关位置不对。

（2）电动机相序反。

（3）夹紧力过大。

（4）机械卡死，当用 6mm 六角扳手插入蜗杆端部，顺时针转不动时，即为机械卡死。

故障排除：针对上述原因，故障处理方法分别如下。

（1）应检查电动机有无旋转现象。

（2）检查电动机是否反转。

（3）可用 6mm 六角扳手插入蜗杆端部，顺时针旋转，如用力可转动，但下次夹紧后仍不能启动，则可将电动机夹紧电流按说明书稍调小。

（4）观察夹紧位置，要检查反靠定位销是否在反靠棘轮槽内，如定位销在反靠棘轮槽内，将反靠棘轮与蜗杆连接销孔回转一个角度重新打孔连接；检查主轴螺母是否锁死，如螺母锁死应重新调整；检查润滑情况，如因润滑不良造成旋转零件研死，应拆开处理。

5. SAG210/2NC 数控车床刀架不转故障

故障现象：上刀体抬起但转动不到位。

故障分析：该车床所配套的刀架为 LD4-I 四工位电动刀架。根据电动刀架的机械原理分析，上刀体不能转动可能是粗定位销在锥孔中卡死或断裂。拆开电动刀架更换新的定位销后，上刀体仍然不能旋转到位。在重新拆卸时发现在装配上刀体时，应与下刀体的四边对齐，而且齿牙盘必须啮合。

故障处理：按上述要求装配后，故障排除。

6. SAG210/2NC 数控车床刀架不能动作

故障现象：电动机启不动，刀架不能动作。

故障分析：SAG210/2NC 及 CKD6140 数控车床，与之配套的刀架为 LD4-I 四工位电动刀架。分析该故障产生的原因，可能是电动机相序接反或电源电压偏低，但调整电动机电枢线及电源电压，故障不能排除。说明故障为机械原因所致。将电动机罩卸下，旋转电动机风叶，发现阻力过大。拿开电动机进一步检查发现，蜗杆轴承损坏，电动机轴与蜗杆离合器质量差，使电动机出现阻力。

故障处理：更换轴承，修复离合器后，故障排除。

⨀ 讨论总结.

通过上网查询、工厂调研，在教师、工厂技术人员的参与下讨论总结常用刀架的故障诊断与排除方法。

四、刀架故障诊断

刀架常见故障诊断及排除方法见表 6-3。

表 6-3　　　　　　　　　　　　刀架常见故障诊断及排除方法

序号	故障现象	故障原因	排除方法
1	刀架不能启动	刀架预紧力过大	调小刀架电动机夹紧电流
		夹紧装置反靠装置位置不对造成机械卡死	反靠定位销如不在反靠棘轮槽内，就调整反靠定位销位置；若在，则需将反靠棘轮与螺杆连接销孔回转一个角度重新打孔连接
		主轴螺母锁死	重新调整主轴螺母
		润滑不良造成旋转件研死	拆开润滑
		可能是熔断器损坏、电源开关接通不好、开关位置不正确，或是刀架至控制器断线、刀架内部断线、霍尔元件位置变化导致不能正常通断	更换熔断器、使接通部位接触良好、调整开关位置，重新连接，调整霍尔元件位置
		电动机相序接反	通过检查线路，变换相序
		如果手动换刀正常、不执行自动换刀，则应重点检查微机与刀架控制器引线、微机 I/O 接口及刀架到位回答信号	分别对其加以调整、修复

续表

序号	故障现象	故障原因	排除方法
2	刀架连续运转，到位不停	若没有刀架到位信号，则是发信盘故障	发信盘是否损坏、发信盘地线是否断路或接触不良或漏接，针对其线路中的继电器接触情况、到位开关接触情况、线路连接情况相应地进行线路故障排除
		若仅为某号刀不能定位，一般是该号刀位线断路或发信盘上霍尔元件烧毁	重新连接或更换霍尔元件
3	刀架越位过冲或转不到位	反靠定位销不灵活，弹簧疲劳	应修复定位销使其灵活或更换弹簧
		反靠棘轮与蜗杆连接断开	需更换连接销
		刀具太长过重	应更换弹性模量稍大的定位销弹簧
		发信盘位置固定偏移	重新调整发信盘与弹性片触头位置并固定牢靠
		发信盘夹紧螺母松动，造成位置移动	紧固调整
4	刀架不能正常夹紧	夹紧开关位置是否固定不当	调整至正常位置
		刀架内部机械配合松动，有时会出现由于内齿盘上有碎屑造成夹紧不牢而使定位不准	应调整其机械装配并清洁内齿盘

◎ 任务扩展——动力刀架

图 6-9（a）所示为车削中心用的动力转塔刀架。其刀盘上安装动力刀夹进行主动切削，可加工工件端面或圆柱面上与工件不同心的表面。动力刀架还可配合主轴完成车、铣、钻、镗等各种复杂工序，扩展车削中心的工艺范围。动力刀架的刀盘上也可安装非动力刀夹，夹持刀具进行一般的车削加工。

动力刀夹与非动力刀夹的主要区别是：动力刀夹具有动力传递装置，其刀夹尾部有端面键，可与动力输出轴的离合器啮合，使刀具旋转。而非动力刀夹则无此结构，如图 6-9（b）所示。

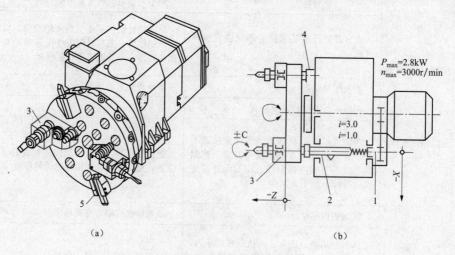

（a）   （b）

图 6-9　动力刀架

（a）动力刀架；（b）非动力刀架

1—动力输出轴；2—离合器；3—动力刀夹；4—端面键；5—非动力刀夹

任务二　刀库的装调与维修

任务引入

数控加工刀具的交换，除用刀架外，还可以用刀库换刀。目前在多坐标数控机床（如加工中心）大多数采用这类自动换刀装置。

刀库一般使用电动机或液压系统来提供转动动力，用刀具运动机构来保证换刀的可靠性，用定位机构来保证更换的每一把刀具或刀套都能可靠地准停。

刀库的功能是储存加工工序所需的各种刀具，并按程序指令，把将要用的刀具准确地送到换刀位置，并接受从主轴送来的已用刀具。刀库的储存量一般在 8～64 把，多的可达 100～200 把，甚至更多，刀库的容量首先要考虑加工工艺的需要。例如，立式加工中心的主要工艺为钻、铣。统计了 15000 种工件，按成组技术分析，各种加工所必需的刀具数的结果是：4 把铣刀可完成工件 95% 左右的铣削工艺，10 把孔加工刀具可完成 70% 的钻削工艺，因此，14 把刀的容量就可完成 70% 以上的工件钻铣工艺。如果从完成工件的全部加工所需的刀具数目统计，所得结果是 80% 的工件（中等尺寸，复杂程度一般）完成全部加工任务所需的刀具数在四十种以下，所以一般的中、小型立式加工中心配有 14～30 把刀具的刀库就能够满足 70%～95% 的工件加工需要。常见的刀库如图 6-10 所示。

（a）　　　　　　　　　　　　　（b）

（c）　　　　　　　　　　　　　（d）

图 6-10　常见刀库实物图

（a）盘式刀库；（b）斗笠式刀库；（c）链式刀库；（d）加长链条式刀库

任务目标

- 掌握无机械手换刀的工作过程
- 掌握常用刀库的工作原理
- 掌握刀库的装调与典型故障的维修

任务实施

一体化教学

一、斗笠式刀库的结构

图 6-11 为斗笠式刀库传动示意图、图 6-12 为斗笠式刀库的结构示意图。各零部件的名称和作用见表 6-4。

二、斗笠式刀库换刀

斗笠式刀库换刀动作分解如图 6-13 所示，换刀过程如下。

（1）主轴箱移动到换刀位置，同时完成主轴准停。

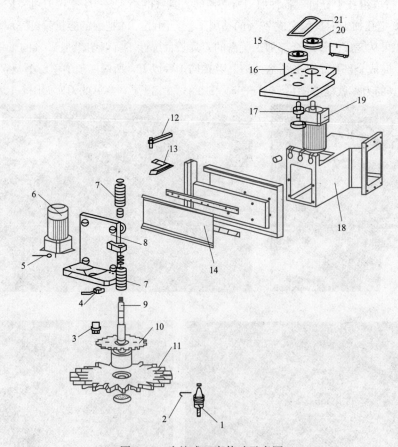

图 6-11　斗笠式刀库传动示意图

1—刀柄；2—刀柄卡簧；3—槽轮套；4，5—接近开关；6—转位电动机；7—碟形弹簧；8—电动机支架；9—刀库转轴；
10—马氏槽轮；11—刀盘；12—杠杆；13—支架；14—刀库导轨；15，20—带轮；16—接近开关；17—带轮轴；
18—刀库架；19—刀库移动电动机；21—传动带

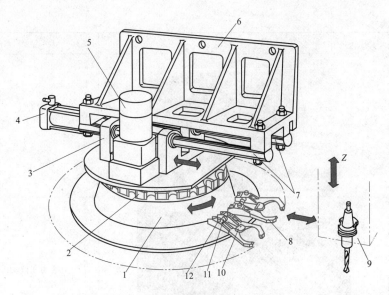

图 6-12 斗笠式刀库的结构示意图

1—刀盘；2—分度轮；3—导轨滑座（和刀盘固定）；4—气缸（缸体固定在机架上，活塞与导轨滑座连接）；
5—刀盘电动机；6—机架（固定在机床立柱上）；7—圆柱滚动导轨；8—刀夹；9—主轴箱；
10—定向键；11—弹簧；12—销轴

表 6-4　　　　　　　　　　　　　　斗笠式刀库各零部件的名称和作用

名　　称	图　　示	作　　用
刀库防护罩		防护罩起保护转塔和转塔内刀具的作用，防止加工时铁屑直接从侧面飞进刀库，影响转塔转动
刀库转塔电动机		主要是用于转动刀库转塔

续表

名　称	图　示	作　用
刀库导轨	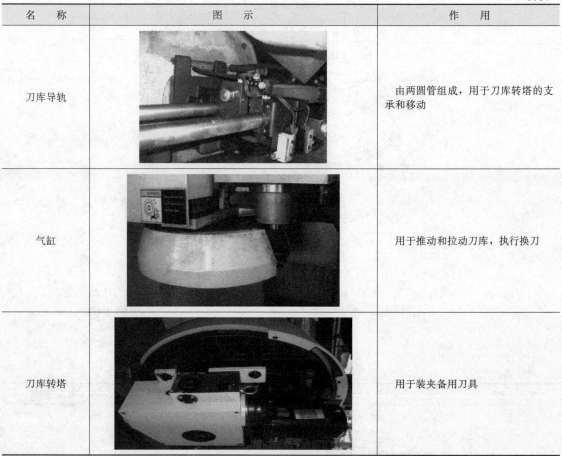	由两圆管组成，用于刀库转塔的支承和移动
气缸		用于推动和拉动刀库，执行换刀
刀库转塔		用于装夹备用刀具

（2）分度：由低速力矩电动机驱动，通过槽轮机构实现刀库刀盘的分度运动，将刀盘上接受刀具的空刀座转到换刀所需的预定位置，如图 6-13（a）所示。

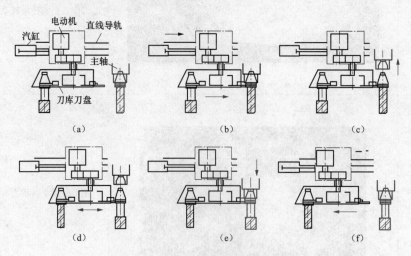

图 6-13　斗笠式刀库换刀动作分解

（a）分度；（b）接刀；（c）卸刀；（d）再分度；（e）装刀 1；（f）装刀 2

（3）接刀：刀库汽缸活塞杆推出，将刀盘接受刀具的空刀座送至主轴下方并卡住刀柄定位槽，如图 6-13（b）所示。

（4）卸刀：主轴松刀，主轴上移至第一参考点，刀具留在空刀座内，如图 6-13（c）所示。

（5）再分度：再次通过分度运动，将刀盘上选定的刀具转到主轴正下方，如图 6-13（d）所示。

（6）装刀：主轴下移，主轴夹刀，刀库汽缸活塞杆缩回，刀盘复位，完成换刀动作。如图 6-13（e）、（f）所示。

⊛⊛教师讲解

三、斗笠式刀库的电气控制

1. 控制电路说明

机床从外部动力线获得三相交流 380V 后，在电控柜中进行再分配，经变压器 TC1 获得三相 AC200—230V 主轴及进给伺服驱动装置电源；经变压器 TC2 获得单相 AC110V 数控系统电源、单相 AC100V 交流接触器线圈电源；经开关电源 VC1 和 VC2 获得 DC+24V 稳压电源，作为 I/O 电源和中间继电器线圈电源；同时进行电源保护，如熔断器、断路器等。图 6-14 所示为该机床电源配置。系统电气原理如图 6-15～图 6-18 所示。图 6-19 所示为换刀控制电路和主电路，表 6-5 为输入信号所用检测开关的作用说明，检测开关位置如图 6-20 所示，图 6-21 为换刀控制的 PLC 输入/输出信号分布。

2. 换刀过程

当系统接收到 M06 指令时，换刀过程如下。

（1）系统首先按最短路径判断刀库旋转方向，然后令 I/O 输出端 Y0A 或 Y0B 为"1"，即令刀库旋转，将刀盘上接受刀具的空刀座转到换刀所需的预定位置，同时执行 Z 轴定位和执行 M19 主轴准停指令。

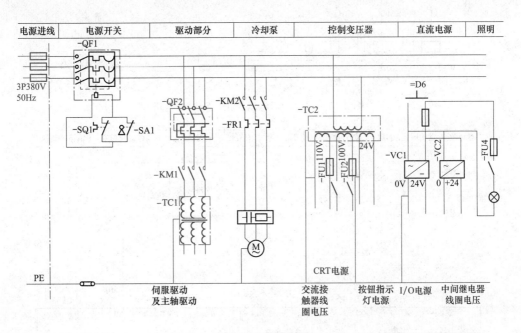

图 6-14　电源配置

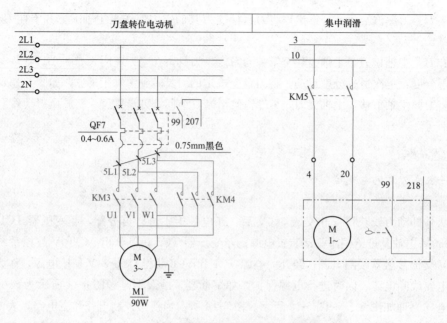

刀盘转位电动机
集中润滑
2L1
2L2
2L3
2N
QF7
0.4~0.6A
99
207
0.75mm黑色
5L1
5L2
5L3
KM3
KM4
U1
V1
W1
M
3~
M1
90W
3
10
KM5
4
20
99
218
M
1~

图 6-15　刀库转盘电动机强电电路

伺服电源
刀盘电动机正反转
启动/停止
打刀缸电磁阀
刀盘电磁阀
2
KAA
KM1
KA6
12
KA2
KM3
13
15
KM4
KM3
11
14
16
17
10
KM1
KM3
KM4
KM5
28
28
SB1
KA1
KA4
KA5
26
SB2
25
31
32
30
KA1
YV1
YV2

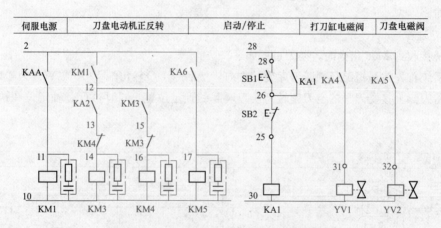

图 6-16　刀库转盘电动机正反转控制电路

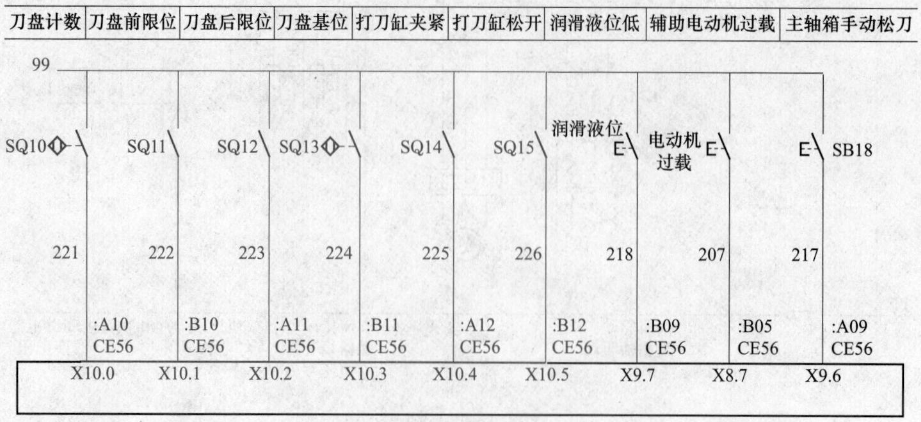

刀盘计数
刀盘前限位
刀盘后限位
刀盘基位
打刀缸夹紧
打刀缸松开
润滑液位低
辅助电动机过载
主轴箱手动松刀
99
SQ10
SQ11
SQ12
SQ13
SQ14
SQ15
润滑液位
电动机过载
SB18
221
222
223
224
225
226
218
207
217
:A10 CE56
:B10 CE56
:A11 CE56
:B11 CE56
:A12 CE56
:B12 CE56
:B09 CE56
:B05 CE56
:A09 CE56
X10.0
X10.1
X10.2
X10.3
X10.4
X10.5
X9.7
X8.7
X9.6

图 6-17　刀库输入信号

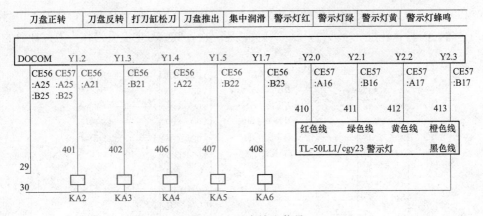

图 6-18　刀库输出信号

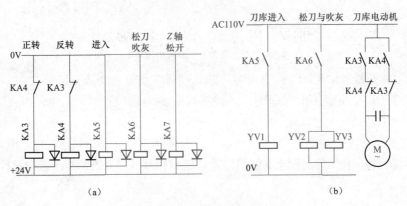

图 6-19　换刀控制电路和主电路

（a）控制电路；（b）主电路

表 6-5　　　输入信号所用检测开关的作用说明

元件代号	元件名称	作　　　用
SQ5	行程开关	刀库圆盘旋转时，每转到一个刀位凸轮会压下该开关
SQ6	行程开关	刀库进入位置检测
SQ7	行程开关	刀库退出位置检测
SQ8	行程开关	汽缸活塞位置检测，用于确认刀具夹紧
SQ9	行程开关	汽缸活塞位置检测，用于确认刀具已经放松
SQ10	行程开关	此处为换刀位置检测。换刀时 Z 轴移动到此位置

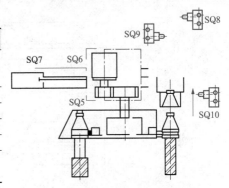

图 6-20　圆盘式自动换刀控制中

检测开关位置示意图

（2）待 Z 轴定位完毕，行程开关 SQ10 被压下，且完成"主轴准停"，PLC 程序令输出端 Y0C 为"1"，图 6-19（a）中的 KA5 继电器线圈得电，电磁阀 YV1 线圈得电，从而使刀库进入到主轴下方的换刀位置，夹住主轴中的刀柄。此时，SQ6 被压下，刀库进入检测信号有效。

（3）PLC 令输出端 Y0D 为"1"，KAJ 继电器线圈得电，使电磁阀 YV2、YV3 线圈通电，从而使汽缸动作，令主轴中刀具放松，同时进行主轴锥孔吹气。此时 SQ9 被压下，使 I/O 输入端 X36 信号有效。

（4）PLC 令主轴上移直至刀具彻底脱离主轴（一般 Z 轴上移到参考点位置）。

（5）PLC 按最短路径判断出刀库的旋转方向，令输出端 Y0A 或 Y0B 有效，使刀盘中目标刀具转到换刀位置。刀盘每转过一个刀位，SQ5 开关被压一次，其信号的上升沿作为刀位计数的信号。

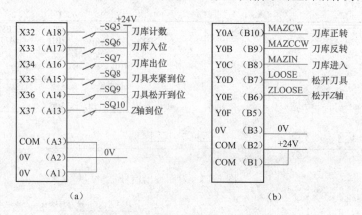

图 6-21　换刀控制中的输入/输出信号分布

（a）换刀控制中的输入信号；（b）换刀控制中的输出信号

（6）Z 轴下移至换刀位置，压下 SQ10，令输入端 X37 信号有效。

（7）PLC 令 I/O 输出端 Y0D 信号为"0"，使 KA6 继电器线圈失电，电磁阀 YV2、YV3 线圈失电，从而使汽缸回退，夹紧刀具。

（8）待 SQ8 开关被压下后，PLC 令 I/O 输出端 Y0C 为"0"，KA5 线圈失电，电磁阀 YV1 线圈失电，汽缸活塞回退，使刀库退回至其初始位置，待 SQ7 被压下，表明整个换刀过程结束。

⊛技能训练

四、斗笠式刀库的调试

斗笠式刀库部件主要由支架、支座、槽轮机构、圆盘等组成，如图 6-22 所示，圆盘 8 用于

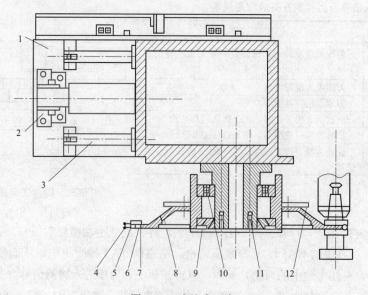

图 6-22　斗笠式刀库

1—支架；2—汽缸；3—直线滚动导轨副；4—工具导向柱；5—工具导向板；
6—刀具座；7—刀具键；8—圆盘；9，10—轴承；11—轴；12—槽轮

安放刀柄，圆盘上装有 20 套刀具座 6，刀具键 7 及工具导向板 5，工具导向柱 4。刀具座通过工具导向板、工具导向柱的作用夹持刀柄，刀具键镶入刀柄键槽内，保证刀柄键在主轴准停后准确地卡在主轴轴端的驱动键上。圆盘由轴承 9、10 支承，在低速力矩电动机、槽轮 12 的作用下，绕轴 11 回转，实现分度运动。支座与圆盘等组件连接在汽缸 2 的作用下，沿直线滚动导轨副 3 作往复运动，完成刀库送刀、接刀运动。支架 1 安装在立柱左侧，用于支承刀库部件，确定刀库部件与主轴的相互位置。

该类刀库的自动换刀动作由刀库的进退、刀盘的旋转、主轴的准确定位、Z 轴上下移动及刀杆松开和夹紧五步动作配合完成。机床换刀时，刀柄中心与主轴锥孔必须对正，刀柄上的键槽与主轴端面键也必须对正，这两项是刀具自动交换正确执行的必要条件。换刀位置的调整包括刀库调整、主轴准停调整、Z 轴高低位置调整。通常在机床正常通电后进行。

1. 刀库换刀位置的调整

刀库换刀位置调整的目的是使刀库在换刀位置处，其中的刀柄中心与主轴锥孔中心在一条直线上。盘式刀库换刀位置调整可通过两个部位调整完成。

（1）先将主轴箱升到最高位置，在 MDI 方式下执行 G91G2820，使 Z 轴回到第一参考点位置（换刀准备位置）；把刀库移动到换刀位置，此时刀库汽缸活塞杆推出到最前位置。松开活塞杆上的螺母，旋转活塞杆，此时活塞杆与固定在刀库上的关节轴承之间的相对位置将发生变化，从而改变刀库与主轴箱的相对位置（见图 6-23）。

（2）在刀库的上部靠前位置，有两个调整螺钉，松开螺母，旋转两个调整螺钉，可使刀库的刀盘绕刀库中心旋转，从而可改变换刀刀位相对于主轴箱的位置（见图 6-24）。

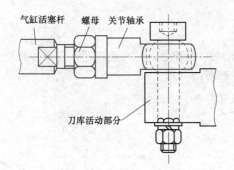

图 6-23　刀库与主轴箱的相对位置调整

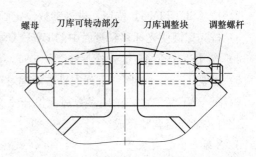

图 6-24　换刀刀位相对于主轴箱的位置调整

通过上述两个环节的调整，可使刀库摆到主轴位时其刀柄的中心准确的对正主轴中心，调整时，可利用工装进行检查，检测刀柄中心和主轴中心是否对正，如图 6-25 所示。调好后将活塞杆上及调整螺钉上的螺母拧紧。

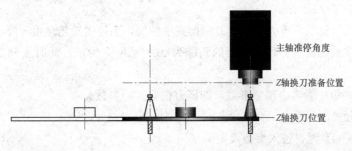

图 6-25　刀柄中心和主轴中心对正

2. 主轴准停调整

主轴准停位置调整的目的是使刀柄上的键槽与主轴端面键对正，从而实现准确抓刀。具体步骤介绍如下。

（1）在 MDI 状态下，执行 M19 或者在 JOG 方式下按主轴定向键。

（2）把刀柄（无拉钉）装到刀库上，再把刀库摆到换刀位置。

（3）利用手轮把 Z 轴摇下，观察主轴端面键是否对正刀柄键槽，如果没有对正，利用手轮把 Z 轴慢慢升起，如图 6-26 所示。

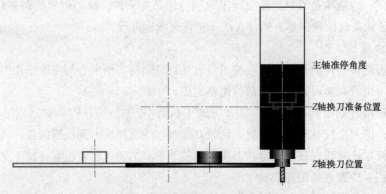

主轴准停角度

Z 轴换刀准备位置

Z 轴换刀位置

图 6-26　Z 轴换刀位置的调整

（4）通过修改参数调整主轴准停位置，其操作步骤如下。

1）选择 MDI 方式。

2）按【SETTING】按钮，进入参数设定画面。

3）按光标键使光标移到页面中的 PWE（写参数开关）参数处，使其置"1"，打开参数开关。

4）按【SYSTEM】键查找参数 No.4077，修正此参数值。

5）重复 a、c、d 步骤，直到主轴端面键对正了键槽为止。

6）把 PWE 置"0"，关闭参数写保护开关。

此时主轴准停调整完成。

3. Z 轴换刀位置调整

Z 轴换刀位置调整同样也是为了刀柄上的键槽与主轴端面键在一条水平线上，能够对正，从而实现正确抓、卸刀具。

方法是采用标准刀柄测主轴松刀和抓刀时刀柄的位移量 ΔK，要求 $\Delta K = 0.79 \pm 0.04$。主轴向下移动，抓住标准刀柄并夹紧后，用量规和塞尺测量主轴下端面与刀环上端面的距离 ΔG，然后来确定主轴箱换刀的位置坐标 Ztc。

（1）刀库装上无拉钉的标准刀柄，使刀库摆到主轴位，手摇主轴箱缓慢下降，使主轴键慢慢进入刀柄键槽，直到主轴端面离刀环上端面的间隙为 $\Delta G = \Delta K/2$ 为止，此时主轴坐标即为换刀位置坐标 Ztc 值。

（2）修改 Z 轴的第二参考点位置参数，即换刀位置坐标参数。

1）选择 MDI 方式。

2）按【SETTING】键，进入参数设定画面。

3）按光标键使光标移到写参数开关（PWE）处，使其置"1"，打开参数写保护开关。

4）按【SYSTEM】键查找参数 No. 1241，把 Ztc 写入 No. 1241 参数中。

5）再进入参数设定画面，将写参数开关（PWE）置"0"。

此时 Z 轴高低位置调整完成。

五、故障维修

刀库互锁 M03 不能执行的故障排除。

故障现象：某配套 SIEMENS 810M 的立式加工中心，在自动运行如下指令时

T∗∗ M06；

S∗∗ M03；

G00Z-100；

有时出现主轴不转，而 Z 轴向下运动的情况。

故障分析：本机床采用的是无机械手换刀方式，换刀动作通过气动控制刀库的前后、上下实现的。由于故障偶然出现，分析故障原因，它应与机床的换刀与主轴间的互锁有关。仔细检查机床的 PLC 程序设计，发现该机床的换刀动作与主轴间存在互锁，即：只有当刀库在后位时，主轴才能旋转；一旦刀库离开后位，主轴必须立即停止。现场观察刀库的动作过程，发现该刀库运动存在明显的冲击，在刀库到达后位时，存在振动现象。通过系统诊断功能，可以明显发现刀库的"后位"信号有多次通断的情况。而程序中的"换刀完成"信号（M06 执行完成）为刀库的"后位到达"信号，因此，当刀库后退时在第一次发出到位信号后，系统就认为换刀已经完成，并开始执行 S∗∗ M03 指令。但 M03 执行过程中（或执行完成后），由于振动，刀库后位信号再次消失，引起了主轴的互锁，从而出现了主轴停止转动而 Z 轴继续向下的现象。

故障处理：通过调节气动回路，使得刀库振动消除，并适当减少无触点开关的检测距离，避免出现后位信号的多次通断现象。在以上调节不能解决时，可以通过增加 PLC 程序中的延时或加工程序中的延时解决。

◎ **任务扩展——刀库的控制**（以斗笠式刀库为例介绍）

一、刀库程序流程（见图 6-27）

二、相关参数设定

M06 代码调用宏程序：6071～6079，调用 9001～9009 宏程序，例如 6071 设定为 6，则 M06 调用 9001 宏程序。

参考位置：1240～1243，每个轴的第一到第四参考点的坐标值，一般使用第一参考点（参数 1240）作为相关轴的换刀点坐标值。

三、换刀宏程序

1. 换刀各个动作用 M 代码来实现

```
O9001（CHANGE TOOL）；
N1 IF[#1000EQ1]GOTO22；
N2 #199 = #4003；
N3 #198 = #4006；
N4 IF[#1002EQ1]GOTO10；
N5 IF[[#1003EQ1]GOTO7；
N6 GOTO11；
N7 M51；
```

N8 G21 G91 G30 P2 Z0 M19;

N9 GOTO11;

N10 G21 G91 G28 Z0 M19;

N11 M50;

N12 M52;

N13 M53;

N14 G91 G28 Z0;

N15 IF［#1001EQ1］GOTO018;

N16 M54;

N17 G91 G30 P2 Z0;

N18 M55;

N19 M56;

N20 M51;

N21 G#199 G#198;

N22 M99;

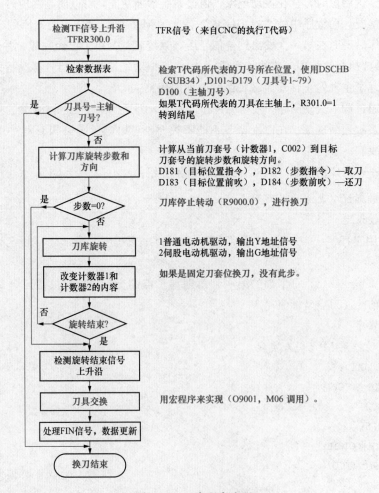

图 6-27　刀库程序流程

2. M 代码含义

M50：刀库旋转。

M51：刀库旋转结束。

M52：刀库向右（靠近主轴）。

M53：松刀，吹气。

M54：刀盘旋转。

M55：刀盘夹紧。

M56：刀盘向左（远离主轴）。

四、安全处理

（1）换刀动作每个步骤之间的安全处理：可由宏程序执行各个 M 代码按顺序执行。

（2）宏程序和 PMC 之间的安全保护：使用宏变量♯1000～♯1015，♯1100～♯1115 等。对应于 PMC 地址：G54.0～G55.7（♯1000～♯1015 对应），F54.0～F55.7（♯1100～♯1115 对应）。

任务三 换刀机械手的装调与维修

任务引入

采用机械手进行刀具交换的方式应用的最为广泛，这是因为机械手换刀有很大的灵活性，而且可以减少换刀时间。

在自动换刀数控机床中，机械手的形式也是多种多样的，常见的有如图 6-28 所示与见表 6-6 的几种形式。

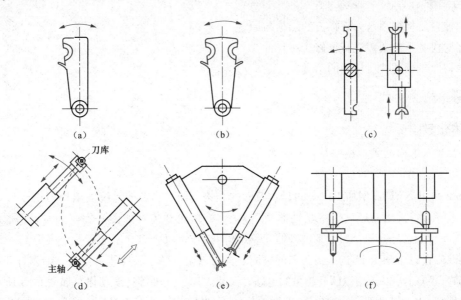

图 6-28 机械手形式

（a）单臂单爪回转式机械手；（b）单臂双爪摆动式机械手；（c）单臂双爪回转式机械手；（d）双机械手；

（e）双臂往复交叉式机械手；（f）双臂端面夹紧机械手

表 6-6 常见机械手实物

名称	结 构 形 状
单手机械手	 
单臂双手机械手	 
双机械手	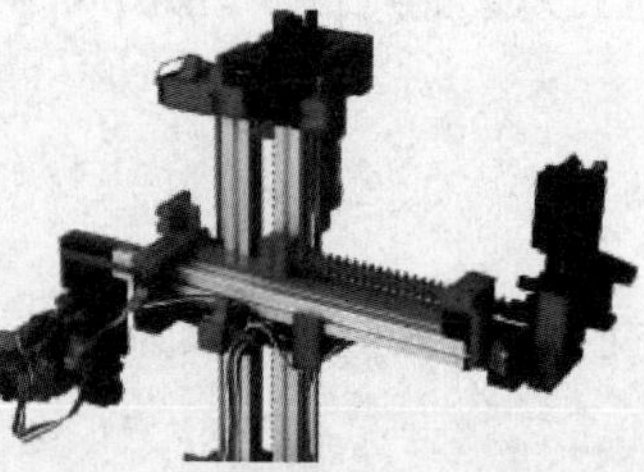

任务目标

- 掌握液压机械手与刀库换刀的结构与原理
- 会对机械手的故障进行维修
- 单臂双爪回转式机械手的结构

任务实施

一体化教学

一、单臂双爪回转式机械手与刀库换刀

1. 刀库的结构

图 6-29 是 JCS-018A 型加工中心的盘式刀库的结构简图。当数控系统发出换刀指令后，直流伺服电动机 1 接通，其运动经过十字联轴器 2、蜗杆 4、蜗轮 3 传到如图 6-29（a）右图所示的刀盘 14，刀盘带动其上面的 16 个刀套 13 转动，完成选刀工作。每个刀套尾部有一个滚子 11，当待换刀具转到换刀位置时，滚子 11 进入拨叉 7 的槽内。同时气缸 5 的下腔通压缩空气，活塞杆 6 带动拨叉 7 上升，放开位置开关 9，用以断开相关的电路，防止刀库、主轴等有误动作。如图 6-29 所示，拨叉 7 在上升的过程中，带动刀套绕着销轴 12 逆时针向下翻转 90°，从而使刀具轴线与主轴轴线平行。

刀库下转 90°后，拨叉 7 上升到终点，压住定位开关 10，发出信号使机械手抓刀。通过图 6-29（a）左图中的螺杆 8，可以调整拨叉的行程。拨叉的行程决定刀具轴线相对主轴轴线的位置。

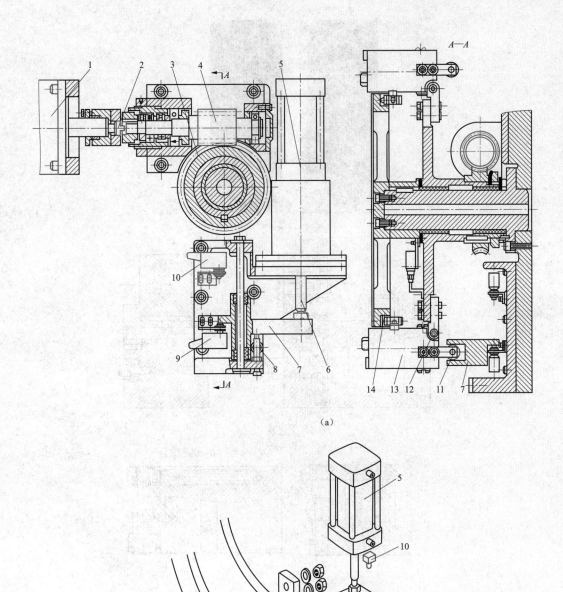

（a）

（b）

图 6-29　JCS-018A 型加工中心的圆盘式刀库的结构（一）

（a）JCS-018A 刀库结构简图；（b）选刀及刀套翻转示意图

1—直流伺服电动机；2—十字联轴器；3—蜗轮；4—蜗杆；5—气缸；6—活塞杆；7—拨叉；8—螺杆；9—位置开关；
10—定位开关；11—滚子；12—销轴；13—刀套；14—刀盘；18—滚轮；19—固定盘

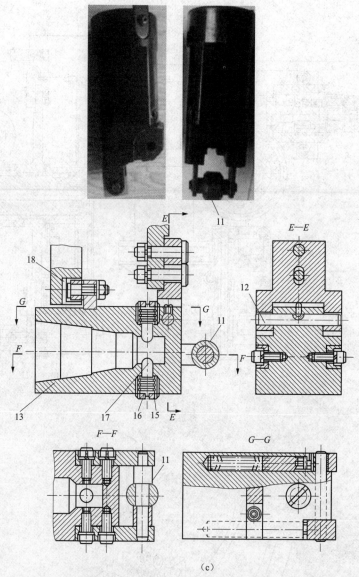

图 6-29　JCS-018A 型加工中心的圆盘式刀库的结构（二）

（c）JCS-018A 刀库结构图

1—直流伺服电动机；2—十字联轴器；3—蜗轮；4—蜗杆；5—气缸；6—活塞杆；7—拨叉；8—螺杆；9—位置开关；
10—定位开关；11—滚子；12—销轴；13—刀套；14—刀盘；15—弹簧；16—螺纹套；17—球头销钉；18—滚轮；19—固定盘

刀套 13 的锥孔尾部有两个球头销钉 17。在螺纹套 16 与球头销之间装有弹簧 15，当刀具插入刀套后，由于弹簧力的作用，使刀柄被夹紧。拧动螺纹套，可以调整夹紧力大小，当刀套在刀库中处于水平位置时，靠刀套上部的滚轮 18 来支承。

2. 机械手的结构

图 6-30 为 JCS-018A 型加工中心机械手传动结构示意图。当前面所述刀库中的刀套逆时针旋转 90°后，压下上行程位置开关，发出机械手抓刀信号。此时，机械手 21 正处在如图 6-30（a）所示的上面位置，液压缸 18 右腔通压力油，活塞杆推着齿条 17 向左移动，使得齿轮 11 转动。传动盘 10 与齿轮 11 用螺钉连接，它们空套在机械手臂轴 16 上，传动盘 10 与机械手臂轴 16 用花键连接，

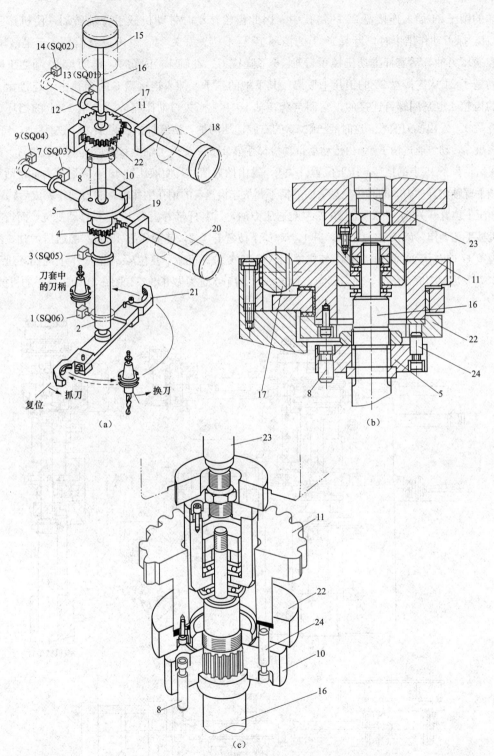

图 6-30　JCS-018A 型加工中心机械手传动结构示意图

（a）机械手；（b）传动盘与连接盘结构图；（c）传动盘与连接盘示意图

1、3、7、9、13、14—位置开关；2、6、12—挡环；4、11—齿轮；5、22—连接盘；8、24—销子；10—传动盘；

15、18、20—液压缸；16—轴；17、19—齿条；21—机械手；23—活塞杆

它上端的销子 24 插入连接盘 22 的销孔中，因此齿轮转动时带动机械手臂轴转动，使机械手回转75°抓刀。抓刀动作结束时，齿条 17 上的挡环 12 压下位置开关 14，发出拔刀信号，于是液压缸 15 的上腔通压力油，活塞杆推动机械手臂轴 16 下降拔刀。在轴 16 下降时，传动盘 10 随之下降，其上端的销子 24 从连接盘 22 的销孔中拔出；其下端的销子 8 插入连接盘 5 的销孔中，连接盘 5 和其下面的齿轮 4 也是用螺钉连接的，它们空套在轴 16 上。当拔刀动作完成后，轴 16 上的挡环 2 压下位置开关 1，发出换刀信号。这时液压缸 20 的右腔通压力油，活塞杆推着齿条 19 向左移动，使齿轮 4 和连接盘 5 转动，通过销子 8，由传动盘带动机械手转 180°，交换主轴上和刀库上的刀具位置。换刀动作完成后，齿条 19 上的挡环 6 压下位置开关 9，发出插刀信号，使液压缸 15 下腔通压力油，活塞杆带着机械手臂轴上升插刀，同时传动盘下面的销子 8 从连接盘 5 的销孔中移出。插刀动作完成后，16 上的挡环 2 压下位置开关 3，使液压缸 20 的左腔通压力油，活塞杆带着齿条 19 向右移动复位，而齿轮 4 空转，机械手无动作。齿条 19 复位后，其上挡环压下位置开关 7，使液压缸 18 的左腔通压力油，活塞杆带着齿条 17 向右移动，通过齿轮 11 使机械手反转 75°复位。机械手复位后，齿条 17 上的挡环压下位置开关 13，发出换刀完成信号，使刀套向上翻转 90°，为下次选刀做好准备。图 6-31 为机械手的机械机构。

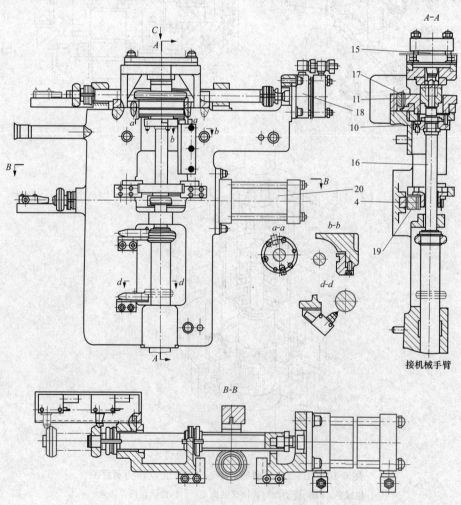

图 6-31　机械手的机械机构（一）

4、11—齿轮；10—传动盘；15、18、20—液压缸；16—轴；17、19—齿条

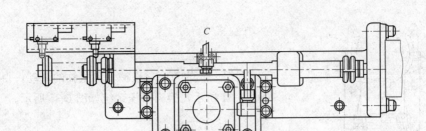

图 6-31　机械手的机械机构（二）

 查一查：数控机床上常用的机械手还有哪几种形式？其结构是怎样的？

3. 机械手爪

图 6-32 为机械手抓刀部分的结构，它主要由手臂 1 和固定其两端的结构完全相同的两个手爪 7 组成。手爪上握刀的圆弧部分有一个锥销 6，机械手抓刀时，该锥销插入刀柄的键槽中。当机械手由原位转 75°抓住刀具时，两手爪上的长销 8 分别被主轴前端面和刀库上的挡块压下，使轴向开有长槽的活动销 5 在弹簧 2 的作用下右移顶住刀具。机械手拔刀时，长销 8 与挡块脱离接触，锁紧销 3 被弹簧 4 弹起，使活动销顶住刀具不能后退，这样机械手在回转 180°时，刀具不会被甩出。当机械手上升插刀时，两长销 8 又分别被两挡块压下，锁紧销从活动销的孔中退出，松开刀具，机械手便可反转 75°复位。

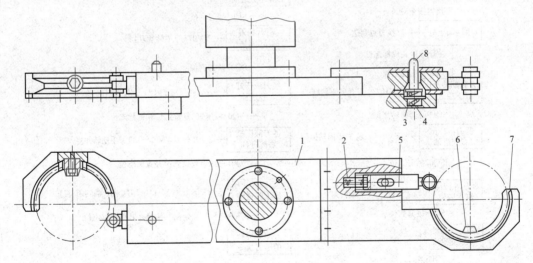

图 6-32　机械手爪刀部分的结构

1—手臂；2、4—弹簧；3—锁紧销；5—活动销；6—锥销；7—手爪；8—长销

机械手手爪的形式很多，应用较多的是钳形手爪。钳形手的杠杆手爪如图 6-33 所示。图中的锁销 2 在弹簧（图中未画出此弹簧）作用下，其大直径外圆顶着止退销 3，杠杆手爪 6 就不能摆动张开，手中的刀具就不会被甩出。当抓刀和换刀时，锁销 2 被装在刀库主轴端部的撞块压回，止退销 3 和杠杆手爪 6 就能够摆动，放开，刀具 9 能装入和取出，这种手爪均为直线运动抓刀。

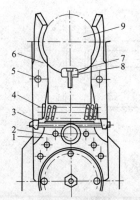

图 6-33　钳形手的杠杆手爪

1—手臂；2—锁销；3—止退销；4—弹簧；
5—支点轴；6—杠杆手爪；7—键；
8—螺钉；9—刀具

▶▶ **教师讲解**

二、换刀流程

根据上述的刀库、机械手和主轴的联动，得到换刀流程如图 6-34 所示，换刀液压系统如图 6-35 所示。

▶▶ **技能训练**

三、凸轮式机械手刀库的拆装

1. 圆柱槽凸轮式机械手刀库换刀

其工作原理如图 6-36 所示。这种机械手的优点是：由电动机驱动，不需较复杂的液压系统及其密封、缓冲机构，没有漏油现象，结构简单，工作可靠。同时，机械手手臂的回转和插刀、拔刀的分解动作是联动的，部分时间可重叠，从而大大缩短了换刀时间。

2. 拆装过程

圆柱槽凸轮式机械手刀库的拆装过程如表 6-7 所示。

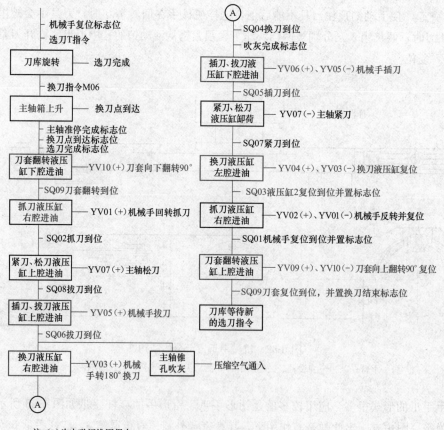

图 6-34　换刀流程

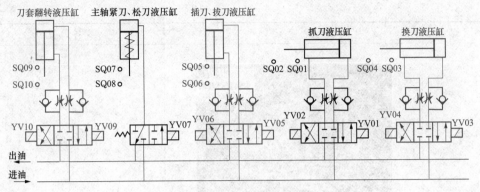

图 6-35 换刀液压系统

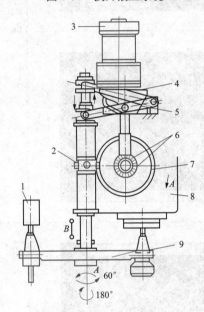

图 6-36 圆柱槽凸轮式换刀机械手的工作原理

1—刀套；2—十字轴；3—电动机；4—圆柱槽凸轮（手臂上下）；5—杠杆；6—锥齿轮；

7—凸轮滚子（平臂旋转）；8—主轴箱；9—换刀手臂

表 6-7　　　　　　　　　　圆柱槽凸轮式机械手刀库的拆装过程

步　骤	图　示	备　注
1	要打开机构箱盖，必须先拆开凸轮轴承盖，链条松紧调节轮之端盖和各箱盖之固定螺丝，就可直接打开箱盖	打开箱盖

步　骤	图　　示	备　注
 1	FV系列换刀机构箱盖打开后之内部结构	内部结构
	 FV系列刀库拆掉换刀机构后背面结构	背面结构
	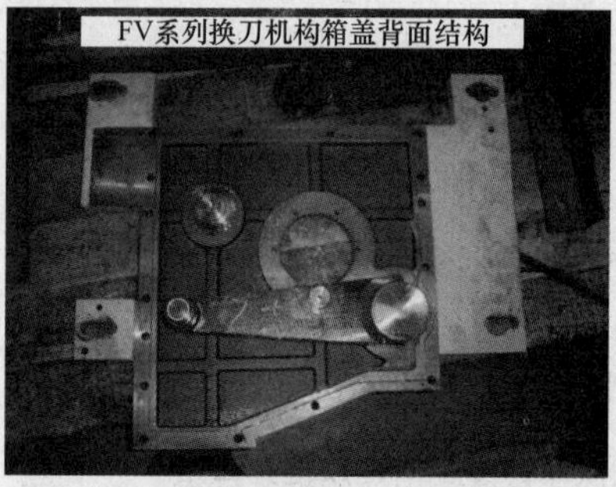 FV系列换刀机构箱盖背面结构	箱盖结构
2	 FV系列换刀机构取出凸轮单元后之内部结构	取出凸轮

续表

步　骤	图　示	备　注
3	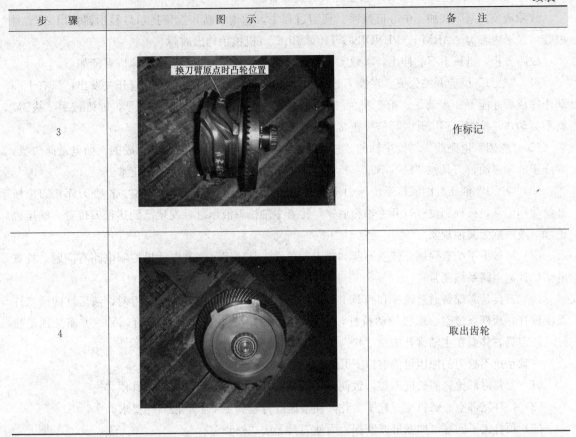	作标记
4		取出齿轮

四、常见故障诊断与排除

1. 刀库无法旋转的故障排除

故障现象：自动换刀时，刀链运转不到位，刀库就停止运转了，机床自动报警。

故障分析：由故障报警可知，此故障是伺服电动机过载。检查电气控制系统，没有发现什么异常，问题可能是：刀库链或减速器内有异物卡住；刀库链上的刀具太重；润滑不良。经检查上述三项均正常，则问题可能出现在其他方面，卸下伺服电动机，发现伺服电动机内部有许多切削液，致使线圈短路。原因是电动机与减速器连接的密封圈处的密封圈磨损，从而导致切削液渗入电动机。

故障处理：更换密封圈和伺服电动机后，故障排除。

2. 机械手不能缩爪故障排除

故障现象：某配套 FANUC 11 系统的 BX-110P 加工中心，JOG 方式时，机械手在取送刀具时，不能缩爪。机床在 JOG 状态下加工工件时，机械手将刀具从主刀库中取出送入送刀盒中，不能缩爪，但却不报警；将方式选择到 ATC 状态，手动操作都正常。

故障分析：经查看梯形图，原来是限位开关 LS916 并没有压合；调整限位开关位置后，机床恢复正常。但过一段时间后，再次出现此故障，检查 LS916 并没松动，但却没有压合，由此怀疑机械手的液压缸拉杆没伸到位。经查发现液压缸拉杆顶端锁紧螺母的紧定螺钉松动，使液压缸伸缩的行程发生了变化。

故障排除：调整了锁紧螺母并拧紧紧定螺钉后，此故障排除。

3. 机械手无法从主轴和刀库中取出刀具的故障排除

故障现象：某卧式加工中心机械手，换刀过程中，动作中断，报警指示灯显示器发出 2012 号报警，显示内容为"ARM EXPENDING TROUBLE"（机械手伸出故障）。

故障分析：机械手不能伸出，以致无法完成从主轴和刀库中拔刀故障的原因可能如下。

（1）"松刀"感应开关失灵。在换刀过程中，各动作的完成信号均由感应开关发出，只有上一动作完成后才能下一步动作。第 3 步为"主轴松刀"，如果感应开关未发信号，则机械手"拔刀"就不会动作。检查两感应开关，信号正常。

（2）"松刀"电磁阀失灵。主轴的"松刀"，是由电磁阀接通液压缸来完成的。如电磁阀失灵，则液压缸未进油，刀具就"松"不了。检查主轴的"松刀"电磁阀，动作均正常。

（3）"松刀"液压缸因液压系统压力不够或漏油而不动作，或行程不到位。检查刀库松刀液压缸，动作正常，行程到位；打开主轴箱后罩，检查主轴松刀液压缸，发现已到达松刀位置，油压也正常，液压缸无漏油现象。

（4）机械手系统有问题，建立不起"拔刀"条件。其原因可能是电动机控制电路有问题。检查电动机控制电路系统正常。

（5）刀具是靠碟簧通过拉杆和弹簧卡头而将刀具尾端的拉钉拉紧的。松刀时，液压缸的活塞杆顶压顶杆，顶杆通过空心螺钉推动拉杆，一方面使弹簧卡头松开刀具的拉钉，另一方面又顶动拉钉，使刀具右移而在主轴锥孔中变"松"。

主轴系统不松刀的原因可能有以下几点。

（1）刀具尾部拉钉的长度不够，致使液压缸虽已运动到位，但仍未将刀具顶"松"。

（2）拉杆尾部空心螺钉位置起了变化，使液压缸行程满足不了"松刀"要求。

（3）顶杆出了问题（如变形或磨损）而使刀具无法"松开"。

（4）弹簧卡头出故障，不能张开。

（5）主轴装配调整时，刀具移动量调得太小，致使在使用过程中一些综合因素导致不能满足"松刀"条件。

拆下"松刀"液压缸，检查发现这一故障系制造装配时，空心螺钉的伸出量调整得太小，故"松刀"液压缸行程到位，而刀具在主轴锥孔中"压出"不够，刀具无法取出。

故障处理：调整空心螺钉的"伸出量"，保证在主轴"松刀"液压缸行程到位后，刀柄在主轴锥孔中的压出量为 0.4～0.5mm。经以上调整后，故障排除。

4. JCS-018A 方式加工中心机械手失灵故障排除

故障现象：手臂旋转速度快慢不均匀，汽液转换器失油频率加快，机械手旋转不到位，手臂升降不动作，或手臂复位不灵。调整 SC-15 节流阀配合手动调整，只能维持短时间正常运行，且排气声音逐渐混浊，不像正常动作时清晰，最后到不能换刀。

故障分析：

（1）手臂旋转 75°抓主轴和刀套上的刀具，必须到位抓牢，才能下降脱刀。动作到位后旋转 180°换刀位置上升分别插刀，手臂再复位、刀套上。75°、180°旋转，其动力传递是压缩空气源推动气液转换器转换成液压油由电控程序指令控制，其旋转速度由 SC-15 节流阀调整。换向由 5ED-10N18F 电磁阀控制。一般情况下，这些元部件是寿命很长的，可以排除这类元件存在的问题。

（2）因刀套上下和手臂上下是独立的气源推动，排气也是独立的消声排气口，所以不受手臂旋转力传递的影响，但旋转不到位时，手臂升降是不可能的。根据这一原理，着重检查手臂旋转系统执行元件成为必要的工作。

（3）观察 75°、180°手臂旋转，或不旋转时油缸伸缩对应气液转换各油标升降、高低情况，发觉左右配对的气液转换器的左边呈上限右边就呈下限，反之亦然，且公用的排气口有较大的油液排出，分析气液转换器、尼龙管道均属密闭安装，所以此故障原因应在执行器件液压缸上。

（4）拆卸机械手液压缸，解体检查，发现活塞支承环 O 形圈均有直线性磨损，已不能密封。液压缸内壁粗糙，环状刀纹明显，精度太差。

故障处理：更换液压缸缸筒与 O 形圈，重装调整后故障消失。

⨠讨论总结

在教师、工厂工程人员、数控机床的维修人员、数控机床的安装调试人员的参与下，学生结合上网查询、图书馆查资料等手段，总结刀库换刀装置常见故障诊断。

五、刀库换刀装置常见故障诊断

刀库及换刀机械手结构复杂，且在工作中又频繁运动，所以故障率较高。目前数控机床 50% 以上故障都与它们有关。

刀库及换刀机械手的常见故障及排除方法见表 6-8。

表 6-8　　　　　　　　　　　刀库及换刀机械手常见故障及排除方法

序号	故障现象	故障原因	排除方法
1	刀库不能旋转	连接电动机轴与蜗杆轴的联轴器松动	紧固联轴器上的螺钉
		刀具质量超重	刀具质量不得超过规定值
2	刀套不能夹紧刀具	刀套上的调整螺钉松动或弹簧太松，造成卡紧力不足	顺时针旋转刀套两端的调节螺母，压紧弹簧，顶紧卡紧销
		刀具超重	刀具质量不得超过规定值
3	刀套上不到位	装置调整不当或加工误差过大而造成拨叉位置不正确	调整好装置，提高加工精度
		限位开关安装不正确或调整不当造成反馈信号错误	重新调整安装限位开关
4	刀具不能夹紧	气压不足	调整气压在额定范围内
		增压漏气	关紧增压
		刀具卡紧液压缸漏油	更换密封装置，卡紧液压缸不漏
		刀具松卡弹簧上的螺母松动	旋紧螺母
5	刀具夹紧后不能松开	松锁刀的弹簧压力过紧	调节锁刀弹簧上的螺钉，使其最大载荷不超过额定值
6	刀具从机械手中脱落	机械手卡紧销损坏或没有弹出来	更换卡紧销或弹簧
		换刀时主轴箱没有回到换刀点或换刀点发生漂移	重新操作主轴箱运动，使其回到换刀点位置，并重新设定换刀点
		机械手抓刀时没有到位，就开始拔刀	调整机械手手臂，使手臂爪抓紧刀柄后再拔刀
		刀具质量超重	刀具质量不得超过规定值
7	机械手换刀速度过快或过慢	气压太高或节流闪阀开口过大	保证气泵的压力和流量，旋转节流阀到换刀速度合适

◎ **任务扩展——平面凸轮式换刀机械手**

典型的凸轮换刀装置的结构原理如图6-37所示,它主要由驱动电动机1、减速器2、平面凸轮4、弧面凸轮5、连杆机构6、机械手7等部件构成。换刀时,驱动电动机1连续回转,通过减速器2与凸轮换刀装置相连,提供装置的动力;并通过平面凸轮、弧面凸轮以及相应的机构,将驱动电动机的连续运动转化为机械手的间隙运动。

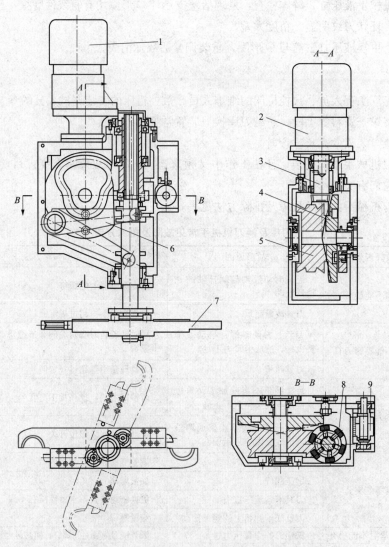

图6-37 典型的凸轮换刀装置的结构原理

1—驱动电动机;2—减速器;3—锥齿轮;4—平面凸轮;5—弧面凸轮;6—连杆机构;

7—机械手;8—滚珠盘;9—电气信号盘

图6-37中,平面凸轮4通过锥齿轮3和减速器2连接,在驱动电动机转动时,通过连杆机构6,带动机械手7在垂直方向作上、下运动,以实现机械手在主轴上的"拔刀"、"装刀"动作。弧面凸轮5和平面凸轮4相连,在驱动电动机回转时,通过滚珠盘8(共6个滚珠)带动花键轴转动,花键轴带动机械手7在水平方向作旋转运动,以实现从机械手转位,完成"抓刀"和"换刀"动

作。电气信号盘 9 中安装有若干开关，以检测机械手实际运动情况，实现电气互锁。

综合测试

一、填空题

1. 经济型数控车床方刀架换刀时的动作顺序是：_____、刀架转位、_____和夹紧。

2. _____的方式是利用刀库与机床主轴的相对运动实现刀具交换。

3. 刀库一般使用_____或液压系统来提供转动动力，用刀具_____来保证换刀的可靠性，用定位机构来保证更换的每一把刀具或刀套都能可靠地准停。

4. 刀库的功能是____加工工序所需的各种刀具，并按程序指令，把将要用的刀具准确地送到_____，并接受从主轴送来的已用刀具。

二、选择题（请将正确答案的代号填在空格中）

1. 代表自动换刀的英文是（ ）。

A. APC B. ATC C. PLC

2. 刀库的最大转角为（ ），根据所换刀具的位置决定正转或反转，由控制系统自动判别，以使找刀路径最短。

A. 90° B. 120° C. 180°

3. 回转刀架换刀装置常用数控（ ）。

A. 车床 B. 铣床 C. 钻床

4. 加工中心的自动换刀装置由驱动机构、（ ）组成。

A. 刀库和机械手 B. 刀库和控制系统

C. 机械手和控制系统 D. 控制系统

5. 加工中心换刀可与机床加工重合起来，即利用切削时间进行（ ）。

A. 对刀 B. 选刀 C. 换刀 D. 校核

6. 刀具交换时，掉刀的原因主要是由于（ ）引起的。

A. 电动机的永久磁体脱落

B. 松锁刀弹簧压合过紧

C. 刀具质量过小（一般小于 5kg）

D. 机械手转位不准或换刀位置飘移

7. 目前在数控机床的自动换刀装置中，机械手夹持刀具的方法应用最多的是（ ）。

A. 轴向夹持 B. 径向夹持 C. 法兰盘式夹持

8. 在采用 ATC 后，数控加工的辅助时间主要用于（ ）。

A. 工件安装及调整 B. 刀具装夹及调整 C. 刀库的调整

9. 用于机床刀具编号的指令代码是（ ）。

A. F 代码 B. T 代码 C. M 代码

10. 在刀具交换过程中主轴里刀具拔不出，发生原因可能为（ ）。

A. 克服刀具夹紧的液压力小于弹簧力

B. 液压缸活塞行程不够

C. 用于控制刀具放松的电磁换向阀不得电

D. 以上原因都有可能

三、判断题（正确的划"√"，错误的划"×"）

1. 数控车床采用刀库形式的自动换刀装置。（　　）

2. 刀库回零时，可以从一个任意方向回零，至于是顺时针回转回零还是逆时针回转回零，由设计人员定。（　　）

3. 单臂双爪摆动式机械手两个夹爪可同时抓取刀库及主轴上的刀具，回转180°后，又同时将刀具放回刀库及装入主轴。（　　）

4. 转塔式的自动换刀装置是数控车床上使用最普遍、最简单的自动换刀装置。（　　）

5. 刀库是自动换刀装置最主要的部件之一，圆盘式刀库因其结构简单，取刀方便而应用最为广泛。（　　）

6. 加工中心都采用任意选刀的选刀方式。（　　）

7. 换刀时发生掉刀的原因之一可能是刀具超过规定质量。（　　）

8. 加工中心上使用的刀具有质量限制。（　　）

9. 加工中心程序"M06T02"表示调用2号刀具补偿。（　　）

模块七

数控机床辅助装置的装调与维修

数控机床的辅助装置，是数控机床上不可缺少的装置，在数控加工中起辅助作用，其编程控制指令不像准备功能（G 功能）那样，是由数控系统制造商根据一定的标准（如 EIA 标准、SIO 标准等）制定的。而是由机床制造商，以数控系统为依据，根据相关标准（如 EIA 标准、SIO 标准等）并结合实际情况而设定的（见图 7-1 卡盘夹紧 M10/卡盘松开 M11、尾座套筒前进 M12/尾座套筒返回 M13、尾座前进 M21/尾座后退 M22、工件收集器进 M74/工件收集器退 M73），不同的机床生产厂家即使采用相同的数控系统，其辅助功能也可能是有差异的。

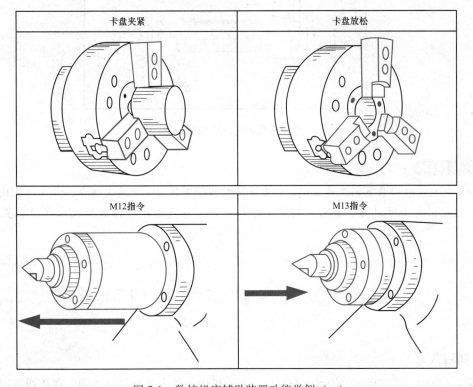

图 7-1　数控机床辅助装置功能举例（一）

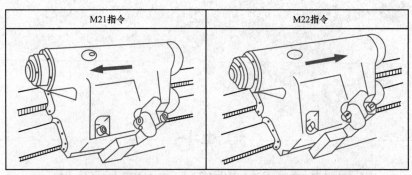

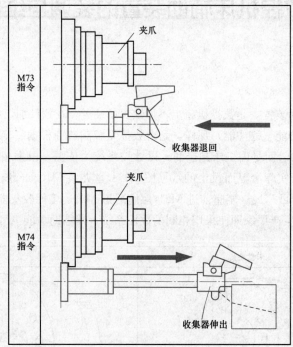

图 7-1 数控机床辅助装置功能举例（二）

⚙模块目标

　　掌握数控机床辅助装置的工作原理，能看懂数控回转工作台、分度工作台、卡盘、尾座等辅助装置的装配图；能看懂尾座、卡盘、润滑及冷却装置的电气图；掌握数控机床辅助装置的维修方法。

任务一　数控车床辅助装置的装调与维修

🔖任务引入

　　如图 7-2 所示，数控机床上的卡盘与尾座与普通机床上的卡盘与尾座不同。在普通机床上他们的动作是靠手工完成的，而在数控机床上是通过编程或控制开关自动完成的。

图 7-2　卡盘与尾座

任务目标

- 掌握车床辅助装置的工作原理
- 能看懂车床辅助装置的装配图
- 能看懂车床辅助装置的电气图
- 会对车床辅助装置的故障进行维修

任务实施

▶▶ 教师讲解

一、卡盘

1. 高速动力卡盘的结构

为提高数控车床的生产率，对主轴转速要求越来越高，以实现高速甚至超高速切削。现在数控车床的最高转速已由 1000～2000r/min，提高到每分钟数千转，有的数控车床甚至达到 10000r/min。普通卡盘已不能胜任这样的高转速要求，必须采用高速卡盘。早在 20 世纪 70 年代末期，德国福尔卡特公司就研制了世界上转速最高的 KGF 型高速动力卡盘，其试验速度达到了 10000r/min，实用的速度达到了 8000r/min。

图 7-3 为中空式动力卡盘结构图，图中右端为 KEF250 型卡盘，左端为 P24160A 型油缸。这种卡盘的动作原理是：当油缸 21 的右腔进油使活塞 22 向左移动时，通过与连接螺母 5 相连接的中空拉杆 26，使滑体 6 随连接螺母 5 一起向左移动，滑体 6 上有三组斜槽分别与三个卡爪座 10 相啮合，借助 10°的斜槽，卡爪座 10 带着卡爪 1 向内移动夹紧工件。反之，当油缸 21 的左腔进油使活塞 22 向右移动时，卡爪座 10 带着卡爪 1 向外移动松开工件。当卡盘高速回转时，卡爪组件产生的离心力使夹紧力减少。与此同时，平衡块 3 产生的离心力通过杠杆 4（杠杆力肩比 2∶1）变成压向卡爪座的夹紧力，平衡块 3 越重，其补偿作用越大。为了实现卡爪的快速调整和更换，卡爪 1 和卡爪座 10 采用端面梳形齿的活爪连接，只要拧松卡爪 1 上的螺钉，即可迅速调整卡爪位置或更换卡爪。

2. 卡盘的液压控制

某数控车床卡盘与尾座的控制回路如图 7-4 所示。分析液压控制原理，得知液压卡盘与液压尾座的电磁阀动作顺序，见表 7-1。

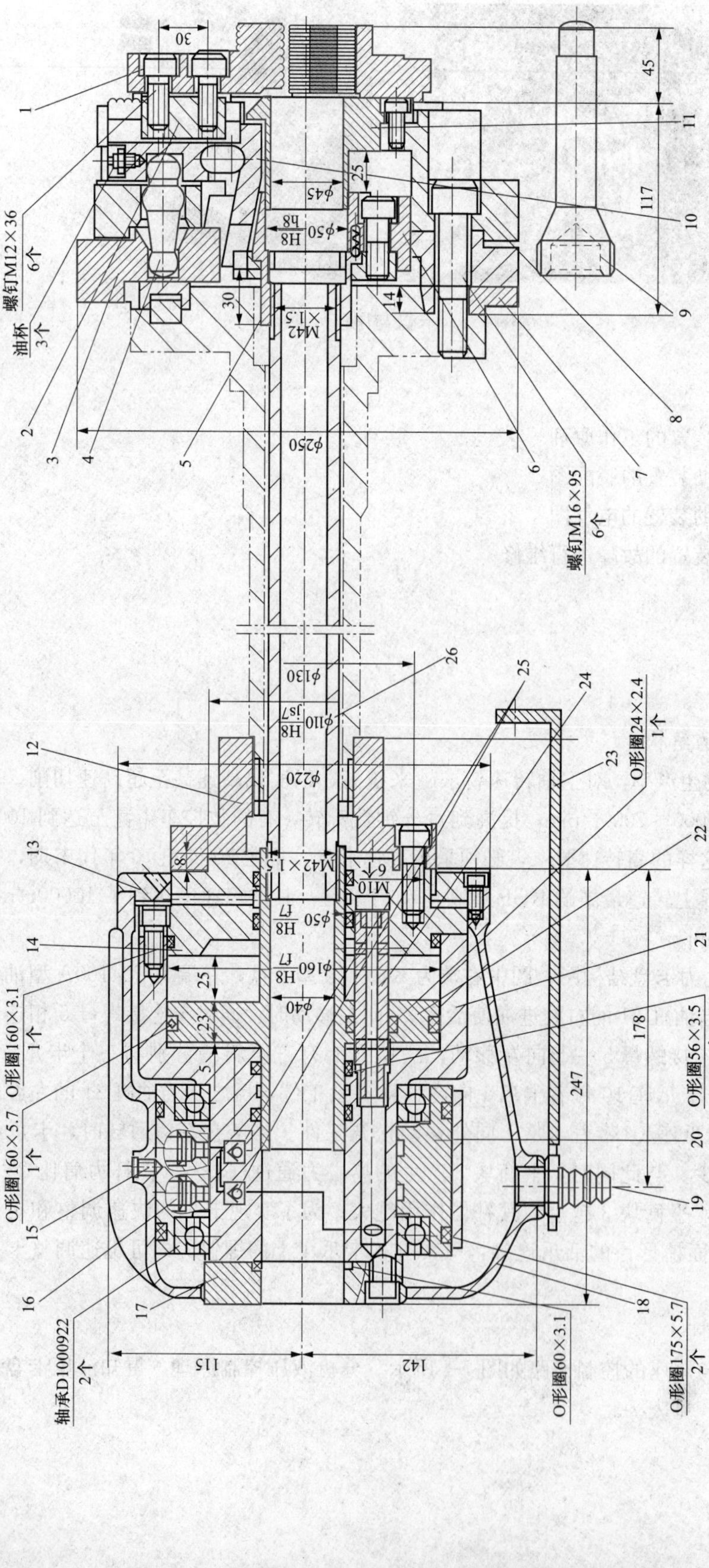

图7-3 中空式动力卡盘结构图

1—卡爪；2—T形块；3—平衡块；4—杠杆；5—连接螺母；6—滑块；7—法兰盘；8—盘体；9—板手；10—卡爪座；11—防护盘；12—法兰盘；13—前盖；14—油缸盖；15—紧定螺钉；16—压力管接头；17—后盖；18—罩壳；19—漏油管接头；20—导油套；21—油缸；22—活塞；23—防转支架；24—导向杆；25—安全阀；26—中空拉杆

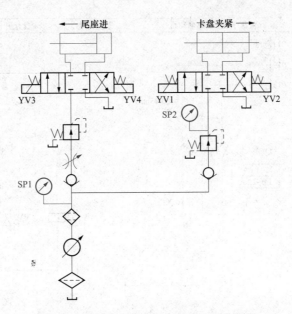

图 7-4　某数控车床卡盘与尾座的控制回路

表 7-1　　　　　　　　　　液压卡盘与液压尾座的电磁阀动作顺序

元件	工作状态	电磁阀				备注
		YV1	YV2	YV3	YV4	
尾座	尾座进	＋	－			电磁阀通电为"＋"，断电为"－"
	尾座退	－	＋			
卡盘	夹紧			＋	－	
	松开			－	＋	

▶▶技能训练

3. 卡盘电气连接

卡盘电气控制主电路与控制电路、信号电路如图 7-5 所示。

（1）卡盘夹紧。卡盘夹紧指令发出后，数控系统经过译码在接口发出卡盘夹紧信号→图 7-5（b）中的 KA3 线圈得电→图 7-5（a）中 KA3 动合触点闭合→YV1 电磁阀得电→卡盘夹紧。

（2）卡盘松开。卡盘松开指令发出后，数控系统经过译码在接口发出卡盘松开信号→图 7-5（b）中的 KA4 线圈得电→图 7-5（a）中 KA4 动合触点闭合→YV2 电磁阀得电→卡盘松开。

4. 卡盘故障检修

（1）液压卡盘失效的故障排除。故障现象：某配套 FANUC 0TD 的数控车床，在开机后发现液压站发出异响，液压卡盘无法正常装夹。

故障分析：经现场观察，发现机床开机启动液压泵后，即产生异响，而液压站输出部分无液压油输出，因此，可断定产生异响的原因出在液压站上。而产生该故障的原因可能如下：

1）液压站油箱内液压油太少，导致液压泵因缺油而产生空转。

2）液压站油箱内液压油由于长久未换，污物进入油中，导致液压油黏度太高而产生异响。

3）由于液压站输出油管某处堵塞，产生液压冲击，发出声响。

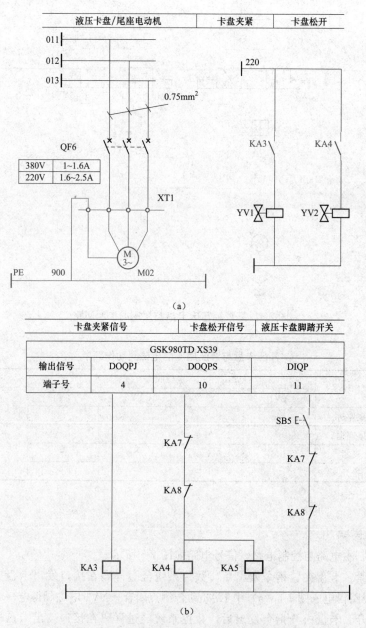

图 7-5 卡盘电气控制主电路与控制电路、信号电路
(a) 主电路与控制电路;(b) 信号电路

4）液压泵与液压电动机连接处产生松动,而发出声响。

5）液压泵损坏。

6）液压电动机轴承损坏。

检查后,发现在液压泵启动后,液压泵出口处压力为"0";油箱内油位处于正常位置,液压油还是比较干净的。进一步拆下液压泵检查,发现液压泵为叶片泵,叶片泵正常,液压电动机转动正常,因此,液压泵和液压电动机轴承均正常。而该泵与液压电动机连接的联轴器为尼龙齿式联轴器,由于该机床使用时间较长,液压站的输出压力调得太高,导致联轴器的啮合齿损坏,从而当液压电动机旋转时，联轴器不能很好地传递转矩，从而产生异响。

故障排除：更换该联轴器后，机床恢复正常。

（2）卡盘无松、夹动作的故障排除。故障现象：液压卡盘无松、夹动作。

故障分析：造成此类故障的原因可能是电气故障或液压部分故障。如液压压力过低、电磁阀损坏、夹紧液压缸密封环破损等。

故障排除：相继检查上述部位，调整液压系统压力或更换损坏的电磁阀及密封圈等，故障排除。

（3）CDK6140 数控车床卡盘失压的故障排除。故障现象：液压卡盘夹紧力不足，卡盘失压，监视不报警。

故障分析：CDK6140 SAG210/2NC 数控车床，配套的电动刀架为 LD4-Ⅰ型。卡盘夹紧力不足，可能是液压系统压力不足、执行件内泄、控制回路不稳定及卡盘移动受阻造成。

故障处理：调整系统压力至要求，检修液压缸的内泄及控制回路动作情况，检查卡盘各摩擦副的滑动情况，发现卡盘仍然夹紧力不足。经分析后，高速液压缸与卡盘间连接杆拉钉的调整螺母松动，紧固后故障排除。

⊛ 讨论总结

学生通过查手册等资料，在教师、工厂技术工人的参与下讨论卡盘常见故障及其排除方法。

二、卡盘故障的诊断

数控机床卡盘常见故障诊断见表 7-2。

表 7-2　　　　　　　　　　数控机床卡盘常见故障诊断

状　况	可能发生的原因	对　　策
卡盘无法动作	卡盘零件损坏	拆下并更换
	滑动件研伤	拆下，然后去除研伤零件的损坏部分并修理之，或更换新件
	液压缸无法动作	测试液压系统
底爪的行程不足	卡盘内部残留大量的碎屑	分解并清洁之
	连接管松动	拆下连接管并重新锁紧
	底爪的行程不足	重新选定工件的夹持位置，以便使底爪能够在行程中点附近的位置进行夹持
	夹持力量不足	确认油压是否达到设定值
工件打滑	软爪的成型直径与工件不符	依照正确的方式重新成型
	切削力量过大	重新推算切削力量，并确认此切削力是否符合卡盘的规格要求
	底爪及滑动部位失油	自黄油嘴处施打润滑油，并空车实施夹持动作数次
	转速过高	降低转速直到能够获得足够的夹持力
精密度不足	卡盘偏摆	确认卡盘圆周及端面的偏摆度，然后锁紧螺栓予以校正
	底爪与软爪的齿状部位积尘，软爪的固定螺栓没有锁紧	拆下软爪，彻底清扫齿状部位，并按规定扭力确实锁紧螺栓
	软爪的形成方式不正确	确认成型圆是否与卡盘的端面相对面平行，平行圆是否会因夹持力而变形。同时，亦须确认成型时的油压，成型部位粗糙度等
	软爪高度过高，软爪变形或软爪固定螺栓已拉伸变形	降低软爪的高度（更换标准规格的软爪）
	夹持力量过大。而使工件变形	将夹持力降低到机械加工得以实施而工件不会变形的程度

三、尾座

▶▶教师讲解

1. 尾座的结构

CK7815 型数控车床尾座结构如图 7-6 所示。当手动移动尾座到所需位置后，先用螺钉 16 进行预定位，紧螺钉 16 时，使两楔块 15 上的斜面顶出销轴 14，使得尾座紧贴在矩形导轨的两内侧面上，然后，用螺母 3、螺栓 4 和压板 5 将尾座紧固。这种结构，可以保证尾座的定位精度。

尾座套筒内轴 9 上装有顶尖，因轴 9 能在尾座套筒内的轴承上转动，故顶尖是活顶尖。为了使顶尖保证高的回转精度，前轴承选用 NN3000K 双列短圆柱滚子轴承，轴承径向间隙用螺母 8 和螺母 6 调整；后轴承为三个角接触球轴承，由防松螺母 10 来固定。

尾座套筒与尾座孔的配合间隙，用内、外锥套 7 来作微量调整。当向内压外锥套时，使得内锥套内孔缩小，即可使配合间隙减小；反之变大，压紧用端盖来调整。尾座套筒用压力油驱动。若在油孔 13 内通入压力油，则尾座套筒 11 向前运动，若在孔 12 内通入力油，尾座套筒就向后运动。移动的最大行程为 90mm，预紧力的大小用液压系统的压力来调整。在系统压力为 $(5 \sim 15) \times 10^5 Pa$ 时，液压缸的推力为 1500～5000N。

尾座套筒行程大小可以用安装在套筒 11 上的挡铁 2 通过行程开关 1 来控制。尾座套筒的进退由操作面板上的按钮来操纵。在电路上尾座套筒的动作与主轴互锁，即在主轴转动时，按动尾座套筒退出按钮，套筒并不动作，只有在主轴停止状态下，尾座套筒才能退出，以保证安全。

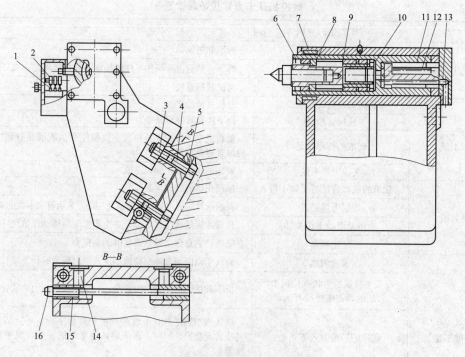

图 7-6　CK7815 型数控车床尾座结构

1—开关；2—挡铁；3、6、8、10—螺母；4—螺栓；5—压板；7—锥套；9—套筒内轴；
11—套筒；12、13—油孔；14—销轴；15—楔块；16—螺钉

▶▶技能训练.

2. 尾座电气连接

尾座主电路与控制电路、信号电路以及液压控制回路如图 7-7 所示。

（1）尾座进。尾座进指令发出后，数控系统经过译码在接口发出尾座进信号→图 7-7（b）中的 KA13 线圈得电→图 7-7（a）中 KA13 动合触点闭合→YV1 电磁阀得电→尾座进。

（2）尾座退。尾座退指令发出后，数控系统经过译码在接口发出尾座退信号→图 7-7（b）中的 KA14 线圈得电→图 7-7（a）中 KA14 动合触点闭合→YV2 电磁阀得电→尾座退。

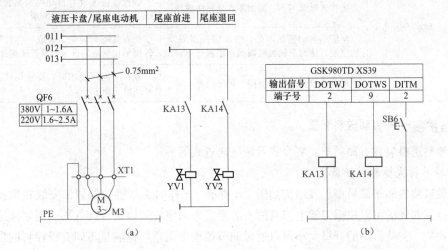

图 7-7　尾座主电路与控制电路、信号电路以及液压控制回路
(a) 主电路与控制电路；(b) 信号电路

3. 故障检修

（1）CDK6140 数控车床尾座行程不到位故障。故障现象：尾座移动时，尾座套筒出现抖动且行程不到位。

故障分析：该机床为德州机床厂生产的 CDK6140 及 SAG210/2NC 数控车床，配套的电动刀架为 LD4-Ⅰ型。检查发现液压系统压力不稳，套筒与尾座壳体内配合间隙过小，行程开关调整不当。

故障处理：调整系统压力及行程开关位置，检查套筒与尾座壳体孔的间隙并修复至要求。

（2）数控车床尾座套筒报警的检修。故障现象：FANUC 0T 系统数控车床尾座套筒报警。

故障分析：该机床尾座套筒的伸缩由 FANUC 0T 系统中 PLC 控制。检查尾座套筒的工作状态，当脚踏开关顶紧时，系统产生报警。在系统诊断状态下，调出 PLC 参数检查，系统 PLC 输入/输出正常；进一步分析检查套筒液压系统，发现液压系统中压力继电器触点开关损坏，导致压力继电器触点信号不正常，造成 PLC 输入信号不正常，从而系统认为尾座套筒未顶紧而产生报警。

故障处理：更换压力继电器，故障排除。

▶▶讨论总结.

学生通过查手册等资料，在教师、工厂技术工人的参与下讨论尾座常见的故障及其排除方法。

四、尾座常见故障

液压尾座的常见故障是尾座顶不紧或不运动，其故障原因及排除方法见表 7-3。

表 7-3　　　　　　　　　　　　　　　尾座常见故障及排除方法

序号	故障现象	故障原因	排除方法
1	尾座顶不紧	压力不足	用压力表检查
		液压缸活塞拉毛或研损	更换或维修
		密封圈损坏	更换密封圈
		液压阀断线或卡死	清洗、更换阀体或重新接线
2	尾座不运动	以上使尾座顶不紧的原因均可能造成尾座不运动	分别同上述各排除方法
		操作者保养不善、润滑不良使尾座研死	数控设备上没有自动润滑装置的附件，应保证做到每天人工注油润滑
		尾座端盖的密封不好，进了铸铁屑以及切削液，使套筒锈蚀或研损，尾座研死	检查其密封装置，采取一些特殊手段避免铁屑和切削液的进入；修理研损部件
		尾座体较长时间未使用，尾座研死	较长时间不使用时，要定期使其活动，做好润滑工作

◎ 任务扩展——自动送料装置

自动棒料送料装置有简易式、料仓式及液压送进式等。

1. 夹持抽拉式棒料供料装置

这种供料装置属于简易型，其结构如图 7-8 所示。工作时夹持抽拉装置需安装在数控车床的回转刀架上，其安装柄可以根据刀架上刀具的安装形式来确定，可以是 VDI（德国国家标准）标准的或其他形式的。夹持钳口的开口大小可以通过调节螺栓来调整，以满足不同直径棒料的供料。供料装置的工作过程如图 7-9 所示，该供料装置工作前，需人工将锯好的棒料装入车床主轴孔中，并进

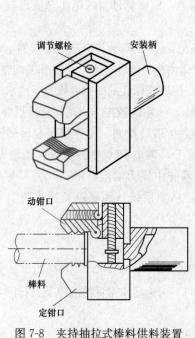

图 7-8　夹持抽拉式棒料供料装置

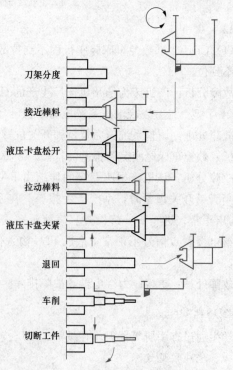

图 7-9　抽拉式棒料供应装置工作过程

行对刀，以确定供料装置每次抽拉棒料时刀架所需走到的位置。采用这种供料装置时，由于在棒料的后端无支承，因此棒料不能太长，否则会引起棒料的颤振，从而影响零件车削的精度。棒料的长度与棒料的材质和直径有关，一般棒料长度在 500mm 以下，棒料直径较大和棒料材质的密度较低时可取较长的棒料；棒料材质的密度较高时应取较短的棒料；棒料的直径较小时也应取较短的棒料。最佳的棒料长度应根据棒料的实际情况进行试车削来确定。

2. 液压推进式棒料送料器

这种送料器是靠液压推动进行工作的，由液压站、料管、推料杆、支架、控制电路等五部分组成，工作原理如图 7-10 所示。是油泵以恒定的压力（0.1～0.2MPa）向料管供油，推动活塞杆（推料杆）将棒料推入主轴，工作时棒料处于料管的液压油内，当棒料旋转时，在油液的阻尼反作应力下，棒料就会从料管内浮起，当转数快时棒料就会自动悬浮在料管中央转动。大大的减少棒料与送料管壁的碰撞与摩擦。工作时振动与噪声非常小，特别适用高转速，长棒料，精密工件加工，图 7-11 是其工作图。

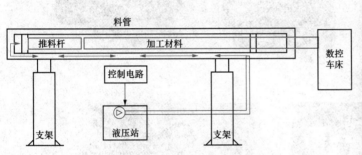

图 7-10　液压推进式棒料送料器原理图

图 7-11　液压推进式棒料送料器工作图

任务二　数控铣床/加工中心辅助装置的装调与维修

任务引入

为了扩大数控机床的加工性能，适应某些零件加工的需要，数控机床的进给运动，除 X、Y、Z 三个坐标轴的直线进给运动之外，还可以有绕 X、Y、Z 三个坐标轴的圆周进给运动，分别称 A、B、C 轴。数控机床的圆周进给运动，一般由数控回转工作台（简称数控转台）来实现。数控转台除了可以实现圆周进给运动之外，还可以完成分度运动，例如加工分度盘的轴向孔，若采用间歇分度转位结构进行分度，即分度工作台与分度头来完成。数控转台的外形和分度工作台没有多大区别，但在结构上则具有一系列的特点。由于数控转台能实现进给运动，所以它是数控机床进给驱动的一种形式。

数控转台按照不同分类方法大致有以下几大类。

（1）数控回转工作台按其台面直径可分为 160、200、250、320、400、500、630、800mm 等。

（2）按照分度形式可分为等分转台［见图 7-12（a）］和任意分度转台［见图 7-12（b）］。

（3）按照驱动方式可分为液压转台［见图 7-12（c）］和电动转台［见图 7-12（d）］。

（4）按照安装方式可分为立式转台［见图 7-12（e）］和卧式转台［见图 7-12（f）］。

（5）按照回转轴轴数可分为单轴转台［见图 7-12（a）～（f）］、可倾转台［见图 7-12（g）］和多轴并联转台［见图 7-12（h）］。

（a）　　　　　　　　　　（b）　　　　　　　　　　（c）

（d）　　　　　　　　　　（e）　　　　　　　　　　（f）

（g）　　　　　　　　　　　　　　　（h）

图 7-12　数控转台实物图

（a）等分转台；（b）任意分度转台；（c）液压转台；（d）电动转台；（e）卧式转台；（f）立式转台；（g）可倾转台；（h）多轴转台

任务目标

- 能阅读数控铣床/加工中心辅助装置的装配图
- 掌握数控铣床/加工中心辅助装置的工作原理
- 能排除数控铣床/加工中心辅助装置的故障

任务实施

工厂参观

在教师的带领下到数控机床制造工厂中参观，了解数控机床用工作台的工作原理、装配方法及其应用，要求在工厂技术人员的指导下，让学生参与数控机床用工作台的维护、装配与维修。

▶▶ *教师讲解*

一、数控工作台

1. 数控回转工作台

（1）蜗杆回转工作台。蜗杆回转工作台有开环数控回转工作台与闭环数控回转工作台，他们在结构上区别不大。开环数控转台和开环直线进给机构一样，都可以用功率步进电动机来驱动。图 7-13 为自动换刀数控立式镗铣床数控回转台的结构图。

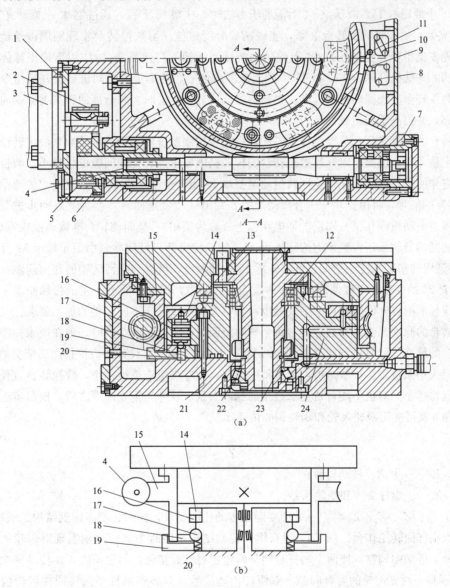

图 7-13　自动换刀数控立式镗铣床数控回转台的结构图

（a）结构图；（b）工作原理图

1—偏心环；2、6—齿轮；3—电动机；4—蜗杆；5—垫圈；7—调整环；8、10—微动开关；9、11—挡块；
12、13—轴承；14—液压缸；15—蜗轮；16—柱塞；17—钢球；18、19—夹紧瓦；
20—弹簧；21—底座；22—圆锥滚子轴承；23—调整套；24—支座

步进电动机 3 的输出轴上齿轮 2 与齿轮 6 啮合，啮合间隙由偏心环 1 来消除。齿轮 6 与蜗杆 4 用花键结合，花键结合间隙应尽量小，以减小对分度精度的影响。蜗杆 4 为双导程蜗杆，可以用轴向移动蜗杆的办法来消除蜗杆 4 和蜗轮 15 的啮合间隙。调整时，只要将调整环 7（两个半圆环垫片）的厚度尺寸改变，便可使蜗杆沿轴向移动。

蜗杆 4 的两端装有滚针轴承，左端为自由端，可以伸缩。右端装有两个角接触球轴承，承受蜗杆的轴向力。蜗轮 15 下部的内、外两面装有夹紧瓦 18 和 19，数控回转台的底座 21 上固定的支座 24 内均布 6 个液压缸 14。液压缸 14 上端进压力油时，柱塞 16 下行，通过钢球 17 推动夹紧瓦 18 和 19 将蜗轮夹紧，从而将数控转台夹紧，实现精确分度定位。当数控转台实现圆周进给运动时，控制系统首先发出指令，使液压缸 14 上腔的油液流回油箱，在弹簧 20 的作用下把钢球体 17 抬起，夹紧瓦 18 和 19 就松开蜗轮 15。柱塞 16 到上位发出信号，功率步进电动机启动并按指令脉冲的要求，驱动数控转台实现圆周进给运动。当转台做圆周分度运动时，先分度回转再夹紧蜗轮，以保证定位的可靠，并提高承受负载的能力。

数控转台的分度定位和分度工作台不同，它是按控制系统所指定的脉冲数来决定转位角度，没有其他的定位元件。因此，对开环数控转台的传动精度要求高、传动间隙应尽量小。数控转台设有零点，当它作回零控制时，先快速回转运动至挡块 11 压合微动开关 10 时，发出"快速回转"变为"慢速回转"的信号，再由挡块 9 压合微动开关 8 发出从"慢速回转"变为"点动步进"信号，最后由功率步进电动机停在某一固定的通电相位上（称为锁相），从而使转台准确地停在零点位置上。数控转台的圆形导轨采用大型推力滚珠轴承 13，使回转灵活。径向导轨由滚子轴承 12 及圆锥滚子轴承 22 保证回转精度和定心精度。调整轴承 12 的预紧力，可以消除回转轴的径向间隙。调整轴承 22 的调整套 23 的厚度，可以使圆导轨上有适当的预紧力，保证导轨有一定的接触刚度。这种数控转台可做成标准附件，回转轴可水平安装也可垂直安装，以适应不同工件的加工要求。

数控转台的脉冲当量是指数控转台每个脉冲所回转的角度（度/脉冲），现在尚未标准化。现有的数控转台的脉冲当量有小到 $0.001°$/脉冲，也有大到 $2'$/脉冲。设计时应根据加工精度的要求和数控转台直径大小来选定。一般来讲，加工精度越高，脉冲当量应选得越小；数控转台直径越大，脉冲当量应选得越小。但也不能盲目追求过小的脉冲当量。脉冲当量 δ 选定之后，根据步进电动机的脉冲步距角 θ 就可决定减速齿轮和蜗轮副的传动比

$$\delta = \frac{Z_1}{Z_2} \cdot \frac{Z_3}{Z_4} \theta$$

式中　Z_1，Z_2——主动、被动齿数；

　　　Z_3，Z_4——蜗杆头数和蜗轮齿数。

在决定 Z_1、Z_2、Z_3、Z_4 时，一方面要满足传动比的要求，同时也要考虑到结构的限制。

（2）双蜗杆回转工作台。图 7-14 为双蜗杆传动结构，用两个蜗杆分别实现对蜗轮的正、反向传动。蜗杆 2 可轴向调整，使两个蜗杆分别与蜗轮左右齿面接触，尽量消除正反传动间隙。调整垫 3、5 用于调整一对锥齿轮的啮合间隙。双蜗杆传动虽然较双导程蜗杆平面齿圆柱齿轮包络蜗杆传动结构复杂，但普通蜗轮蜗杆制造工艺简单，承载能力比双导程蜗杆大。

2. 分度工作台

分度工作台的分度和定位按照控制系统的指令自动进行，每次转位回转一定的角度（90°、60°、45°、30°等），为满足分度精度的要求，所以要使用专门的定位元件。常用的定位元件有插销定位、反靠定位、端齿盘定位和钢球定位等几种。

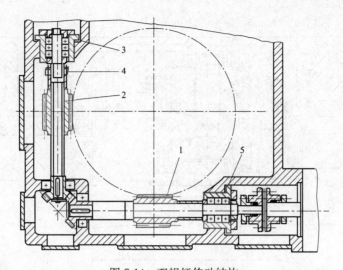

图 7-14　双蜗杆传动结构

1—轴向固定蜗杆；2—轴向调整蜗杆；3、5—调整垫；4—锁紧螺母

（1）插销定位的分度工作台。这种工作台的定位元件由定位销和定位套孔组成，图 7-15 是自动换刀数控卧式镗铣床分度工作台的结构图。

1）主要结构。这种插销式分度工作台主要由工作台台面、分度传动机构（液压电动机、齿轮副等）、8 个均布的定位销 7、6 个均布的定位夹紧液压缸 8 及径向消隙液压缸 5 等组成。可实现二、四、八等分的分度运动。

2）工作原理。工作台的分度过程主要为：工作台松开，工作台上升，回转分度，工作台下降及定位，工作台夹紧。图 7-15（b）所示为该工作台的工作原理图。

a. 松开工作台。在接到分度指令后 6 个夹紧液压缸 8 上腔回油，弹簧 11 推动活塞 10 向上移动，同时径向消隙液压缸 5 卸荷，松开工作台。

b. 工作台上升。工作台松开后，中央液压缸 15 下腔进油，活塞 14 带动工作台上升，拔出定位销 7，工作台上升完成。

c. 回转分度。定位销拔出后，液压电动机回转，经齿轮副 20、9 使工作台回转分度，到达分度位置后液压电动机停转，完成回转分度。

d. 工作台下降定位。液压电动机停转后，中央液压缸 15 下腔回油，工作台靠自重下降，使定位销 7 插入定位衬套 6 的销孔中，完成定位。

e. 工作台夹紧。工作台定位完成后，径向消隙液压缸 5 活塞杆顶向工作台消除径向间隙，然后夹紧液压缸 8 上腔进油，活塞下移夹紧工作台。

（2）端齿盘定位的分度工作台。

1）结构。齿盘定位的分度工作台能达到很高的分度定位精度，一般为 ±3″，最高可达 ±0.4″。能承受很大的外载，定位刚度高，精度保持性好。实际上，由于齿盘啮合脱开相当于两齿盘对研过程，因此，随着齿盘使用时间的延续，其定位精度在一定时间内还有不断提高的趋势。广泛用于数控机床，也用于组合机床和其他专用机床。

图 7-16（a）所示为 THK6370 自动换刀数控卧式镗铣床分度工作台的结构。主要由一对分度齿盘 13、14 ［见图 7-16（b）］，升夹油缸 12，活塞 8，液压电动机，蜗轮副 3、4 和减速齿轮副 5、6

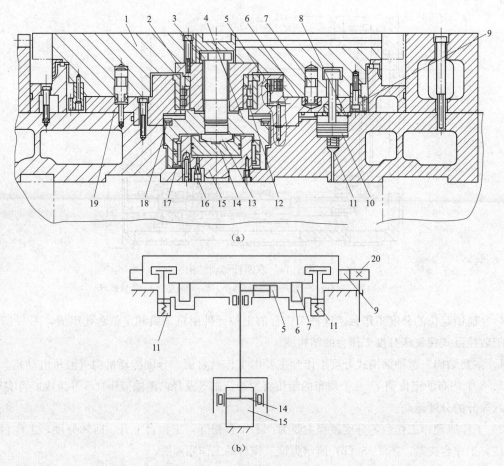

图 7-15　分度工作台

（a）结构图；（b）工作原理图

1—工作台；2—转台轴；3—六角螺钉；4—轴套；5—活塞；6—定位套；7—定位销；8—液压缸；9、20—齿轮；

10—活塞；11—弹簧；12—轴承；13—止推螺钉；14—活塞；15—液压缸；16—管道；17、18—轴承；19—转台座

等组成。分度转位动作包括：①工作台抬起，齿盘脱离啮合，完成分度前的准备工作；②回转分度；③工作台下降，齿盘重新啮合，完成定位夹紧。

工作台 9 的抬起是由升夹油缸的活塞 8 来完成，其油路工作原理如图 7-17 所示。当需要分度时，控制系统发出分度指令，工作台升夹油缸的换向阀电磁铁 E_2 通电，压力油便从管道 24 进入分度工作台 9 中央的升夹油缸 12 的下腔，于是活塞 8 向上移动，通过止推轴承 10 和 11 带动工作台 9 也向上抬起，使上、下齿盘 13、14 相互脱离啮合，油缸上腔的油则经管道 23 排出，通过节流阀 L3 流回油箱，完成分度前的准备工作。

当分度工作台 9 向上抬起时，通过推杆和微动开关，发出信号，使控制液压电动机 ZM-16 的换向阀电磁铁 E_3 通电。压力油从管道 25 进入液压电动机使其旋转。通过蜗轮副 3、4 和齿轮副 5、6 带动工作台 9 进行分度回转运动。液压电动机的回油是经过管道 26，节流阀 L2 及换向阀 E_5 流回油箱。调节节流阀 L2 开口的大小，便可改变工作台的分度回转速度（一般调在 2r/min 左右）。工作台分度回转角度的大小由指令给出，共有八个等分，即为 45°的整倍数。当工作台的回转角度接近所要分度的角度时，减速挡块使微动开关动作，发出减速信号，换向阀电磁铁 E_5 通电，该换向

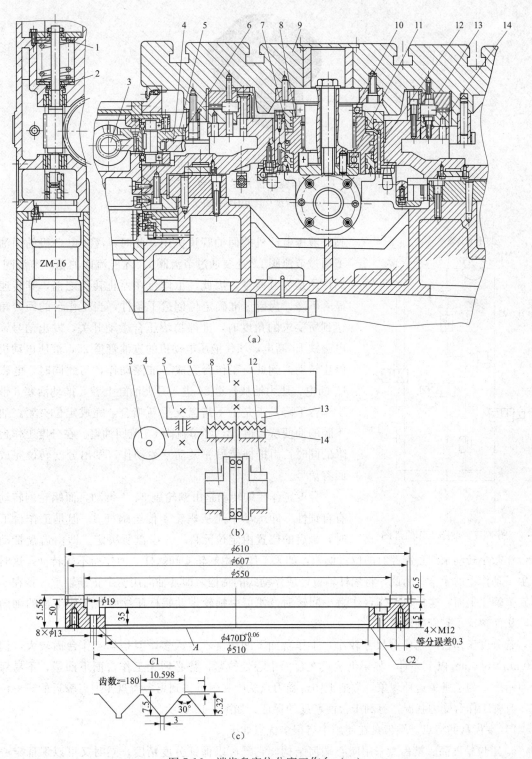

图 7-16　端齿盘定位分度工作台（一）

（a）端齿盘定位分度工作台的结构；（b）分度齿盘；（c）端齿盘及其齿形结构图

1—弹簧；2—轴承；3—蜗杆；4—蜗轮；5、6—齿轮；7—管道；8—活塞；9—工作台；

10、11—轴承；12—液压缸；13、14—端齿盘

(c)

图 7-16　端齿盘定位分度工作台（二）

(c) 端齿盘及其齿形结构图

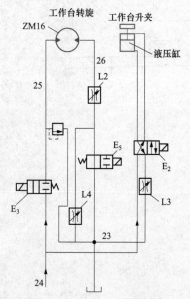

图 7-17　油路工作原理图

阀将液压电动机的回油管道关闭，此时，液压电动机的回油除了通过节流阀 L2 还要通过节流阀 L4 才能流回油箱，节流阀 L4 的作用是使其减速。因此，工作台在停止转动之前，其转速已显著下降，为齿盘准确定位创造了条件，当工作台的回转角度达到所要求的角度时，准停挡块合微动开关，发出信号，使电磁铁 E_3 断电，堵住液压电动机的进油管道 25，液压电动机便停止转动。到此，工作台完成了准停动作，与此同时，电磁铁 E_2 断电，压力油从管道 24 进入升夹油缸上腔，推动活塞 8 带着工作台下降，于是上下齿盘又重新啮合，完成定位夹紧。油缸下腔的油便从管道 23，经节流阀 L3 流回油箱。在分度工作台下降的同时，由推杆使另一微动开关动作，发出分度转位完成的回答信号。

分度工作台的转动是由蜗轮副 3、4 带动，而蜗轮副转动具有自锁性，即运动不能从蜗轮 4 传至蜗杆 3。但是工作台下降时，最后的位置由定位元件——齿盘所决定，即由齿盘带动工作台作微小转动来纠正准停时的位置偏差，如果工作台由蜗轮 4 和蜗杆 3 锁住而不能转动，这时便产生了动作上的矛盾。为此，将蜗杆轴设计成浮动式的结构，即其轴向用两个止推轴承 2 抵在一个螺旋弹簧 1 上面。这样，工作台作微小回转时，便可由蜗轮带动蜗杆压缩弹簧 1 作微量的轴向移动，从而解决了它们的矛盾。

若分度工作台的工作台尺寸较小，工作台面下凹程度不会太多，但是当工作台面较大（例如 800mm×800mm 以上）时，如果仍然只在台面中心处拉紧，势必增大工作台面下凹量，不易保证台面精度。为了避免这种现象，常把工作台受力点从中央附近移到离多齿盘作用点较近的环形位置上，改善工作台受力状况，有利于台面精度的保证，如图 7-18 所示。

2）端齿盘的特点。端齿盘在使用中有很多优点如下。

a. 定位精度高。端齿盘采用向心端齿结构，它既可以保证分度精度，同时又可以保证定心精度，而且不受轴承间隙及正反转的影响，一般定位精度可达 $\pm 3''$，高精度的可在 $\pm 0.3''$ 以内。同时重复定位精度既高又稳定。

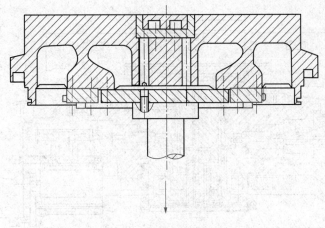

图 7-18　工作台拉紧机构

b. 承载能力强，定位刚度好。由于是多齿同时啮合，一般啮合率不低于 90%，每齿啮合长度不少于 60%。③随着不断的磨合齿面磨损，定位精度不仅不会下降，而且有所提高，因而使用寿命也较长。④适用于多工位分度。由于齿数的所有因数都可以作为分度工位数，因此一种齿盘可以用于分度数目不同的场合。

端齿盘分度工作台除了具有上述优点外，也还有些不足之处如下。

a. 其主要零件——多齿端面齿盘的制造比较困难，其齿形及形位公差要求很高，而且成对齿盘的对研工序很费工时，一般要研磨几十小时以上，因此生产效率低，成本也较高。

b. 在工作时动齿盘要升降、转位、定位及夹紧。因此多齿盘分度工作台的结构也相对的要复杂些。但是从综合性能来衡量，它能使一台加工中心的主要指标——加工精度得到保证，因此目前在卧式加工中心上仍在采用。

3) 多齿盘的分度角度。多齿盘的分度可实现分度角度为

$$\theta = 360°/Z$$

式中　θ——可实现的分度数（整数）；

　　　Z——多齿盘齿数。

(3) 带有交换托盘的分度工作台。图 7-19 是 ZHS—K63 卧式加工中心上的带有托板交换工件的分度工作台，用端齿盘分度结构。其分度工作原理如下。

当工作台不转位时，上齿盘 7 和下齿盘 6 总是啮合在一起，当控制系统给出分度指令后，电磁铁控制换向阀运动（图中未画出），使压力油进入油腔 3，使活塞体 1 向上移动，并通过滚珠轴承带动整个工作台台体 13 向上移动，台体 13 的上移使得端齿盘 6 与 7 脱开，装在工作台 13 上的齿圈 14 与驱动齿轮 15 保持啮合状态，电动机通过皮带和一个降速比为 $i=1/30$ 的减速箱带动齿轮 15 和齿圈 14 转动，当控制系统给出转动指令时，驱动电动机旋转并带动上齿盘 7 旋转进行分度，当转过所需角度后，驱动电动机停止，压力油通过液压阀 5 进入油腔 4，迫使活塞体 1 向下移动并带动整个工作台台体 13 下移，使上下齿盘相啮合，可准确地定位，从而实现了工作台的分度。

驱动齿轮 15 上装有剪断销（图中未画出），如果分度工作台发生超载或碰撞等现象，剪断销将被切断，从而避免了机械部分的损坏。

分度工作台根据编程命令可以正转，也可以反转，由于该齿盘有 360 个齿，故最小分度单位为一度。

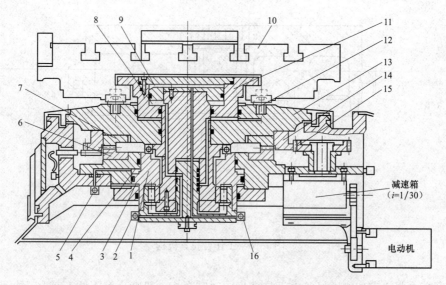

图 7-19　ZHS—R63 卧式加工中心上的带有托板交换的分度工作台
1—活塞体；2、5、16—液压阀；3、4、8、9—油腔；6、7—端齿盘；10—托板；
11—油缸；12—定位销；13—工作台体；14—齿圈；15—齿轮

分度工作台上的两个托板是用来交换工件的，托板规格为 $\phi630mm$。托板台面上有 7 个 T 型槽，两个边缘定位块用来定位夹紧，托板台面利用 T 型槽可安装夹具和零件，托板是靠四个精磨的圆锥定位销 12 在分度工作台上定位，由液压夹紧，托板的交换过程如下。

当需要更换托板时，控制系统发出指令，使分度工作台返回零位，此时液压阀 16 接通，使压力油进入油腔 9，使得液压缸 11 向上移动，托板则脱开定位销 12，当托板被顶起后，液压缸带动齿条向左移动，从而带动与其相啮合的齿轮旋转并使整个托板装置旋转，使托板沿着滑动轨道旋转180°，从而达到托板交换的目的。当新的托板到达分度工作台上面时，空气阀接通，压缩空气经管路从托板定位销 12 中间吹出，清除托板定位销孔中的杂物。同时，电磁液压阀 2 接通，压力油进入液压腔 8，迫使油缸 11 向下移动，并带动托板夹紧在 4 个定位销 12 中，完成整个托板的交换过程。

托板夹紧和松开一般不单独操作，而是在托板交换时自动进行。图 7-20 中所示的是二托板交换装置。作为选件也有四托板交换装置（图略）。

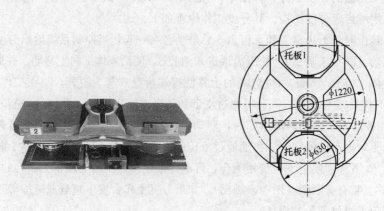

图 7-20　二托板交换装置

⊛技能训练.

3. 数控工作台的电路连接

数控工作台的电路连接如图 7-21～图 7-24 所示。

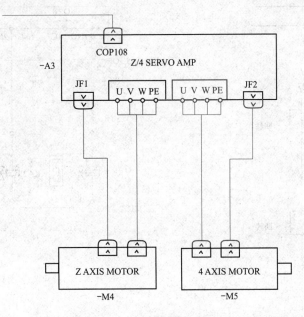

图 7-21　伺服系统的连接

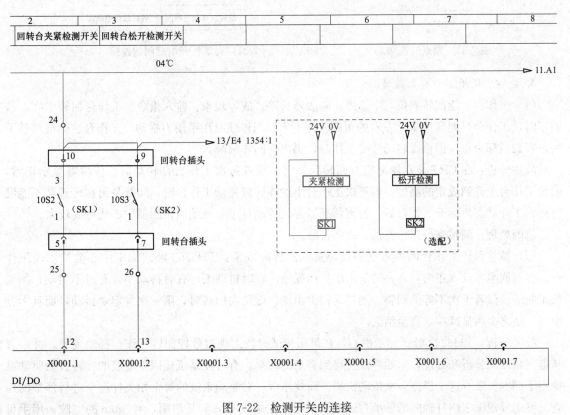

图 7-22　检测开关的连接

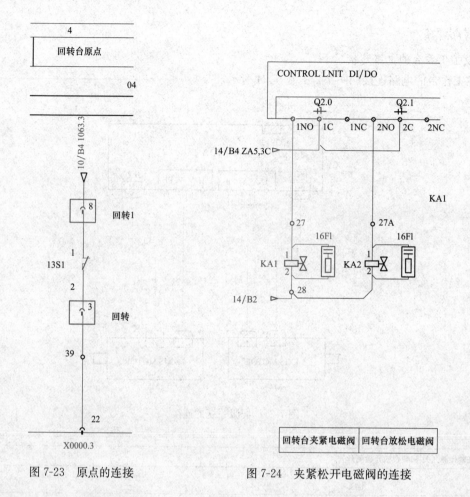

图 7-23　原点的连接　　　　　　　　图 7-24　夹紧松开电磁阀的连接

4. 数控机床用工作台的维修

（1）工作台不能回转到位，中途停止的故障排除。故障现象：输入指令要工作台回转 180°，或回零时，工作台只能转约 114°左右的角度就停下来。当停顿时用手用力推动，工作台也会继续转下去，直到目标为止。但再次启动分度工作时，仍出现同样故障。

故障分析：在 CRT 显示器上检查回转状态时，发现每次工作台在转动时，传感器显示正常，表示工作台上升到规定的高度。但每次工作台半途停转或晃动工作台时，问题是出在传感器不能维持正常工作状态。拆开工作台后，发现传感器部位传动杆中心线偏离传感器中心线距离较大。

故障处理：调整和校正传感器，故障排除。

（2）数控回转工作台回参考点的故障排除。故障现象：TH6363 卧式加工中心数控回转工作台，在返回参考点（正向）时，经常出现抖动现象。有时抖动大，有时抖动小，有时不抖动；如果按正向继续做若干次不等值回转，则抖动很少出现。做负向回转时，第一次肯定要抖动，而且十分明显，随之会明显减少，直至消失。

故障分析：TH6363 卧式加工中心，在机床调试时就出现过数控回转工作台抖动现象，并一直从电气角度来分析和处理，但始终没有得到满意的结果。有可能是机械因素造成的？转台的驱动系统出了问题？顺着这个思路，从传动机构方面找原因，对驱动系统的每个相关件逐个进行仔细的检查。终于发现固定蜗杆轴向的轴承右边的锁紧螺母左端没有紧靠其垫圈，有 3mm 的空隙，用手可以往紧的方向转两圈；这个螺母根本就没起锁紧作用，致使蜗杆产生窜动。故转台抖动的原因是锁紧螺母松动造成的。锁紧螺母所以没有起作用，这是因为其直径方向开槽深度及所留变形量不够合理所致，使 4 个 M4×6 紧定螺钉拧紧后，不能使螺母产生明显变形，起到防松作用。在转台经过若干次正、负方向回转后，不能保持其初始状态，逐渐松动，而且越松越多，导致轴承内环与蜗杆出现 3mm 轴向窜动。这样回转工作台就不能与电动机同步动作。这不仅造成工作台的抖动，而且随着反向间隙增大，蜗轮与蜗杆相互碰撞，使蜗杆副的接触表面出现伤痕，影响了机床的精度和使用寿命。

故障排除：将原锁紧螺母所开的宽 2.5mm、深 10mm 的槽开通，与螺纹相切，并超过半径，调整好安装位置后，用 2 个紧定螺钉紧固，即可起到防松作用。经以上修改后，故障排除。

⊛ 讨论总结

学生通过上网查询，在工厂技术人员的参与下，分组讨论数控机床用工作台常见的故障及其维修方法。

5. 回转工作台的常见故障及排除方法

回转工作台的常见故障及排除方法见表 7-4。

表 7-4 回转工作台的常见故障及排除方法

序号	故障现象	故障原因	排除方法
1	工作台没有抬启动作	控制系统没有抬起信号输入	检查控制系统是否有抬起信号输入
		抬起液压阀卡住没有动作	修理或清除污物，更换液压阀
		液压压力不够	检查油箱中的油是否充足，并重新调整压力
		与工作台相连接的机械部分研损	修复研损部位或更换零件
		抬起液压缸研损或密封损坏	修复研损部位或更换密封圈
2	工作台不转位	工作台抬起或松开完成信号没有发出	检查信号开关是否失效，更换失效开关
		控制系统没有转位信号输入	检查控制系统是否有转位信号输出
		与电动机或齿轮相联的胀套松动	检查胀套连接情况，拧紧胀套压紧螺钉
		液压转台的转位液压阀卡住没有动作	修理或清除污物，更换液压阀
		工作台支承面回转轴及轴承等机械部分研损	修复研损部位或更换新的轴承
3	工作台转位分度不到位，发生顶齿或错齿	控制系统输入的脉冲数不够	检查系统输入的脉冲数
		机械转动系统间隙太大	调整机械转动系统间隙，轴向移动蜗杆，或更换齿轮、锁紧胀紧套等
		液压转台的转位液压缸研损，未转到位	修复研损部位
		转位液压缸前端的缓冲装置失效，死挡铁松动	修复缓冲装置，拧紧死挡铁螺母
		闭环控制的圆光栅有污物或裂纹	修理或清除污物，或更换圆光栅
4	工作台不夹紧，定位精度差	控制系统没有输入工作台夹紧信号	检查控制系统是否有夹紧信号输出
		夹紧液压阀卡住没有动作	修理或清除污物，更换液压阀
		液压压力不够	检查油箱内油是否充足，并重新调整压力
		与工作台相连接的机械部分研损	修复研损部位或更换零件
		上下齿盘受到冲击松动，两齿牙盘间有污物，影响定位精度	重新调整固定，修理或清除污物
		闭环控制的圆光栅有污物或裂纹，影响定位精度	修理或清除污物，或更换圆光栅

▶️ 教师讲解

二、数控分度头

数控分度头是数控铣床和加工中心等常用的附件。它的作用是按照控制装置的信号或指令作回转分度或连续回转进给运动，以使数控机床能完成指定的加工工序。数控分度头一般与数控铣床、立式加工中心配套，用于加工轴，套类工件。数控分度头可以由独立的控制装置控制，也可以通过相应的接口由主机的数控装置控制。常用数控分度头见表7-5。

表 7-5　　　　　　　　　　　常用数控分度头

名　称	实　物	说　明
FKNQ 系列数控气动等分分度头		FKNQ 系列数控气动等分分度头是数控铣床、数控镗床、加工中心等数控机床的配套附件，以端齿盘作为分度元件，它靠气动驱动分度，可完成以 5° 为基数的整数倍的水平回转坐标的高精度等分分度工作
FK14 系列数控分度头		FK14 系列数控分度头是数控铣床、数控镗床、加工中心等数控机床的附件之一，可完成一个回转坐标的任意角度或连续分度工作。采用精密蜗轮副作为定位元件；采用组合式蜗轮结构，减少了气动刹紧时所造成的蜗轮变形，提高了产品精度；采用双导程蜗杆副，使得调整啮合间隙简便易行，有利于保持精度
FK15 系列数控分度头		FK15 系列数控立卧两用型分度头是数控机床、加工中心等机床的主要附件之一，分度头与相应的 CNC 控制装置或机床本身特有的控制系统连接，并与 (4～6)×10⁵Pa 压缩气接通，可自动完成工件的夹紧、松开和任意角度的圆周分度工作
FK53 系列数控电动立式等分分度头		FK53 系列数控等分分度头是以端齿盘定位锁紧，以压缩空气推动齿盘，实现工作台的松开、刹紧，以伺服电动机驱动工作台旋转的具有间断分度功能的机床附件。该产品专门和加工中心及数控镗铣床配套使用，工作台可立卧两用，完成 5° 的整数倍的分度工作

1. 工作原理

图 7-25 所示的 FKNQ160 型数控气动等分分度头的动作原理如下：其为三齿盘结构，滑动端齿盘 4 的前腔通入压缩空气后，借助弹簧 6 和滑动销轴 3 在镶套内平稳地沿轴向右移。齿盘完全松开后，无触点传感器 7 发信号给控制装置，这时分度活塞 17 开始运动，使棘爪 15 带动棘轮 16 进行分度，每次分度角度为 5° 在分度活塞 17 下方有二个传感器 14，用于检测活塞 17 的到位、返回位置并发出分度信号。当分度信号与控制装置预置信号重合时，分度台刹紧，这时滑动端齿盘 4 的后腔通入压缩空气，端齿盘啮合，分度过程结束。为了防止棘爪返回时主轴反转，在分度活塞 17 上安装凸块 11，使驱动销 10 在返回过程中插入定位轮 9 的槽中，以防转过位。

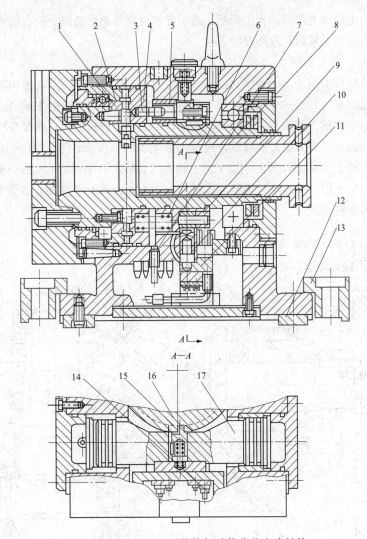

图 7-25　FKNQ160 型数控气动等分分度头结构

1—转动端齿盘；2—定位端齿盘；3—滑动销轴；4—滑动端齿盘；5—镶装套；6—弹簧；7—无触点传感器；8—主轴；
9—定位轮；10—驱动销；11—凸块；12—定位键；13—压板；14—传感器；15—棘爪；16—棘轮；17—分度活塞

　　数控分度头未来的发展趋势是：在规格上向两头延伸，即开发小规格和大规格的分度头及相关制造技术；在性能方面将向进一步提高刹紧力矩、提高主轴转速及可靠性方面发展。

　　2. 加工中心分度头过载报警的维修

　　故障现象：机床开机后，第四轴报警。

　　故障分析：该机床的数控系统为 FANUC-0MC。其数控分度头即第四轴过载多为电动机缺相，反馈信号与驱动信号不匹配或机械负载过大引起。打开电气柜，先用万用表检查第四轴驱动单元控制板上的熔断器、断路器和电阻是否正常；因 X、Y、Z 轴和第四轴的驱动控制单元均属同一规格型号的电路板，所以采用替代法，把第四轴的驱动控制单元和其他任一轴的驱动控制单元对换安上，开机，断开第四轴，测试与第四轴对换的那根轴运行是否正常，若正常证明第四轴的驱动控制单元是好的，否则证明第四轴的驱动控制单元是坏的；更换后继续检查第四轴内部驱动电动机是否缺相，检查第四轴与驱动单元的连接电缆是否完好。由于连接电缆长期浸泡在油中会产生老化，且随着机床来回运动电缆反复弯折，直至折断，最后导致电路短路而造成开机后报警使第四轴过载。

故障处理：更换此电缆后，故障排除。

三、万能铣头

万能铣头部件结构如图7-26所示，主要由前、后壳体12、5，法兰3，传动轴Ⅱ、Ⅲ，主轴Ⅳ及两对弧齿锥齿轮组成。万能铣头用螺栓和定位销安装在滑枕前端。铣削主运动由滑枕上的传动轴Ⅰ（见图7-27）的端面键传到轴Ⅱ，端面键与连接盘2的径向槽相配合，连接盘与轴Ⅱ之间由两个平键1传递运动，轴Ⅱ右端为弧齿锥齿轮，通过轴Ⅲ上的两个锥齿轮22、21和用花键连接方式装在主轴Ⅳ上的锥齿轮27，将运动传到主轴上。主轴为空心轴，前端有7∶24的内锥孔，用于刀具或刀具心轴的定心；通孔用于安装拉紧刀具的拉杆通过。主轴端面有径向槽，并装有两个端面键18，用于主轴向刀具传递扭矩。

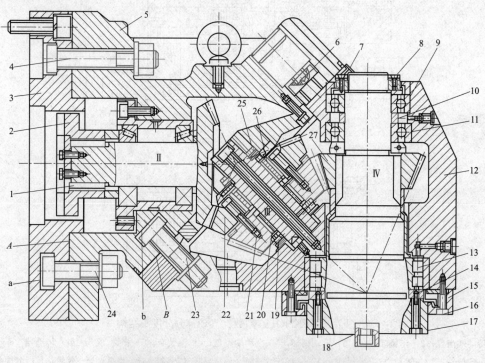

图7-26 万能铣头部件结构

1—键；2—连接盘；3—法兰；4、6、23、24—T形螺栓；5—后壳体；7—锁紧螺钉；8—螺母；9—向心推力角接触球轴承；10—隔套；11—向心推力角接触球轴承；12—前壳体；13—轴承；14—半圆环垫片；15—法兰；16、17—螺钉；18—端面键；19、25—推力短圆柱滚针轴承；20、26—向心滚针轴承；21、22、27—锥齿轮

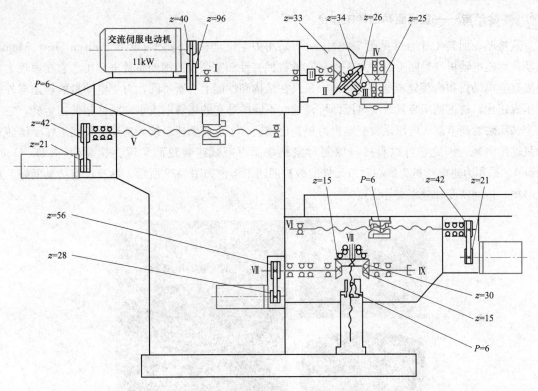

图 7-27　XKA5750 数控铣床传动系统图

万能铣头能通过两个互成 45°的回转面 A 和 B 调节主轴Ⅳ的方位，在法兰 3 的回转面 A 上开有 T 形圆环槽 a，松开 T 形螺栓 4 和 24，可使铣头绕水平轴Ⅱ转动，调整到要求位置将 T 形螺栓拧紧即可；在万能铣头后壳体 5 的回转面 B 内，也开有 T 形圆环槽 b，松开 T 形螺栓 6 和 23，可使铣头主轴绕与水平轴线成 45°夹角的轴Ⅲ转动。绕两个轴线转动组合起来，可使主轴轴线处于前半球面的任意角度。

万能铣头作为直接带动刀具的运动部件，不仅要能传递较大的功率，更要具有足够的旋转精度、刚度和抗振性。万能铣头除在零件结构、制造和装配精度要求较高外，还要选用承载力和旋转精度都较高的轴承。两个传动轴都选用了 D 级精度的轴承，轴上为一对 D7029 型圆锥滚子轴承，一对 D6354906 型向心滚针轴承 20、26，承受径向载荷，轴向载荷由两个型号分别为 D9107 和 D9106 的推力短圆柱滚针轴承 19 和 25 承受。主轴上前后支承均为 C 级精度轴承，前支承是 C3182117 型双列圆柱滚子轴承，只承受径向载荷；后支承为两个 C36210 型向心推力角接触球轴承 9 和 11，既承受径向载荷，也承受轴向载荷。为了保证旋转精度，主轴轴承不仅要消除间隙，而且要有预紧力，轴承磨损后也要进行间隙调整。前轴承消除和预紧的调整是靠改变轴承内圈在锥形颈上的位置，使内圈外胀实现的。调整时，先拧下四个螺钉 16，卸下法兰 15，再松开螺母 8 上的锁紧螺钉 7，拧松螺母 8 将主轴Ⅳ向前（向下）推动 2mm 左右，然后拧下两个螺钉 17，将半圆环垫片 14 取出，根据间隙大小磨薄垫片，最后将上述零件重新装好。后支承的两个向心推力角接触球轴承开口向背（轴承 9 开口朝上，轴承 11 开口朝下），作消隙和预紧调整时，两轴承外圈不动，内圈的端面距离相对减小的办法实现。具体是通过控制两轴承内圈隔套 10 的尺寸。调整时取下隔套 10，修磨到合适尺寸，重新装好后，用螺母 8 顶紧轴承内圈及隔套即可。最后要拧紧锁紧螺钉 7。

◎ **任务扩展——直接驱动回转工作台**

直接驱动回转工作台（见图 7-28）。一般采用力矩电动机（Synchronous Built-in Servo Motor）驱动。力矩电动机（见图 7-29）是一种具有软机械特性和宽调速范围的特种电动机。它在原理上与他激直流电动机和两相异步电动机一样，只是在结构和性能上有所不同，力矩电动机的转速与外加电压成正比，通过调压装置改变电压即可调速。不同的是它的堵转电流小，允许超低速运转，它有一个调压装置调节输入电压以改变输出力矩。比较适合了低速调速系统，甚至可长期工作于堵转状态只输出力矩，因此它可以直接与控制对象相联而不需减速装置而实现直接驱动（DD，Direct Drive）。采用力矩电动机为核心动力元件的数控回转工作台如图 7-29 所示。具有没有传动间隙，没有磨损，传动精度和效率高等优点。

图 7-28　直接驱动回转工作台

图 7-29　力矩电动机

任务三　数控机床其他辅助装置的装调与维修

▤ **任务引入**

如图 7-30 所示，数控机床上的润滑、冷却系统与普通机床上的是有很大差别的，在普通机床上一般是采用手工润滑与单管冷却的方式。在数控机床上一般采用自动润滑，润滑间隔时间可以根据需要而调整，数控机床时的冷却一般采用图 7-30（c）所示的多管淋浴式冷却，有的还可以从刀具中进行冷却，如图 7-30（d）、（e）、（f）所示。

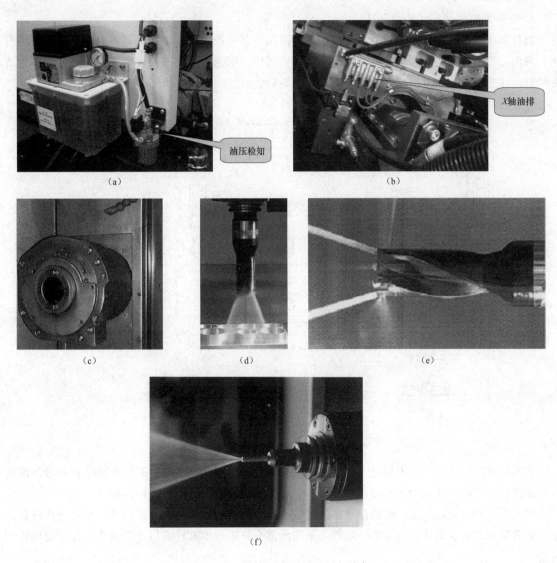

图 7-30　数控机床上的润滑与冷却

任务目标

- 掌握数控机床润滑系统的种类
- 能看懂数控机床润滑与冷却系统的图样
- 会对数控机床润滑与冷却系统的故障进行维修
- 掌握排屑与防护装置的种类
- 会对排屑与防护装置的故障进行维修

任务实施
一体化教学

一、机床的冷却系统

1. 冷却系统的结构（见图7-31）

数控车床的冷却装置安装在后床腿内，冷却液由冷却泵经管路送至床鞍，再由床鞍经管路至滑板，再由刀架上的喷嘴送出。经济型数控车床的四工位刀架为内冷却刀架，如果喷嘴的方向不合适可调整。注意调整喷嘴方向一定要在停机状态下进行。

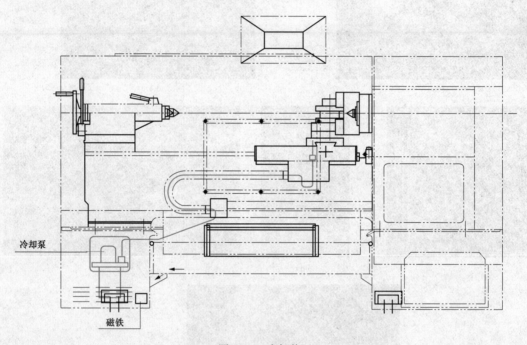

图7-31 冷却装置

当机床采用卧式六工位刀架时，冷却系统为外循环，由安装在床鞍后部的冷却软管将冷却液送至切削部位，冷却水流量的大小可通过旋转安装在冷却支杆上的锥阀来进行控制。

用过的冷却液流回油盘，经油盘底部的过滤小孔再流回后床腿内。为提高冷却泵的使用寿命防止冷却管路堵塞，在后床腿内安装一磁铁用来吸附细小铁末。该磁铁应与冷却液槽一起应定期进行清洗。

经济型数控车床常用的冷却泵为 AYB-25 型三相电泵，冷却液为乳化液，用户可根据加工件的不同要求，自行配制或选用不同牌号的乳化液。

2. 电气连接

数控机床冷却泵电气控制线路比较简单，冷却执行单元一般都是三相交流异步电动机。冷却系统控制主电路、控制电路与信号电路分别如图7-32所示。

二、数控机床的润滑系统

1. 润滑系统的种类

（1）单线阻尼式润滑系统。此系统适合于机床润滑点需油量相对较少，并需周期供油的场合。它是利用阻尼式分配，把液压泵供给的油按一定比例分配到润滑点。一般用于循环系统，也可以用

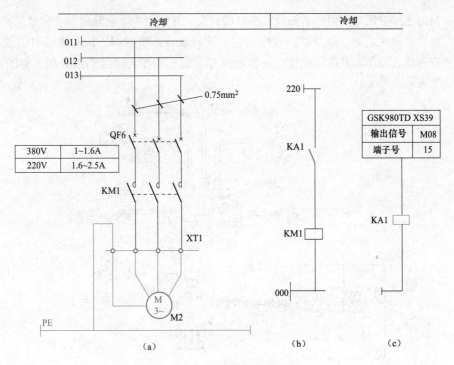

图 7-32 冷却系统电气控制

(a) 主电路；(b) 控制电路；(c) 信号电路

于开放系统，可通过时间的控制来控制润滑点的油量。该润滑系统非常灵活，多一个或少一个润滑点都可以，并可由用户安装，且当某一点发生阻塞时，不影响其他点的使用，故应用十分广泛。

(2) 递进式润滑系统。递进式润滑系统主要由泵站、递进片式分流器组成，并可附有控制装置加以监控。其特点是：能对任一润滑点的堵塞进行报警并终止运行，以保护设备；定量准确、压力高；不但可以使用稀油，而且还适用于使用油脂润滑的情况。润滑点可达 100 个，压力可达 21MPa。

递进式分流器由一块底板、一块端板及最少三块中间板组成。一组阀最多可有 8 块中间板，可润滑 18 个点。其工作原理是由中间板中的柱塞从一定位置起依次动作供油，若某一点产生堵塞，则下一个出油口就不会动作，因而整个分流器停止供油。堵塞指示器可以指示堵塞位置，便于维修。如图 7-33 所示为递进式润滑系统。

(3) 容积式润滑系统。系统以定量阀作为分配器向润滑点供油，在系统中配有压力继电器，使得系统油压达到预定值后发讯，使电动机延时

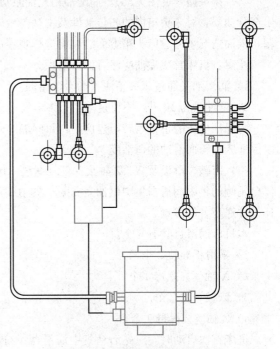

图 7-33 递进式润滑系统

停止,润滑油由定量分配器供给,系统通过换向阀卸荷,并保持一个最低压力,使定量阀分配器补充润滑油,电动机再次启动,重复这一过程,直至达到规定润滑时间。该系统压力一般在 50MPa 以下,润滑点可达几百个,其应用范围广、性能可靠,但不能作为连续润滑系统。如图 7-34 所示为容积式润滑系统。

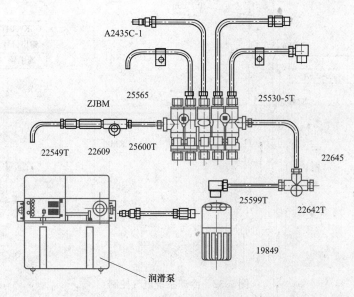

图 7-34 容积式润滑系统

2. 润滑系统结构

为了确保机床正常工作,机床所有的摩擦表面均应按规定进行充分的润滑。

(1) 床头箱(见图 7-35)。润滑油箱及油泵放置在前床腿内,润滑油经线隙式滤油器由油泵打出至分油器,对床头箱内的各传动件及主轴前后轴承等进行润滑,然后由床头箱底部回油管回到油箱,供油情况可通过床头箱上面的油窗进行观察。

注意:机床首次注油应注意如下事项。

1) 润滑油是通过床头箱注入润滑油箱的。

2) 注油量为 10 升,不要过多,过多容易造成油溢出。

为保证机床的正常运转,建议用户每间隔 3～4 个月清洗一次床头箱润滑油箱(包括滤油器),以保证床头箱润滑油的清洁度。

(2) 床鞍、滑板及 X、Z 轴滚珠丝杠润滑。床鞍、滑板及 X、Z 轴滚珠丝杠润滑是由安装在床体台尾侧的集中润滑器集中供油完成的。集中润滑器每间隔 15 分钟打出 5.5 毫升油,通过管路及计量件送至各润滑点。

本机床润滑点共有 6 个。

1) 横滑板导轨 2 个。

2) X 轴丝杠螺母 1 个。

3) 床鞍导轨 2 个。

4) Z 轴丝杠螺母 1 个。

机床首次启动时,应先启动集中润滑器,待各油路充满油并把油送至各润滑点后,再启动机床,以后则无须先启动集中润滑器。必要时可先采用手动方式供油,方法是将润滑器手动拉杆拉至

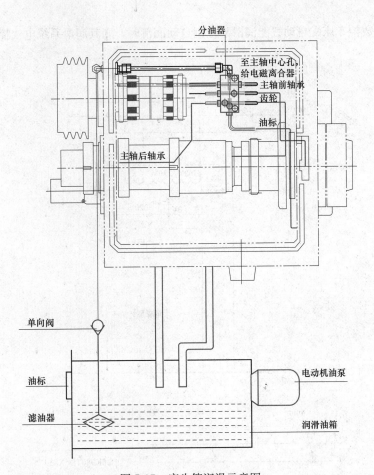

图 7-35　床头箱润滑示意图

上限脱手，让活塞自行复位，即一次供油完成，注意严禁用手按压手动拉杆强行排油，以免损坏泵内机件。

当集中润滑器油液处于低位时，能自动报警，此时须及时添加润滑油。

（3）X、Z 轴轴承润滑。X、Z 轴轴承采用 NBU 长效润滑脂润滑，平时不需要添加，待机床大修时再更换。

（4）尾架润滑。尾架的润滑每班应将相应的油杯注满油一次。

（5）机床用油情况如图 7-36 所示机床润滑指示标志。

（6）润滑控制电气连接。某些数控车床采取自动润滑时，由于自动润滑系统中的自动智能润滑泵包含了智能微型计算机控制芯片，其芯片中已有控制泵油时间和间隔时间的程序，因此，如

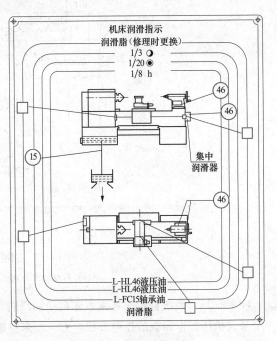

图 7-36　机床润滑指示

GSK980TD 系统数控车床配自动智能润滑泵控制自动润滑时，则其润滑系统电气控制如图 7-37（a）所示。

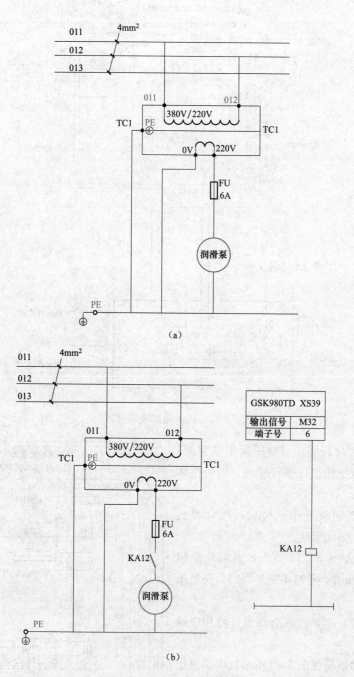

图 7-37　润滑系统电气控制

（a）自动润滑方式；（b）非自动润滑方式

GSK980TD 系统数控车床采取非自动润滑时，数控机床润滑控制信号的产生一般有两个来源：一个来自机床操作面板的控制按钮，另一个来自编程的指令代码（M 代码），来自机床操作面板的控制信号经过 PLC 程序的处理之后，直接通过输出接口来驱动外围器件执行；来自编程的指令代码，首先通过 CNC 的运算处理，将待定的控制信号传递给机床的 PLC，由 PLC 实现控制过程。其润滑系统电气控制如图 7-37（b）所示。

单相电源经继电器 KA12 从泵 TB 端子 1、2 端子引入，当系统输出端子 M32 有信号时，KA12 得电闭合，这时润滑泵工作。

▶▶ *技能训练.*

3. 故障维修

（1）润滑故障的维修方法。以 X 轴导轨润滑不良故障维修介绍之。

1）故障维修流程（见图 7-38）。

2）维修步骤。

a. 检查润滑单元。按自动润滑单元上面的手动按钮，压力表指示压力由 0 升高，说明润滑泵已启动，自动润滑单元正常。

b. 检查数控系统设置的有关润滑时间和润滑间隔时间。润滑打油时间 15s，间隔时间 6min，与出厂数据对比无变化。

c. 拆开 X 轴导轨护板，检查发现两侧导轨一侧润滑正常，另一侧明显润滑不良。

d. 拆检润滑不良侧有关的分配元件，发现有两只润滑计量件堵塞，更换新件后，运行 30min，观察 X 轴润滑正常。

（2）故障维修。

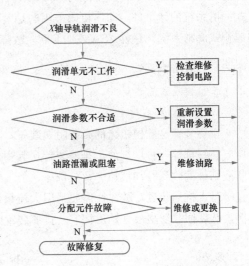

图 7-38　X 轴导轨润滑不良故障维修流程图

1）加工表面粗糙度不理想的故障排除。故障现象：某数控龙门铣床，用右面垂直刀架铣产品机架平面时，发现工件表面粗糙度达不到预定的精度要求。

分析及处理过程：这一故障产生以后，把查找故障的注意力集中在检查右垂直刀架主轴箱内的各部滚动轴承（尤其是主轴的前后轴承）的精度上，但出乎意料的是各部滚动轴承均正常；后来经过研究分析及细致的检查发现：为工作台蜗杆及固定在工作台下部的螺母条这一传动副提供润滑油的四根管基本上都不来油。经调节布置在床身上的控制这四根油管出油量的四个针形节流阀，使润滑油管流量正常后，故障消失。

2）润滑油损耗大的故障排除。故障现象：TH5640 立式加工中心，集中润滑站的润滑油损耗大，隔 1 天就要向润滑站加油，切削液中明显混入大量润滑油。

分析及处理过程：TH5640 立式加工中心采用容积式润滑系统。这一故障产生以后，开始认为是润滑时间间隔太短，润滑电动机启动频繁，润滑过多，导致集中润滑站的润滑油损耗大。将润滑电动机启动时间间隔由 12min 改为 30min 后，集中润滑站的润滑油损耗有所改善，但是油损耗仍很大。故又集中注意力查找润滑管路问题，润滑管路完好并无漏油，但发现 Y 轴丝杠螺母润滑油特别多，拧下 Y 轴丝杠螺母润滑计量件，检查发现计量件中的 Y 形密封圈破损。换上新的润滑计量件后，故障排除。

3）导轨润滑不足的故障排除。故障现象：TH6363 卧式加工中心，Y 轴导轨润滑不足。

分析及处理过程：TH6363 卧式加工中心采用单线阻尼式润滑系统。故障产生以后，开始认为是润滑时间间隔太长，导致 Y 轴润滑不足。将润滑电动机启动时间间隔由 15min 改为 10min，Y 轴导轨润滑有所改善但是油量仍不理想。故又集中注意力查找润滑管路问题，润滑管路完好；拧下 Y 轴导轨润滑计量件，检查发现计量件中的小孔堵塞。清洗后，故障排除。

4）润滑系统压力不能建立的故障排除。故障现象：TH68125 卧式加工中心，润滑系统压力不能建立。

分析及处理过程：TH68125 卧式加工中心组装后，进行润滑试验。该卧式加工中心采用容积式润滑系统。通电后润滑电动机旋转，但是润滑系统压力始终上不去。检查润滑泵工作正常，润滑站出油口有压力油；检查润滑管路完好；检查 X 轴滚珠丝杠轴承润滑，发现大量润滑油从轴承里面漏出；检查该计量件，型号为 ASA-5Y，查计量件生产公司润滑手册，发现 ASA-5Y 为单线阻尼式润滑系统的计量件，而该机床采用的是容积式润滑系统，两种润滑系统的计量件不能混装。更换容积式润滑系统计量件 ZSAM-20T 后，故障排除。

一体化教学

三、排屑装置

1. 排屑装置结构

排屑装置是数控机床的必备附属装置，其主要作用是将切屑从加工区域排出数控机床之外。切屑中往往都混合着切削液，排屑装置从其中分离出切屑，并将它们送入切屑收集箱（车）内，而切削液则被回收到冷却液箱。数控铣床、加工中心和数据控镗铣床的工件安装在工作台上，切屑不能直接落入排屑装置，故往往需要采用大流量冷却液冲刷，或压缩空气吹扫等方法使切屑进入排屑槽，然后回收切削液并排出切屑。排屑装置的种类繁多，表 7-6 为常见的几种排屑装置结构。

表 7-6 排 屑 装 置 结 构

名　称	实　物	结 构 简 图
平板链式排屑装置	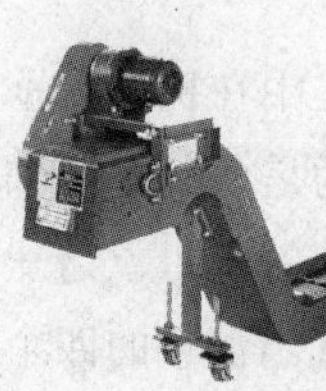	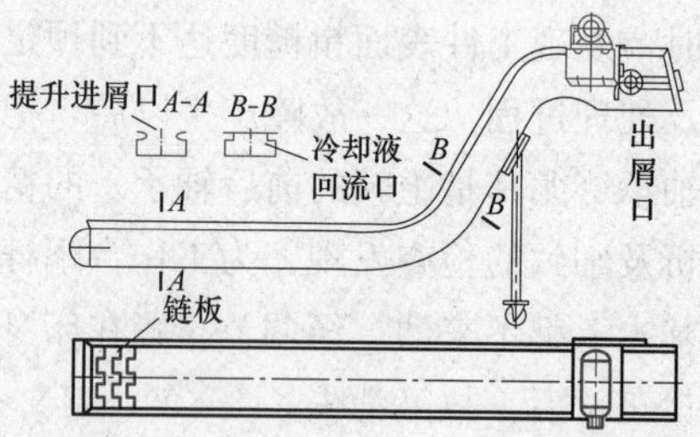
刮板式排屑装置	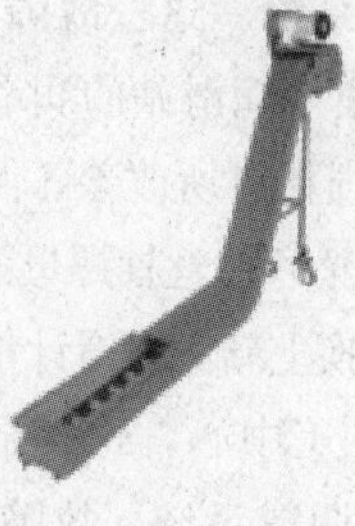	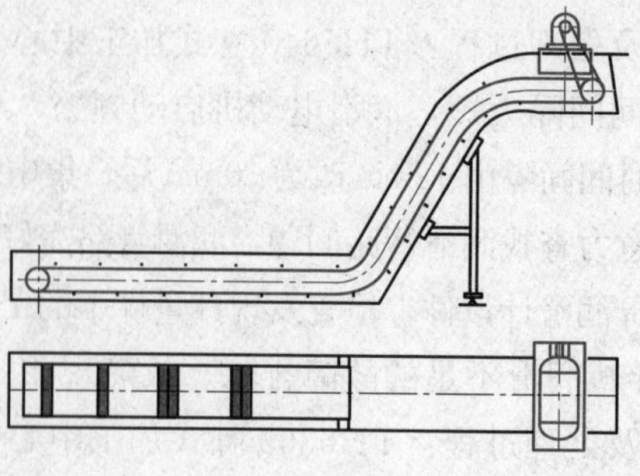

续表

名　称	实　物	结　构　简　图
螺旋式排屑装置	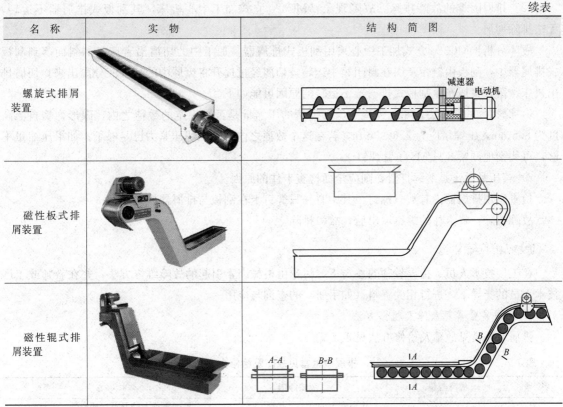	
磁性板式排屑装置		
磁性辊式排屑装置		

2. 排屑装置电气控制

排屑装置电气控制如图 7-39 所示。

> 查一查：数控机床常用的排屑装置还有哪几种？

3. 维修

（1）排屑困难的故障排除。故障现象：ZK8206 数控锪端面钻中心孔机床，排屑困难，电动机过载报警。

故障分析：ZK8206 数控锪端面钻中心孔机床采用螺旋式排屑器，加工中的切屑沿着床身的斜面落到螺旋式排屑器所在的沟槽中，螺旋杆转动时，沟槽中的切屑即由螺旋杆推动连续向前运动，最终排入切屑收集箱。机床设计时为了在提升过程中将废屑中的切削液分离出来，在排屑器排出口处安装一直径 160mm 长 350mm 的圆筒形排屑口，排屑口向上倾斜 30°。机床试运行时，大量切屑阻塞在排屑口，电动机过载报警。原因是切屑在提升过程中，受到圆筒形排屑口内壁的摩擦，相互挤压，集结在圆筒形排屑口内。

故障排除：将圆筒形排屑口改为喇叭形排屑口后，锥角大于摩擦角，故障排除。

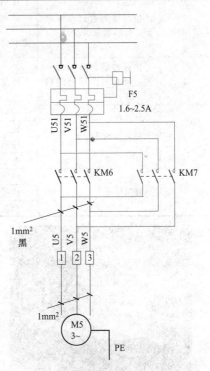

图 7-39　排屑装置电气控制

（2）排屑困难的故障排除。故障现象：MC320 立式加工中心机床，其刮板式排屑器不运转，无法排除切屑。

故障分析：MC320 立式加工中心采用刮板式排屑器。加工中的切屑沿着床身的斜面落到刮板式排屑器中，刮板由链带牵引在封闭箱中运转，切屑经过提升将废屑中的切削液分离出来，切屑排出机床，落入集屑车。刮板式排屑器不运转的原因可能如下。

1）摩擦片的压紧力不足：先检查碟形弹簧的压缩量是否在规定的数值之内；碟形弹簧自由高度为 8.5mm，压缩量应为 2.6～3mm，若在这个数值之内，则说明压紧力已足够了；如果压缩量不够，可均衡地调紧 3 只 M8 压紧螺钉。

2）若压紧后还是继续打滑，则应全面检查卡住的原因。

检查发现排屑器内有数只螺钉，其中有一只螺钉卡在刮板与排屑器体之间。

故障排除：将卡住的螺钉取出后，故障排除。

▶▶讨论总结

在工厂技术人员、指导教师的参与下，讨论由机械因素引起的故障维修方法，并在教师或工厂技术人员的指导下，进行相关资料（如手册）的查询与应用。

4. 排屑装置常见故障及检修方法

排屑装置常见故障及检修方法见表 7-7。

表 7-7 　　　　　　　　　排屑装置常见故障及检修方法

序号	故障现象	故障原因	检修方法
1	执行排屑器启动指令后，排屑器未启动	排屑器上的开关未接通	将排屑器上的开关接通
		排屑器控制电路故障	由数控机床的电气维修人员来排除故障
		电动机保护热继电器跳闸	测试检查，找出跳闸的原因，排除故障后，将热继电器复位
2	执行排屑器启动指令后，只有一个排屑器启动工作	另一个排屑器上的开关未接通	将未启动的排屑器上的开关接通
		控制电路故障	方法同上
		电动机保护热继电器跳闸	方法同上
3	排屑器噪声增大	排屑器机械变形或有损坏	检查修理，更换损坏部分
		铁屑堵塞	及时将堵塞的铁屑清理掉
		排屑器固定松动	重新紧固牢固
		电动机轴承润滑不良磨损或损坏	定期检修，加润滑脂，更换已损坏的轴承
4	排屑困难	排屑口切屑卡住	及时清除排屑口积屑
		机械卡死	调整修理
		刮板式排屑器摩擦片的压紧力不足	调整碟形弹簧压缩量或调整压紧螺钉

图 7-40　防护门

四、防护装置

1. 机床防护门

数控机床一般配置机床防护门，防护门多种多样。图 7-40 就是常用的一种防护门，数控机床在加工时，应关闭机床防护门。

2. 防护罩系列

防护罩种类繁多，表 7-8 为几种常见的机床防护罩。

3. 拖链系列

各种拖链可有效地保护电线、电缆、液压与气动的软管，可延长被保护对象的寿命，降低消耗，并改善管线分布零乱状况，增强机床整体艺术造型效果。表 7-9 为常见的拖链。

表 7-8　　　　　　　　　　　　　　　　　几种常见的机床防护罩

名称	实物	结构简图
柔性风琴式防护罩		压缩后长度　行程　最大长度
钢板机床导轨防护罩		
盔甲式机床防护罩		折层　导向　薄板
卷帘布式防护罩		
防护帘		
防尘折布		

表 7-9   常 见 的 拖 链

名　称	实　物
桥式工程塑料拖链	
全封闭式工程塑料拖链	
DGT 导管防护套	
JR-2 型矩形金属软管	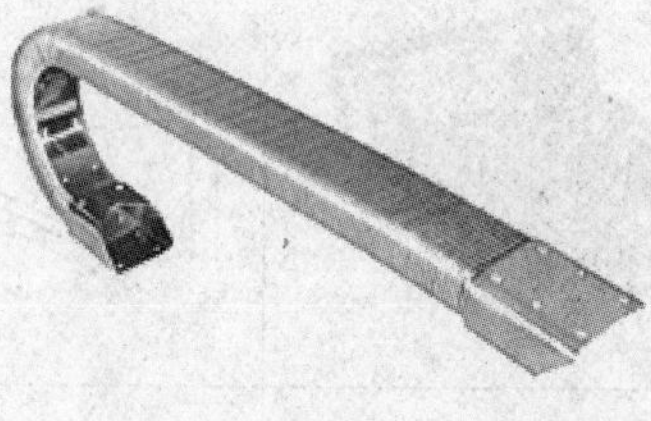
加重型工程塑料拖链、S 型工程塑料拖链	 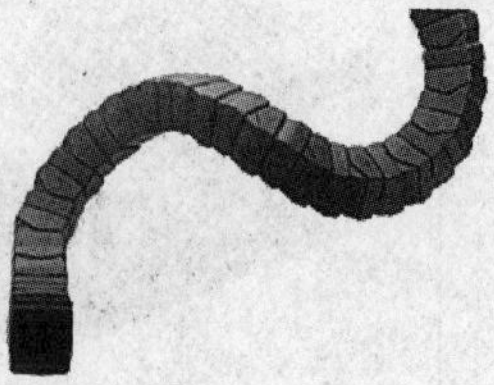
钢制拖链	

做一做：读者自己总结数控机床防护装置常见故障及排除方法

◎ 任务扩展——数控机床的修理种类

数控机床中的各种零件，到达磨损极限的经历各不相同，无论从技术角度还是从经济角度考虑，都不能只规定一种修理即更换全部磨损零件。但也不能规定过多，影响数控机床有效使用时间，通常将修理划分为三种，即大修、中修、小修。

一、大修

数控机床大修主要是根据数控机床的基准零件已到磨损极限，电子器件的性能亦已严重下降，而且大多数易损零件也已用到规定时间，数控机床的性能已全面下降而确定。大修时需将数控机床全部解体，一般需将数控机床拆离基础，在专用场所进行。大修包括修理基准件，修复或更换所有磨损或已到期的零件，校正坐标，恢复精度及各项技术性能，重新油漆。此外，结合大修可进行必要的改装。

二、中修

中修与大修不同，不涉及基准零件的修理，主要修复或更换已磨损或已到期的零件，校正坐标，恢复精度及各项技术性能，只需局部解体，并且仍然在现场就地进行。

三、小修

小修的主要内容在于更换易损零件，排除故障，调整精度，可能发生局部不太复杂的拆卸工作，在现场就地进行，以保证数控机床正常运转。上述三种修理的工作范围、内容及工作量各不相同，在组织数控机床修理工作时应予以明确区分。尤其是大修与中、小修，其工作目的与经济性质是完全不同的。中、小修的主要目的在于维持数控机床的现有性能，保持正常运转状态。通过中、小修之后，数控机床原有价值不发生增减变化，属于简单再生产性质。而大修的目的在于恢复原有一切性能。在更换重要部件时，并不都是等价更新，还可能有部分技术改造性质的工作，从而引起数控机床原有价值发生变化。属于扩大再生产性质。因此，大修与小修的款项来源应是不同的。

由上所述可知，在组织数控机床修理时，应将日常保养、检查、大、中、小修加以明确区分。

综合测试

一、填空题

1. 数控转台按照分度形式可分为_____和_____。

2. 直接驱动回转工作台一般采用_____驱动。

3. _____是数控铣床和加工中心等常用的附件。它的作用是按照控制装置的信号或指令作_____或连续回转进给运动，以使数控机床能完成指定的加工工序。

4. 在数控加工中，为防止切屑飞出伤人及意外事故的发生，应关闭_____。

5. 数控机床常用的防护罩种类有_____防护罩、钢板机床导轨防护罩、盔甲式机床防护罩、_____防护罩、防护布和防尘折布。

6. 拖链可有效地保护____、电缆、____与____的软管，可延长被保护对象的寿命，降低消耗，并改善管线分布零乱状况，增强机床整体艺术造型效果。

二、选择题（请将正确答案的代号填在空格中）

1. 数控机床的进给运动，除 X、Y、Z 三个坐标轴的直线进给运动之外，还可以有绕 X、Y、Z 三个坐标轴的圆周进给运动，分别称（　　）轴。

A. A、B、C　　　　　B. U、V、W　　　　　C. I、J、K

2. 绕 X 轴旋转的回转运动坐标轴是（　　）。

A. A 轴　　　　　　B. B 轴　　　　　　C. Z 轴

3. 机床上的卡盘，中心架等属于（　　）夹具。

A. 通用　　　　　　B. 专用　　　　　　C. 组合

4. 蜗杆和（　　）传动可以具有自锁性能。

A. 普通螺旋　　　B. 滚珠丝杆螺母副　　C. 链　　　　　　D. 齿轮

5. 利用回转工作台铣削工件的圆弧面，当校正圆弧面中心与回转工作台中心重合时，应转动（　　）。

A. 立轴　　　　　　B. 回转工作台　　　C. 工作台　　　　　D. 铣刀

三、判断题（正确的划"√"，错误的划"×"）

1. 数控机床的圆周进给运动，一般由数控系统的圆弧插补功能来实现。（　　）

2. 数控转台的分度定位和分度工作台相同，它是按控制系统所指定的脉冲数来决定转位角度，没有其他的定位元件。（　　）

3. 加工精度愈高，数控转台的脉冲当量应选得愈大。（　　）

4. 数控转台直径愈小，脉冲当量应选得愈大。（　　）

5. 数控回转工作台不需要设置零点。（　　）

6. 为了便于观察，机床在加工过程中可打开防护门。（　　）

7. 炎热的夏季车间温度高达 35℃ 以上，因此要将数控柜的门打开，以增加通风散热。（　　）

8. 为了防止尘埃进入数控装置内，所以电气柜应做成完全密封的。（　　）

模块八

数控机床的安装与验收

　　数控机床属于高精度、自动化机床，安装调试时应严格按机床制造厂商提供的使用说明书及有关的技术标准进行。通常来说，数控机床出厂后直到能正常工作，其过程如图 8-1 所示。

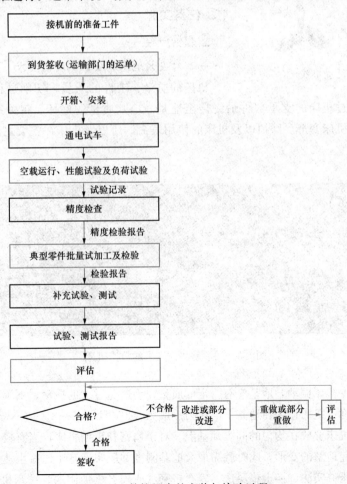

图 8-1　数控机床的安装与检验过程

能看明白数控机床总装图；能完成数控机床的机械总装、试车、机械部分的调试；掌握数控机床几何精度、工作精度、定位精度、重复定位精度的测量、误差分析及调整方法。

任务一 数控机床的安装

任务引入

一般中小型数控机床无需做单独的地基，只需在硬化好的地面上，采用活动垫铁（见图 8-2），稳定机床的床身，用支承件调整机床的水平，如图 8-3 所示。

图 8-2 活动垫铁

任务目标

- 熟悉数控机床对安装地基和安装环境的要求
- 了解数控机床的安装步骤

任务实施

▶▶ 教师讲解

一、对安装地基和安装环境的要求

机床的质量、工件的质量、切削过程中产生的切削力等作用力，都将通过机床的支承部件最终传至地基。地基质量的好坏，将关系到机床的加工精度、运动平稳性、机床变形、磨损以及机床的使用寿命。所以，机床在安装之前，应先做好地基的处理。

图 8-3 用活动垫铁支承的数控机床

为增大阻尼减少机床振动，地基应有一定的质量。为避免过大的振动、下沉和变形，地基应具有足够的强度和刚度。机床作用在地基上的压力一般为 $3 \times 10^4 \mathrm{N/m^2} \sim 8 \times 10^4 \mathrm{N/m^2}$。一般天然地基强度足以保证，但机床要放在均匀的同类地基上。对于精密和重型机床，当有较大的加工件需在机床上移动时，会引起地基的变形，此时就需加大地基刚度并压实地基土以减小地基的变形。地基土的处理方法可采用压夯实法、换土垫层法、碎石挤密法或碎石桩加固法。精密机床或 50t 以上的重型机床，其地基加固可用预压法或采用桩基。

在数控机床确定的安放位置上，根据机床说明书中提供的安装地基图进行施工，如图 8-4 所示。同时要考虑机床质量和重心位置与机床连接的电线、管道的铺设、预留地脚螺栓和预埋件的位置。

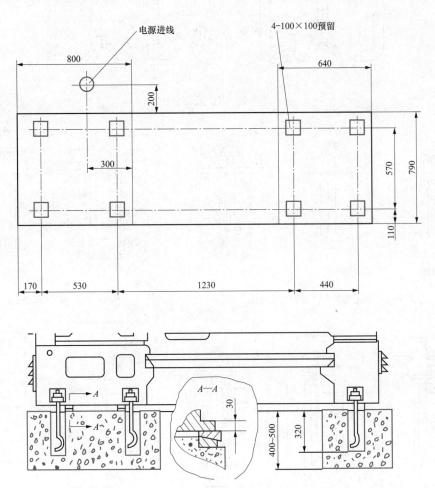

图 8-4　数控机床安装地基示意图

大型、重型机床需要专门做地基，精密机床应安装在单独的地基上，在地基周围设置防振沟，并用地脚螺栓紧固。

常用的各种地脚螺栓及固定方式如图 8-5～图 8-8 所示。地基平面尺寸应大于机床支承面积的外廓尺寸，并考虑安装、调整和维修所需尺寸。此外，机床旁应留有足够的工件运输和存放空间。机床与机床、机床与墙壁之间应留有足够的通道。

机床的安装位置应远离焊机、高频等各种干扰源及机械震源。应避免阳光照射和热辐射的影响，其环境温度应控制在 0～45℃，相对湿度在 90% 左右，必要时应采取适当措施加以控制。机床不能安装在有粉尘的车间里，应避免酸腐蚀气体的侵蚀。

二、安装步骤

数控机床的安装可按图 8-9 所示流程进行。

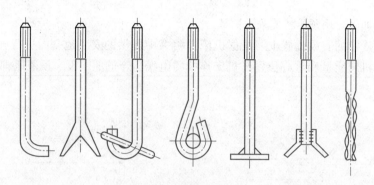

图 8-5　固定地脚螺栓

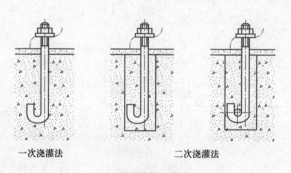

一次浇灌法　　　　二次浇灌法

图 8-6　固定地脚螺栓的固定方法

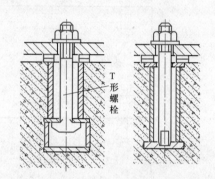

图 8-7　活地脚螺栓

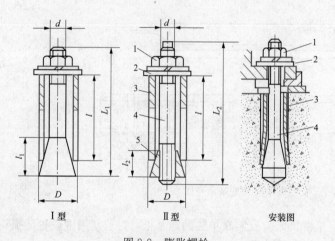

Ⅰ型　　　　Ⅱ型　　　　安装图

图 8-8　膨胀螺栓

1—螺母；2—垫圈；3—套筒；4—螺栓；5—锥体

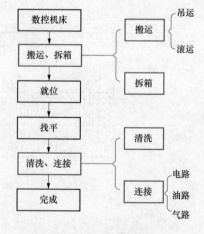

图 8-9　数控机床安装图

1. 搬运及拆箱

数控机床吊运应单箱吊装，防止冲击振动。用滚子搬运时，滚子直径以 $70\sim80$mm 为宜，地面斜坡度不得大于 $15°$。拆箱前应仔细检查包装箱外观是否完好无损；拆箱时，先将顶盖拆掉，再拆箱壁；拆箱后，应首先找出随机携带的有关文件，并按清单清点机床零部件数量和电缆数量等是否齐全，并做检查记录。检查验收的主要内容如下。

（1）包装是否完好。

（2）技术资料是否齐全。

（3）是否有机床出厂检验报告及合格证。

（4）按照合同规定，对照装箱单清点，检查部件、附件、备件及工具的数量、规格和完好程度。某数控车床装箱单如图 8-10 所示。

（5）机床外观有无明显损坏，有无锈蚀、脱漆等现象，逐项如实做好有关记录并存档。

（6）机床及附属装置应固紧的附件（如照明灯等）是否松动，电缆（线）、管路等的走线和固定是否符合要求等。

2. 就位

机床的起吊应严格按说明书上的吊装图进行，如图 8-11 所示。注意机床的重心和起吊位置。起吊时，将尾座移至机床右端锁紧，同时注意使机床底座呈水平状态，防止损坏漆面、加工面及突出部件。在使用钢丝绳时，应垫上木块或垫板，以防打滑。待机床吊起离地面 100～200mm 时，仔细检查悬吊是否稳固。然后再将机床缓缓地送至安装位置，并使活动垫铁、调整垫铁、地脚螺栓等相应地对号入座。常用调整垫铁类型见表 8-1。

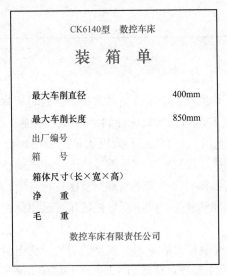

图 8-10　某数控车床装箱单

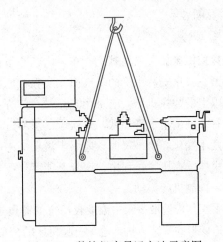

图 8-11　数控机床吊运方法示意图

表 8-1　　　　　　　　　　　　　**常 用 调 整 垫 铁 类 型**

名　称	图　示	特点和用途
斜垫铁	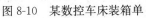	斜度 1：10，一般配置在机床地脚螺栓附近，成对使用。用于安装尺寸小、要求不高、安装后不需要再调整的机床，亦可使用单个结构，此时与机床底座为线接触，刚度不高
开口垫铁		直接卡入地脚螺栓，能减轻拧紧地脚螺栓时使机床底座产生的变形

续表

名　　称	图　　示	特点和用途
带通孔斜垫铁		套在地脚螺栓上，能减轻拧紧地脚螺栓时使机床底座产生的变形
钩头垫铁		垫铁的钩头部分紧靠在机床底座边缘上，安装调整时起限位作用，安装水平不易走失，用于振动较大或质量为 10～15t 的普通中、小型机床

⏩技能训练.

3. 找平

将数控机床放置于地基上，在自由状态下按机床说明书的要求调整其水平，然后将地脚螺栓均匀地锁紧。找正安装水平的基准面，应在机床的主要工作面（如机床导轨面或装配基面）上进行。对中型以上的数控机床，应采用多点垫铁支承，将床身在自由状态下调成水平。如图 8-12 所示的机床上有 8 副调整水平垫铁，垫铁应尽量靠近地脚螺栓，以减少紧固地脚螺栓时，使已调整好的水平精度发生变化，水平仪读数应小于说明书中的规定数值。在各支承点都能支承住床身后，再压紧各地脚螺栓。在压紧过程中，床身不能产生额外的扭曲和变形。高精度数控机床可采用弹性支承进行调整，抑制机床振动。

找平工作应选取一天中温度较稳定的时候进行。应避免为适应调整水平的需要，使用引起机床产生强迫变形的安装方法，避免引起机床的变形，从而引起导轨精度和导轨相配件的配合和连接的变化，使机床精度和性能受到破坏。对安装的数控机床，考虑水泥地基的干燥有一过程，故要求机床运行数月或半年后再精调一次床身水平，以保证机床长期工作精度，提高机床几何精度的保持性。

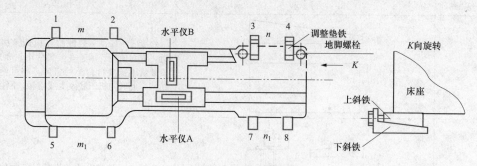

图 8-12　垫铁放置图

4. 清洗和连接

拆除各部件因运输需要而安装的紧固工件（如紧固螺钉、连接板、楔铁等），清理各连接面、各运动面上的防锈涂料，清理时不能使用金属或其他坚硬刮具，不得用棉纱或纱布，要用浸有清洗剂的棉布或绸布。清洗后涂上机床规定使用的润滑油，并做好各外表面的清洗工作。

对一些解体运输的机床（如车削中心），待主机就位后，将在运输前拆下的零、部件安装在主机上。在组装中，要特别注意各接合面的清理，并去除由于磕碰形成的毛刺，要尽量使用原配的定位元件将各部件恢复到机床拆卸前的位置，以利于下一步的调试。

主机装好后即可连接电缆、油管和气管。每根电缆、油管、气管接头上都有标牌，电气柜和各部件的插座上也有相应的标牌，根据电气接线图、气液压管路图将电缆、管道一一对号入座。在连接电缆的插头和插座时必须仔细清洁和检查有无松动和损坏。安装电缆后，一定要把紧固螺钉拧紧，保证接触完全可靠。良好的接地不仅对设备和人身安全起着重要的保障，同时还能减少电气干扰，保证数控系统及机床的正常工作，数控机床接地线的正确连接方式如图 8-13 所示。在油管、气管连接中，注意防止异物从接口进入管路，避免造成整个气液压系统发生故障。每个接头都必须拧紧，否则到试车时，若发现有油管渗漏或漏气现象，常常要拆卸一大批管子，使安装调试的工作量加大，浪费时间。

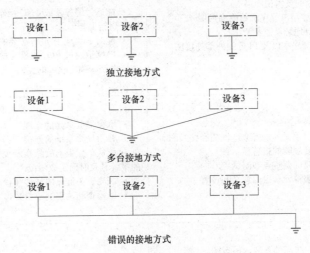

图 8-13　数控机床接地方式示意图

检查机床的数控柜和电气柜内部各接插件接触是否良好。与外界电源相连接时，应重点检查输入电源的电压和相序，电网输入的相序可用相序表检查，错误的相序输入会使数控系统立即报警，甚至损坏器件，相序不对时，应及时调整。接通机床上的油泵、冷却泵电动机，判断油泵、冷却泵电动机转向是否正确。油泵运转正常后，再接通数控系统电源。

国产数控机床上常装有一些进口的元器件、部件和电动机等，这些元器件的工作电压可能与国内标准不一样，因此需单独配置电源或变压器。接线时，必须按机床资料中规定的方法连接。通电前，应确认供电制式是否符合要求。最后，全面检查各部件的连接状况，检查是否有多余的接线头和管接头等。只有这些工作仔细完成后，才能保证试车顺利进行。

◎ 任务扩展——数控机床维修必要的技术资料和技术准备

维修人员应在平时要认真整理和阅读有关数控系统的重要技术资料。维修工作做得好坏，排除故障的速度快慢，主要决定于维修人员对系统的熟悉程度和运用技术资料的熟练程度。数控机床维修人员所必需的技术资料和技术准备见表 8-2。

表 8-2 数控机床维修人员所必需的技术资料与技术准备

分类	技术资料	技术准备
数控装置部分	• 数控装置操作面板布置及其操作说明书 • 数控装置内各电路板的技术要点及其外部连接图 • 系统参数的意义及其设定方法 • 数控装置的自诊断功能和报警清单 • 数控装置接口的分配及其含义等	• 掌握 CNC 原理框图 • 掌握 CNC 结构布置 • 掌握 CNC 各电路板的作用 • 掌握板上各发光管指示的意义 • 通过面板对系统进行各种操作 • 进行自诊断检测，检查和修改参数并能做出备份 • 能熟练地通过报警信息确定故障范围 • 熟练的对系统供维修的检测点进行测试 • 会使用随机的系统诊断软件/软件对其进行诊断测试
PLC 装置部分	• PLC 装置及其编程器的连接、编程、操作方面的技术说明书 • PLC 用户程序清单或梯形图 • I/O 地址及意义清单 • 报警文本以及 PLC 的外部连接图	• 熟悉 PLC 编程语言 • 能看懂用户程序或梯形图 • 会操作 PLC 编程器 • 能通过编程器或 CNC 操作面板（对内装式 PLC）对 PLC 进行监控 • 能对 PLC 程序进行必要的修改 • 熟练地通过 PLC 报警号检查 PLC 有关的程序和 I/O 连接电路、确定故障的原因
伺服单元	• 伺服单元的电气原理框图和接线图 • 主要故障的报警显示 • 重要的调整点和测试点 • 伺服单元参数的意义和设置	• 掌握伺服单元的原理 • 熟悉伺服系统的连接 • 能从单元板上故障指示发光管的状态和显示屏显示的报警号及时确定故障范围 • 能测试关键点的波形和状态，并做出比较 • 能检查和调整伺服参数，对伺服系统进行优化
机床部分	• 数控机床的安装、吊运图 • 数控机床的精度验收标准 • 数控机床使用说明书，含系统调试说明、电气原理图、布置图以及接线图、机床安装、机械结构、编程指南等 • 数控机床的液压回路图和气动回路图	• 掌握数控机床的结构和动作 • 熟悉机床上电气元器件的作用和位置 • 会手动、自动操作机床 • 能编简单的加工程序并进行试运行
其他	有关元器件方面的技术资料，如： • 数控设备所用的元器件清单 • 备件清单 • 各种通用的元器件手册	• 熟悉各种常用的元器件 • 能较快地查阅有关元器件的功能、参数及代用型号 • 对一些专用器件可查出其订货编号 • 对系统参数、PLC 程序、PLC 报警文本进行光盘与硬盘备份 • 对机床必须使用的宏指令程序、典型的零件程序、系统的功能检查程序进行光盘与硬盘备份 • 了解备份的内容 • 能对数控系统进行输入和输出的操作 • 完成故障排除之后，应认真作好记录，将故障现象、诊断、分析、排除方法一一加以记录

任务二　数控机床的精度检验

任务引入

　　一台数控机床的全部检测验收工作是一项复杂的工作，对试验检测手段及技术要求也很高。它需要使用各种高精度仪器（见图 8-14），对机床的机、电、液、气等各部分及整机进行综合性能及单项性能的检测，最后得出对该机床的综合评价。这项工作一般是由机床生产厂家完成的。对一般的数控机床用户，其验收工作主要根据机床出厂检验合格证上规定的验收条件及实际能提供的检测手段来部分地或全部地测定机床合格证上各项技术指标。如果各项数据都符合要求，用户应将此数据列入该设备进厂的原始技术档案中，以作为日后维修时的技术指标依据。

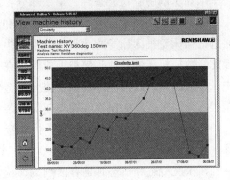

图 8-14　数控机床的验收

任务目标

- 掌握数控车几何精度的检验方法
- 了解数控机床工作精度的检验方法

任务实施

⏩ 教师讲解

一、几何精度

　　数控机床的几何精度检查项目大部分与普通机床相同，增加了一些自动化装置自身以及其与机床连接的精度项目等。机床几何精度会复映到零件上去，主要共性几何精度分类见表 8-3。

表 8-3   主要共性几何精度分类

项　目			检查方法			备　注
部件自身精度	床身水平		精密水平仪置工作台上 X、Z 向分别测量，调整垫铁或支钉达到要求			几何精度测量的基础
	工作台面平面度		用平尺、等高量块指示器测量			几何精度的测量基础
	主轴	主轴径向跳动	主轴锥孔插入测量芯轴用指示器在近端和远端测量			体现主轴旋转轴线的状况
		主轴轴向跳动	主轴锥孔插入专用芯轴（钢球）用指示器测量			主轴轴承轴向精度
部件间相互位置精度	X、Y、Z 导轨直线度		精密水平仪或光学仪器			影响零件的形状精度
	X、Y、Z 三个轴移动方向相互垂直度		角尺，指示器			影响零件的位置精度
	主轴旋转中心线和三个移动轴的关系	主轴和 Z 轴平行	主轴锥孔插入测量芯轴	用指示器检查平行度		影响零件的位置精度
		主轴和 X 轴垂直		立式	用平尺指示器	
		主轴和 Y 轴垂直		卧式	用角尺和指示器	
				用平尺和指示器		
	主轴旋转轴线与工作台面关系	立式为垂直度	测量芯轴、指示器、平尺、等高块			影响零件的位置精度
		卧式为平行度	测量芯轴、指示器、平尺、等高块			

　　机床几何精度有些项目是相同的，有些项目依机床品种而异，不同的数控机床几何精度的检验项目是不同的。现以数控车床为例来介绍之，数控车床几何精度检验项目依据 GB/T 16462.1—2007《数控车床和车削中心检验条件　第 1 部分：卧式机床几何精度检验》标准。

　　检测中应注意某些几何精度要求是互相牵连和影响的。如主轴轴线与尾座轴线同轴度误差较大时，可以通过适当调整机床床身的地脚垫铁来减少误差，但这一调整同样又会引起导轨平行度误差的改变。因此，数控机床的各项几何精度检测应在一次检测中完成，否则会造成顾此失彼的现象。

　　检测中，还应注意消除检测工具和检测方法造成的误差，如检测机床主轴回转精度时，检验心棒自身的振摆、弯曲等造成的误差；在表架上安装千分表和测微仪时，由于表架的刚性不足而造成的误差；在卧式机床上使用回转测微仪时，由于重力影响，造成测头抬头位置和低头位置时的测量数据误差等。

　　机床的几何精度冷态和热态时是有区别的。检测应按国家标准规定，在机床预热状态下进行。即接通电源以后，将机床各移动坐标往复运动几次，主轴以中等的转速运转十几分钟后再检测。

一体化教学

二、数控车床几何精度检测

1. 床身导轨的直线度和平行度检测

　　车床安装不当造成床身导轨直线度调整不好，会直接影响精车外圆圆柱度精度。床身导轨直线度调整时，先从床头箱端开始（两个水平仪分别放于床鞍纵、横向导轨方向上），确保靠近床头箱端时，水平仪读数为 0（从而尽可能保证主轴轴线为水平状态）。这时使床头箱后面的地脚螺栓 1、2 比前面的 3、4 预紧力更大一些，以适应车床的受力要求。然后床鞍逐段向床尾方向移动（每次200mm），如图 8-15 所示，水平仪读数可适当增加，以保证床身导轨中凸，但纵、横向误差符合合格证要求，且使床身上床鞍后导轨适当偏高。

（1）纵向导轨调平后，床身导轨在垂直平面内的直线度。

检验工具：精密水平仪。

检验方法：如图 8-16 所示，水平仪沿 Z 轴向放在溜板上，沿导轨全长等距离地在各位置上检验，记录水平仪的读数，导轨全长读数的最大差值即床身导轨在垂直平面内的直线度。

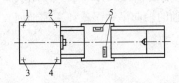

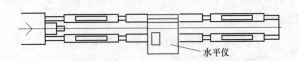

水平仪

图 8-15　床身导轨的直线度和平行度检测
1、2、3、4—螺栓；5—水平仪

图 8-16　床身导轨在垂直平面内的直线度检测

（2）横向导轨调平后，床身导轨的平行度。

检验工具：精密水平仪。

检验方法：如图 8-17 所示，水平仪沿 X 轴向放在溜板上，在导轨上移动溜板，记录水平仪读数，其读数最大差值即为床身导轨的平行度误差。

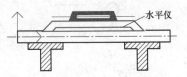

水平仪

图 8-17　床身导轨的平行度检测

2. 溜板在水平面内移动的直线度检测

检验工具：指示器和检验棒、百分表和平尺。

检验方法：如图 8-18 所示，将检验棒顶在主轴和尾座顶尖上；再将百分表固定在溜板上，百分表水平触及检验棒母线；全程移动溜板，调整尾座，使百分表在行程两端读数相等，检测溜板移动在水平面内的直线度误差。

3. 尾座移动对溜板移动的平行度检测

检验项目：分别检验垂直平面内和水平面内尾座移动对溜板移动的平行度。

检验工具：百分表。

检验方法：如图 8-19 所示，使用两个百分表，一个百分表作为基准，保持溜板和尾座的相对位置。将尾座套筒伸出后，按正常工作状态锁紧，同时使尾座尽可能地靠近溜板，把安装在溜板上的第二个百分表相对于尾座套筒的端面调整为零；溜板移动时也要手动移动尾座直至第二个百分表的读数为零，使尾座与溜板相对距离保持不变。按此法使溜板和尾座全行程移动，只要第二个百分表的读数始终为 0，则第一个百分表相应指示出平行度误差。或沿行程在每隔 300mm 处记录第一个百分表读数，百分表读数的最大差值即为平行度误差。第一个指示器分别在图中 a、b 位置测量，误差单独计算。

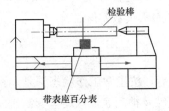

检验棒

带表座百分表

图 8-18　溜板在水平面内移动的直线度检测

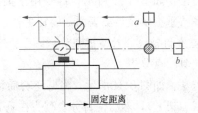

a

b

固定距离

图 8-19　尾座移动对溜板移动的平行度测量

4. 主轴跳动检测

检测项目：主轴的轴向窜动；主轴的轴肩支承面的跳动。

检验工具：百分表和专用装置。

检验方法：如图 8-20（a）所示，用专用装置在主轴线上加力 F（F 的值为消除轴向间隙的最小值），把百分表安装在机床固定部件上，然后使百分表测头沿主轴轴线分别触及专用装置的钢球和主轴轴肩支承面；旋转主轴，百分表读数最大差值即为主轴的轴向窜动误差和主轴轴肩支承面的跳动误差。

5. 主轴定心轴颈的径向跳动检测

检验工具：百分表。

检验方法：如图 8-20（b）所示，把百分表安装在机床固定部件上，使百分表测头垂直于主轴定心轴颈并触及主轴定心轴颈；旋转主轴，百分表读数最大差值即为主轴定心轴颈的径向跳动误差。

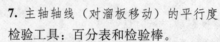

图 8-20 跳动误差检测

（a）主轴跳动误差检测；

（b）主轴定心轴颈的径向跳动误差检测

6. 主轴锥孔轴线的径向跳动检测

检验工具：百分表和检验棒。

检验方法：如图 8-21 所示，将检验棒插在主轴锥孔内，把百分表安装在机床固定部件上，使百分表测头垂直触及被测表面，旋转主轴，记录百分表的最大读数差值，在 a、b 处分别测量标记检验棒与主轴的圆周方向的相对位置，取下检验棒，同向分别旋转检验棒 90°、180°、270° 后重新插入主轴锥孔，在每个位置分别检测。4 次检测的平均值即为主轴锥孔轴线的径向跳动误差。

7. 主轴轴线（对溜板移动）的平行度

检验工具：百分表和检验棒。

检验方法：如图 8-22 所示，将检验棒插在主轴锥孔内，把百分表安装在溜板（或刀架）上，然后使百分表测头在垂直平面内触及被测表面（检验棒），移动溜板，记录百分表的最大读数差值及方向；旋转主轴 180°，重复测量一次，取两次读数的算术平均值作为在垂直平面内主轴轴线对溜板移动的平行度误差；再使百分表测头在水平平面内垂直触及被测表面（检验棒），按上述方法重复测量一次，即得水平平面内主轴轴线对溜板移动的平行度误差。

8. 主轴顶尖的跳动检测

检验工具：百分表和专用顶尖。

检验方法：如图 8-23 所示，将专用顶尖插在主轴锥孔内，把百分表安装在机床固定部件上，使百分表测头垂直触及被测表面，旋转主轴，记录百分表的最大读数差值。

9. 尾座套筒轴线（对溜板移动）的平行度检测

检验工具：百分表。

检验方法：如图 8-24 所示，将尾座套筒伸出有效长度后，按正常工作状态锁紧。百分表安装在溜板（或刀架上），然后使百分表测头在垂直平面内垂直触及被测表面（尾座套筒），移动溜板，记录百分表的最大读数差值及方向，即得在垂直平面内尾座套筒轴线对溜板移动的平行度误差；再

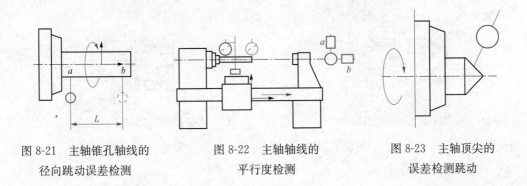

图 8-21 主轴锥孔轴线的   图 8-22 主轴轴线的   图 8-23 主轴顶尖的
径向跳动误差检测   平行度检测   误差检测跳动

使百分表测头在水平平面内垂直触及被测表面（尾座套筒），按上述的方法重复测量一次，即得水平平面内尾座套筒轴线对溜板移动的平行度误差。

10. 尾座套筒锥孔轴线（对溜板移动）的平行度检测

检验工具：百分表和检验棒。

检验方法：如图 8-25 所示，尾座套筒不伸出并按正常工作状态锁紧，将检验棒插在尾座套筒锥孔内，指示器安装在溜板（或刀架）上，然后把百分表测头在垂直平面内垂直触及被测表面（尾座套筒），移动溜板，记录百分表的最大读数差值及方向；取下检验棒，旋转检验棒 180°后重新插入尾座套孔，重复测量一次，取两次读数的算术平均值作为在垂直平面内尾座套筒锥孔轴线对溜板移动的平行度误差；再把百分表测头在水平平面内垂直触及被测表面，按上述方法重复测量一次，即得在水平平面内尾座套筒锥孔轴线对溜板移动的平行度误差。

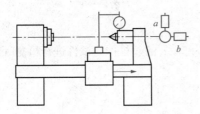 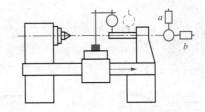

图 8-24 尾座套筒轴线的平行度检测   图 8-25 尾座套筒锥孔轴线的平行度检测

11. 床头和尾座两顶尖的等高度检测

检验工具：百分表和检验棒。

检验方法：如图 8-26 所示，将检验棒顶在床头和尾座两顶尖上，把百分表安装在溜板（或刀架）上，使百分表测头在垂直平面内垂直触及被测表面（检验棒），然后移动溜板至行程两端，移动小拖板（X 轴），记录百分表在行程两端的最大读数值的差值，即为床头和尾座两顶尖的等高度。测量时注意方向。

12. 刀架横向移动对主轴轴线的垂直度检测

检验工具：百分表、圆盘、平尺。

检验方法：如图 8-27 所示，将圆盘安装在主轴锥孔内，百分表安装在刀架上，使百分表测头在水平平面内垂直触及被测表面（圆盘），再沿 X 轴移动刀架，记录百分表读数的最大差值及方向；将圆盘旋转 180°，重新测量一次，取两次读数的算术平均值作为横刀架横向移动对主轴轴线的垂直度误差。

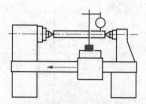
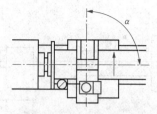

图 8-26　床头和尾座两顶尖的等高度检测　　图 8-27　刀架横向移动对主轴轴线的垂直度检测

▶▶技能训练

三、数控车床工作精度检验

1. 精车圆柱试件的圆度（靠近主轴轴端，检验试件的半径变化）

检测工具：千分尺。

检验方法：精车试件（试件材料为 45 号钢，正火处理，刀具材料为 YT30）外圆 D，试件如图 8-28 所示，用千分尺测量检验试件靠近主轴轴端的半径变化，取半径变化最大值近似作为圆度误差；用千分尺测量检验零件的每一个环带直径的变化，取最大差值作为切削加工直径的一致性误差。

2. 精车端面的平面度

检测工具：平尺、量块。

检验方法：精车试件端面（试件材料：HT150，180～200HB，外形如图 8-29 所示；刀具材料：YG8），试件如图 8-29 所示，使刀尖回到车削起点位置，把指示器安装在刀架上，指示器测头在水平平面内垂直触及圆盘中间，负 X 轴向移动刀架，记录指示器的读数及方向；用终点时读数减起点时读数除以 2 即为精车端面的平面度误差；数值为正，则平面是凹的。

3. 螺距精度

检测工具：丝杠螺距测量仪。

检验方法：可取外径为 50mm，长度为 75mm，螺距为 3mm 的丝杠作为试件进行检测（加工完成后的试件应充分冷却）。工件如图 8-30 所示。

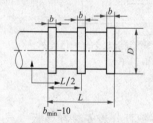
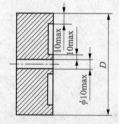

图 8-28　精车圆度检测试件　　图 8-29　精车端面平面度检测试件　　图 8-30　螺距精度检验工件

4. 精车圆柱形零件的直径尺寸精度、精车圆柱形零件的长度尺寸精度

检测工具：测高仪、杠杆卡规。

检验方法：用程序控制加工圆柱形零件（零件轮廓用一把单刃车刀精车而成），零件如图 8-31 所示，测量其实际轮廓与理论轮廓的偏差，允差应小于 0.045mm。

🖳 一体化教学

四、加工中心几何精度检测

1. 机床调平

检验工具：精密水平仪。

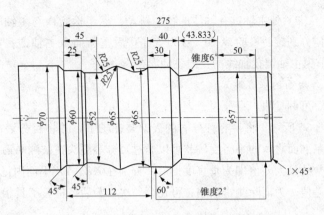

图 8-31　精车轴类零件轮廓的偏差检验零件

检验方法：如图 8-32 所示，将工作台置于导轨行程的中间位置，将两个水平仪分别沿 X 和 Y 坐标轴置于工作台中央，调整机床垫铁高度，使水平仪水泡处于读数中间位置；分别沿 X 和 Y 坐标轴全行程移动工作台，观察水平仪读数的变化，调整机床垫铁的高度，使工作台沿 X 和 Y 坐标轴全行程移动时水平仪读数的变化范围小于 2 格，且读数处于中间位置即可。

2. 检测工作台面的平面度

检测工具：百分表、平尺、可调量块、等高块、精密水平仪。

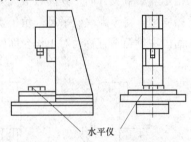

图 8-32　机床水平的调整

检验方法：工作台位于行程的中间位置。用水平仪检验，如图 8-33 所示，在工作台面上选择由 O、A、C 三点所组成的平面作为基准面，并使两条直线 OA 和 OC 互相垂直且分别平行于工作台面的轮廓边。将水平仪放在工作台面上，采用两点连锁法，分别沿 OX 和 OY 方向移动，测量台面轮廓 OA、OC 上的各点，然后使水平仪沿 $O'A'$、$O'A''$、…、CB 移动，测量整个台面轮廓上的各点。通过作图或计算，求出各测点相对于基准面的偏差，以其最大与最小偏差的代数差值作为平面度误差。

3. 主轴锥孔轴线的径向跳动

检验工具：检验棒、百分表。

检验方法：如图 8-34 所示，将检验棒插在主轴锥孔内，百分表安装在机床固定部件上，百分表测头垂直触及被测表面，旋转主轴，记录百分表的最大读数差值，在 a、b 处分别测量主轴端部

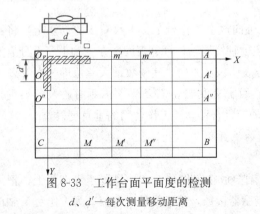

图 8-33　工作台面平面度的检测

d、d'—每次测量移动距离

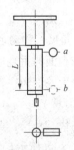

图 8-34　主轴锥孔轴线的径向跳动检测

和与主轴端部相距 L（100）处主轴锥孔轴线的径向跳动。标记检验棒与主轴的圆周方向的相对位置，取下检验棒，同向分别旋转检验棒 90°、180°、270°后重新插入主轴锥孔，在每个位置分别检测。4 次检测的平均值为主轴锥孔轴线的径向跳动误差。

4. 主轴轴线对工作台面的垂直度

检验工具：平尺、可调量块、百分表、表架。

检验方法：如图 8-35 所示，将带有百分表的表架装在轴上，并将百分表的测头调至平行于主轴轴线，被测平面与基准面之间的平行度偏差可以通过百分表测头在被测平面上的摆动测得。主轴旋转一周，百分表读数的最大差值即为垂直度偏差。分别在 XZ、YZ 平面内记录百分表在相隔 180°的两个位置上的读数差值。为消除测量误差，可在第一次检验后将检验工具相对于轴转过 180°再重复检验一次。

5. 主轴竖直移动方向对工作台面的垂直度

检验工具：等高块、平尺、角尺、百分表。

检验方法：如图 8-36 所示，将等高块沿 Y 轴向放在工作台上，平尺置于等高块上，将角尺置于平尺上（在 Y-Z 平面内），指示器固定在主轴箱上，指示器测头垂直触及角尺，移动主轴箱，记录指示器读数及方向，其读数最大差值即为在 Y-Z 平面内主轴箱垂直移动对工作台面的垂直度误差；同理，将等高块、平尺、角尺置于 X-Z 平面内重新测量一次，指示器读数最大差值即为在 Y-Z 平面内主轴箱垂直移动对工作台面的垂直度误差。

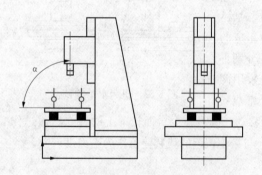

图 8-35 主轴轴线对工作台面的垂直度

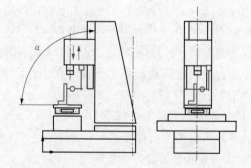

图 8-36 主轴竖直移动方向对工作台面的垂直度检测

6. 主轴套筒竖直移动方向对工作台面的垂直度

检验工具：等高块、平尺、角尺、百分表。

检验方法：如图 8-37 所示，将等高块沿 Y 轴向放在工作台上，平尺置于等高块上，将圆柱角尺置于平尺上，并调整角尺位置使角尺轴线与主轴轴线同轴，百分表固定在主轴上，百分表测头在 Y-Z 平面内垂直触及角尺，移动主轴，记录百分表读数及方向，其读数最大差值即为在 Y-Z 平面内主轴垂直移动对工作台面的垂直度误差；同理，百分表测头在 X-Z 平面内垂直触及角尺重新测量一次，百分表读数最大差值为在 X-Z 平面内主轴箱垂直移动对工作台面的垂直度误差。

7. 工作台 X 轴向或 Y 轴向移动对工作台面的平行度

检验工具：等高块、平尺、百分表。

检验方法：如图 8-38 所示，将等高块沿 Y 轴向放在工作台上，平尺置于等高块上，把指示器测头垂直触及平尺，Y 轴向移动工作台，记录指示器读数，其读数最大差值即为工作台 Y 轴向移动对工作台面的平行度；将等高块沿 X 轴向放在工作台上，X 轴向移动工作台，重复测量一次，其读数最大差值即为工作台 X 轴向移动对工作台面的平行度。

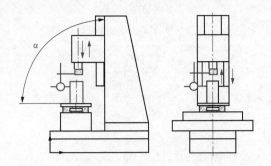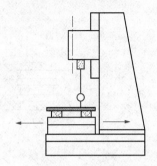

图 8-37　主轴套筒移动对工作台面的垂直度检测　　图 8-38　工作台移动对工作台面的平行度检测

8. 工作台 X 轴向移动对工作台 T 形槽的平行度

检验工具：百分表。

检验方法：如图 8-39 所示，把百分表固定在主轴箱上，使百分表测头垂直触及基准（T 形槽），X 轴向移动工作台，记录百分表读数，其读数最大差值即为工作台沿 X 轴向移动对工作台面基准（T 形槽）的平行度误差。

9. 工作台 X 轴向移动对 Y 轴向移动的垂直度

检验工具：角尺、百分表。

检验方法：如图 8-40 所示，工作台处于行程中间位置，将角尺置于工作台上，把百分表固定在主轴箱上，使百分表测头垂直触及角尺（Y 轴向），沿 Y 轴移动工作台，调整角尺位置，使角尺的一个边与 Y 轴平行，再将百分表测头垂直触及角尺另一边（X 轴向），沿 X 轴移动工作台，记录百分表读数，其读数最大差值即为工作台 X 轴向移动对 Y 轴向移动的垂直度误差。

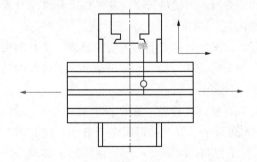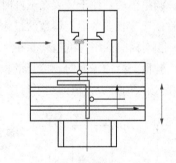

图 8-39　工作台 X 轴向移动对　　　图 8-40　工作台 X 轴向移动对 Y
工作台 T 形槽的平行度检测　　　　　轴向移动的垂直度检测

五、加工中心单项工作精度检验

1. 镗孔精度检验

检测工具：千分尺。

检验目的：考核机床主轴的运动精度及 Z 轴低速时的运动平稳性。

检验方法：精镗试件内孔。试件材料为一级铸铁，硬质合金镗刀，背吃刀量 $t \approx 0.1mm$；进给量 $s \approx 0.05mm/r$。

试件如图 8-41 (a) 所示。先粗镗一次试件上的孔，然后按单边余量小于 0.2mm 进行一次精镗，检测孔全长上各截面的圆度、圆柱度和表面粗糙度。

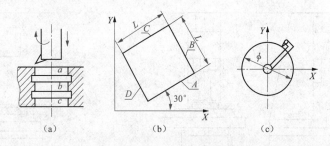

图 8-41 切削精度检测

(a) 镗孔；(b) 铣四周边；(c) 铣圆

2. 斜边铣削精度检验

检测工具：千分尺。

检验目的：两个运动轴直线插补运动的品质特性。

检验方法：精铣试件四周边。试件材料为 HT200，采用立铣刀，背吃刀量 $t \approx 0.1mm$。

试件如图 8-41 (b) 所示。用立铣刀侧刃先粗铣试件四周边，然后再精铣试件四周边。试件斜边的运动由 X 轴和 Y 轴运动合成，所以工件表面的加工质量反映了两个运动轴直线插补运动的品质特性。若加工后的试件在相邻两直角边表面上出现刀纹一边密、另一边稀的现象时，说明两轴联动时，某一个轴进给速度不均匀，此时可以通过修调该轴速度控制和位置控制环解决。

试切前应确保试件安装基准面的平直。试件安装在工作台中间位置，使其一个加工面与 X 轴成 30°角。

(1) 四面的直线度检验。在平板上放两个垫块，试件放在其上，固定千分表，使其触头触及被检验面。调整垫块，使千分表在试件时读数相等。沿加工方向，按测量长度，在平板上移动千分表进行检验。千分表在各面上读数的最大差值即为直线度误差，如图 8-42 (a) 所示。

(2) 相对面间的平行度检验。在平板上放两个等高块，试件放在其上。固定千分表，使其测头触及被检验面，沿加工方向，按测量长度，在平板上移动千分表进行检验。千分表在 A、C 面间和 B、D 面间读数的最大差值即是平行度误差，如图 8-42 (a) 所示。

(3) 相邻两面间的垂直度检验。在平板上放两个等高块，试件放在其上。固定角尺于平板上，再固定千分表，使其测头触及被检验面。沿加工方向，按测量长度，在角尺上移动千分表进行检验。千分表在各面上读数最大差值即为垂直度误差，如图 8-42 (b) 所示。

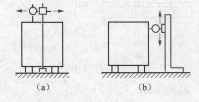

图 8-42 斜边铣削精度检验方法

(a) 直线度和平行度检验；(b) 垂直度检验

3. 圆弧铣削

检测工具：圆度仪或千分尺。

检验目的：两个运动轴直线插补运动的品质特性。

检验方法：采用圆弧插补精铣试件的圆周面。试件材料为 HT200，采用立铣刀，背吃刀量 $t \approx 0.1mm$。

用立铣刀侧刃的圆表面，试件安装在工作台的中间位置。将千分表固定在机床或测量仪的主轴上，使其测头触及外圆面。回转主轴，并进行调整，使千分表在任意两个相互垂直直径的两端的读数相等。旋转主轴一周，检验试件半径的变化值，取半径变化的最大值作为其圆度误差，以此判断工件圆弧表面的加工质量。它主要用于评价该机床两坐标联动时动态运动质量。一般数控铣和加工中心铣削 $\phi200\sim\phi300\mathrm{mm}$ 工件时，圆度在 $0.01\sim0.03\mathrm{mm}$，表面粗糙度在值 $Ra3.2\mu m$ 左右。在圆试件测量中常会遇到图 8-43 所示图形。

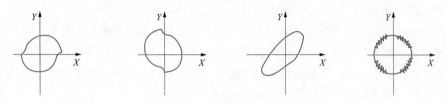

图 8-43　有质量问题的铣圆图形

对两个半圆错位的图形一般都是因一个坐标轴或两个轴的反向间隙造成的。固定的反向间隙可以通过改变数控系统的间隙补偿参数值或修调该坐标传动链精度来改善。

出现斜椭圆是由于两坐标的进给伺服系统增益不一致，造成实际圆弧插补运动中一个坐标跟随特性滞后，形成椭圆轨迹（实际上机床产生的椭圆长短轴相差几十微米）。此时可以适当调整一个轴的速度反馈增益或位置环增益来改善。

圆柱面上出现锯齿形条纹的原因与切削斜边时出现的条纹相同，也是由于一个轴或两个轴的进给速度不均匀造成的。

▶▶ 技能训练

六、加工中心综合试切工作精度检验

数控铣床/加工中心工作精度检查实质是对几何精度与定位精度在切削条件下的一项综合考核。现以加工中心精加工试件精度检验 JB/T 8771.7—1998 为例介绍之。

1. 试件的数量

在本标准中提供了两种型式，且每种型式具有两种规格的试件。试件的型式、规格和标志见表 8-4。

表 8-4　试件的型式、规格和标志

型　式	名义规格/mm	标　志
A 轮廓加工试件	160 320	试件 JB/T 8771.7-A160 试件 JB/T 8771.7-A320
B 端铣试件	80 160	试件 JB/T 8771.7-B80 试件 JB/T 8771.7-B160

原则上在验收时每种型式仅应加工一件，在特殊要求的情况下，例如机床性能的统计评定，按制造厂和用户间的协议确定加工试件的数量。

2. 试件的定位

试件应位于 X 行程的中间位置，并沿 Y 和 Z 轴在适合于试件和夹具定位及刀具长度的适当位置处放置。当对试件的定位位置有特殊要求时，应在制造厂和用户的协议中规定。

3. 试件的固定

试件应在专用的夹具上方便安装，以达到刀具和夹具的最大稳定性。夹具和试件的安装面应平直。

应检验试件安装表面与夹具夹持面的平行度。应使用合适的夹持方法以便使刀具能贯穿和加工中心孔的全长。建议使用埋头螺钉固定试件，以避免刀具与螺钉发生干涉，也可选用其他等效的方法。试件的总高度取决于所选用的固定方法。

4. 试件的尺寸

如果试件切削了数次，外形尺寸减少，孔径增大，当用于验收检验时，建议选用最终的轮廓加工试件尺寸与本标准中规定的一致，以便如实反映机床的切削精度。试件可以在切削试验中反复使用，其规格应保持在本标准所给出的特征尺寸的±10％以内。当试件再次使用时，在进行新的精切试验前，应进行一次薄层切削，以清理所有的表面。

5. 轮廓加工试件

（1）概述。该检验包括在不同轮廓上的一系列精加工，用来检查不同运动条件下的机床性能。即：仅一个轴线进给、不同进给率的两轴线线性插补、一轴线进给率非常低的两轴线线性插补和圆插补。

该检验通常在 X-Y 平面内进行，但当备有万能主轴头时同样可以在其他平面内进行。

（2）尺寸。本标准中提供了两种规格的轮廓加工试件，其尺寸见表 8-5。

表 8-5 　　　　　　　　　　　　　**试 件 尺 寸**　　　　　　　　　　　　mm

名义尺寸 l	m	p	q	r	α
320	280	50	220	100	3°
160	140	30	110	52	3°

试件的最终形状（见图 8-44 和图 8-45）应由下列加工形成。

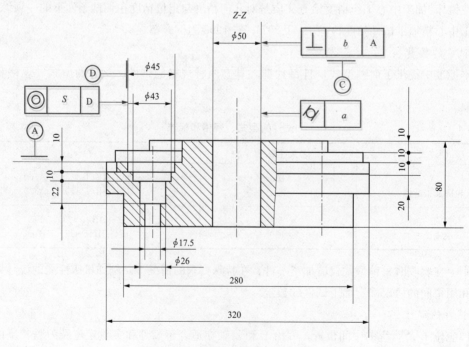

图 8-44　大规格轮廓加工试件（一）

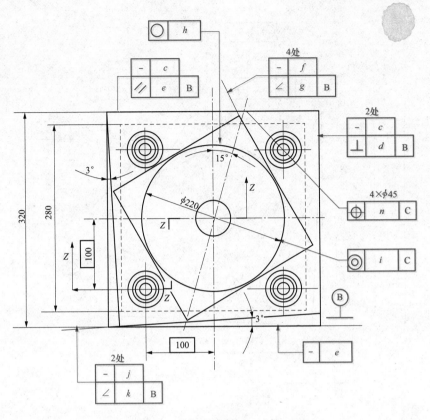

图 8-44　大规格轮廓加工试件（二）

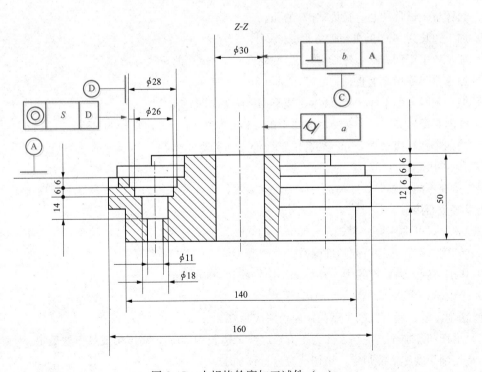

图 8-45　小规格轮廓加工试件（一）

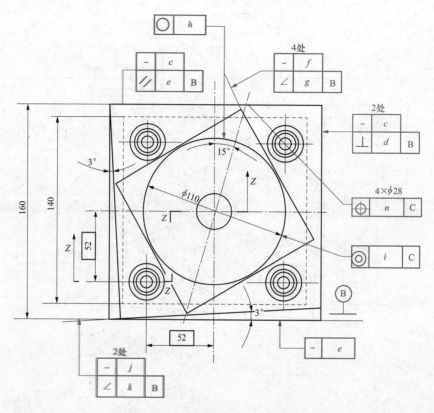

图 8-45　小规格轮廓加工试件（二）

1) 通镗位于试件中心直径为"p"的孔。

2) 加工边长为"l"的外正四方形。

3) 加工位于正四方形上边长为"p"的菱形（倾斜 60°的正四方形）。

4) 加工位于菱形之上直径为"q"、深为 6mm（或 10mm）的圆。

5) 加工正四方形上面"α"角为 3°或 tanα＝0.05 的倾斜面。

6) 镗削直径为 26mm（或较大试件上的 43mm）的四个孔和直径为 28mm（或较大试件上的 45mm）的四个孔；直径为 26mm 的孔沿轴线的正向趋近，直径为 28mm 的孔为负向趋近。这些孔定位为距试件中心"r，r"。

因为是在不同的轴向高度加工不同的轮廓表面，因此应保持刀具与下表面平面离开零点几毫米的距离以避免面接触。

（3）刀具。可选用直径为 32mm 的同一把立铣刀加工轮廓及加工试件的所有外表面。

（4）切削参数。推荐下列切削参数。

1) 切削速度。铸铁件约为 50m/min；铝件约为 300m/min。

2) 进给量。为 0.05～0.10mm/齿。

3) 切削深度。所有铣削工序在径向切深应为 0.2mm。

（5）毛坯和预加工。毛坯底部为正方形底座，边长为"m"，高度由安装方法确定。

为使切削深度尽可能恒定，精切前应进行预加工。

（6）检验和允差。按本标准精加工的试件的检验和允差示于表 8-6 中。

表 8-6　　　　　　　　　　　　　　　　　轮廓加工试件几何精度检验　　　　　　　　　　　　　　　　　mm

检验项目	允差		检验工具
	$l=320$	$l=160$	
中心孔 a）圆柱度。 b）孔中心轴线与基面 A 的垂直度	a）0.015 b）ϕ0.015	a）0.010 b）ϕ0.010	a）坐标测量机。 b）坐标测量机
正四方形 c）侧面的直线度。 d）相邻面与基面 B 的垂直度。 e）相对面对基面 B 的平行度	c）0.015 d）0.020 e）0.020	c）0.010 d）0.010 e）0.010	c）坐标测量机或平尺和指示器。 d）坐标测量机或角尺和指示器。 e）坐标测量机或等高量块和指示器
菱形 f）侧面的直线度。 g）侧面对基面 B 的倾斜度	f）0.015 g）0.020	f）0.010 g）0.010	f）坐标测量机或平尺和指示器。 g）坐标测量机或正弦规和指示器
圆 h）圆度。 i）外圆和内圆孔 C 的同心度	h）0.020 i）ϕ0.025	h）0.015 i）ϕ0.025	h）坐标测量机或指示器或圆度测量仪。 i）坐标测量机或指示器或圆度测量仪
斜面 j）面的直线度。 k）3°角斜面对 B 面的倾斜度	j）0.015 k）0.020	j）0.010 k）0.010	j）坐标测量机或平尺和指示器。 k）坐标测量机或正弦规和指示器
镗孔 l）孔相对于内孔 C 的位置度。 m）内孔与外孔 D 的同心度	l）ϕ0.05 m）ϕ0.02	l）ϕ0.05 m）ϕ0.02	l）坐标测量机。 m）坐标测量机或圆度测量仪

注　1. 如果条件允许，可将试件放在坐标测量机上进行测量。
　　　2. 对直边（正四方形、菱形和斜面）而言，为获得直线度、垂直度和平行度的偏差，测头至少在 10 个点处触及被测表面。
　　　3. 对于圆度（或圆柱度）检验，如果测量为非连续性的，则至少检验 15 个点（圆柱度在每个测量平面内）

6. 端铣试件

（1）概述。本试验的目的是为了检验端面精铣所铣表面的平面度，两次进给重叠约为铣刀直径的 20％。通常该试验是通过沿 X 轴轴线的纵向运动和沿 Y 轴轴线的横向运动来完成的，但也可按制造厂和用户间的协议用其他方法来完成。

（2）试件尺寸及切削参数。对两种试件尺寸和有关刀具的选择应按制造厂的规定或与用户的协议。

在表 8-7 中，试件的面宽是刀具直径的 1.6 倍，切削面宽度用 80％刀具直径的两次进给来完成。为了使两次进给中的切削宽度近似相同，第一次进给时刀具应伸出试件表面的 20％刀具直径，第二次进给时刀具应伸出另一边约 1mm（见图 8-46）。试件长度应为宽度的 1.25～1.6 倍。

表 8-7　　　　　　　　　　　　　　　　　切　削　参　数

试件表面宽度 W/mm	试件表面长度 L/mm	切削宽度 ω/mm	刀具直径/mm	刀具齿数
80	100～130	40	50	4
160	200～250	80	100	8

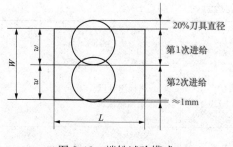

图 8-46 端铣试验模式

对试件的材料未做规定，当使用铸铁件时，可参见表 8-7 的切削参数。进给速度为 300mm/min 时，每齿进给量近似为 0.12mm，切削深度不应超过 0.5mm。如果可能，在切削时，与被加工表面垂直的轴（通常是 Z 轴）应锁紧。

（3）刀具。采用可转位套式面铣刀。刀具安装应符合下列公差。

1）径向跳动≤0.02mm。

2）端面跳动≤0.03mm。

（4）毛坯和预加工。毛坯底座应具有足够的刚性，并适合于夹紧到工作台上或托板和夹具上。为使切削深度尽可能恒定，精切前应进行预加工。

（5）精加工表面的平面度允差。小规格试件被加工表面的平面度允差不应超过 0.02mm；大规格试件的平面度允差不应超过 0.03mm。垂直于铣削方向的直线度检验反映出两次进给重叠的影响，而平行于铣削方向的直线度检验反映出刀具出、入刀的影响。

◎ **任务扩展——数控机床验收依据**

数控机床的验收依据是相关标准及合同约定，相关的部分国内标准见表 8-8。

表 8-8　　　　　　　　　　　　　　相关的部分国内标准

标　准	说　明
GB/T 17421.1—2000	机床检验通则　第 1 部分：在无负荷或精加工条件下机床的几何精度
GB/T 17421.2—2000	机床检验通则　第 2 部分：数控轴线的定位精度和重复定位精度的确定
GB/T 16462.1—2007	数控车床和车削中心检验条件　第 1 部分：卧式机床几何精度检验
GB/T 16462.4—2007	数控车床和车削中心检验条件　第 4 部分：线性和回转轴线的定位精度及重复定位精度检验
GB/T 4020—1997	卧式车床精度检验
JB/T 4368.1—1996	数控卧式车床　系列型谱
JB/T 4368.2—1996	数控卧式车床　参数
JB/T 4368.3—1996	数控卧式车床　技术条件
JB/T 4368.4—1996	数控卧式车床　性能试验规范
GB/T 16462—1996	数度卧式车床精度检验
JB/T 8324.2—1996	简式数控卧式车床技术条件
JB/T 8324.1—1996	简式数控卧式车床精度
JB/T 8325.1—1996	数控重型卧式车床精度
JB/T 8325.2—1996	数控重型卧式车床技术条件
JB/T 8326.1—1996	数控仪表卧式车床精度
JB/T 8326.2—1996	数控仪表卧式车床技术条件
JB/T 10165.1—1996	数控纵切自动车床精度检验
JB/T 10165.2—1996	数控纵切自动车床技术条件
JB/T 8771.1—1998	加工中心检验条件　第 1 部分：卧式和带附加主轴头机床的几何精度检验（水平 Z 轴）

续表

标　准	说　明
JB/T 8771.2—1998	加工中心检验条件　第2部分：立式加工中心精度检验
JB/T 8771.4—1998	加工中心检验条件　第4部分：线性和回转轴线的定位精度和重复定位精度检验
JB/T 8771.5—1998	加工中心检验条件　第5部分：工件夹持托板的定位精度和重复定位精度检验
JB/T 8771.7—1998	加工中心检验条件　第7部分：精加工试件精度检验
JB/T 8772.1—1998	精密加工中心检验条件　第1部分：卧式和带附加主轴头机床的几何精度检验（水平 Z 轴）
JB/T 8772.2—1998	精密加工中心检验条件　第2部分：立式加工中心几何精度检验
JB/T 8772.4—1998	精密加工中心检验条件　第4部分：线性和回转轴线的定位精度和重复定位精度检验
JB/T 8772.5—1998	精密加工中心检验条件　第5部分：工件夹持托板的定位精度和重复定位精度检验
JB/T 8772.7—1998	精密加工中心检验条件　第7部分：精加工试件精度检验
JB/T 10082—2000	电火花线切割机　技术条件
GB/T 5291.1—2001	电火花成形机精度检验　第1部分：单立柱机床（十字工作台型和固定工作台型）
JB/T 6561—1993	数控电火花线切割机导轮技术条件
JB/T 8329.1—1999	数控床身　铣床精度检验
JB/T 9934.1—1999	数控立式车床　数度检验
JB/T 9934.2—1999	数控立式车床　技术条件
JB/T 8832—2001	机床数字控制系统通用技术条件
GB/T 18400.9—2007	加工中心检验条件　第9部分：刀具交换和托板交换操作时间的评定
GB/T 20957.4—2007	精密加工中心检验条件　第4部分：线性和回转轴线的定位精度和重复定位精度检验
GB/T 21012—2007	精密加工中心技术条件
JB/T 9895.1—1999	数控立式卡盘车床　精度检验
JB/T 9895.2—1999	数控立式卡盘车床　技术条件

综合测试

一、填空题

1. 大型、重型机床需要专门做地基，精密机床应安装在单独的地基上，在地基周围设置_____，并用地脚螺栓紧固。

2. 机床找平工作应避免为适应调整水平的需要，引起机床的变形，从而引起导轨精度和导轨相配件的配合和连接的变化，使机床____和____受到破坏。

3. 数控机床地基土的处理方法可采用_____、_____、_____或碎石桩加固法。

4. 定位精度主要检测内容有_____定位精度，_____定位精度，_____的返回精度，直线运动____的测定。

5. 定位精度的检验一般精度标准上规定了三项，分别为_____，_____，_____。

二、选择题（请将正确答案的代号填在空格中）

1. 将数控机床放置于地基上，在自由状态下按机床说明书的要求调整其（　　）

A. 平面度　　　　　　　B. 平行度　　　　　　　C. 水平

2. 数控车床起吊时，要将尾座移至机床（　　），同时注意使机床底座呈水平状态。

A. 左端　　　　　　　　B. 中间　　　　　　　　C. 右端

3. 用水平仪检验机床导轨直线度时，若把水平仪放在导轨右端，气泡向左偏 2 格；若把水平仪放在导轨左端，气泡向右偏 2 格，则此导轨是（　　）。

A. 直的　　　　　　　B. 中间凹的　　　　　　C. 中间凸的　　　　　　D. 向右倾斜

4. 用游标卡尺测量孔的中心距，此测量方法为（　　）。

A. 直接测量　　　　　B. 间接测量　　　　　　C. 绝对测量　　　　　　D. 比较测量

5. （　　）是指数控机床工作台等移动部件在确定的终点所达到的实际位置精度，即移动部件实际位置与理论位置之间的误差。

A. 定位精度　　　　　B. 重复定位精度　　　　C. 加工精度　　　　　　D. 分度精度

三、判断题（正确的划"√"，错误的划"×"）

1. 丝杠安装时要用游标卡尺分别测丝杠两端与导轨之间的距离测量丝杠和导轨间距离，使之相等，以保持丝杠的同轴度。（　　）

2. 通过长时间的接通和断开液压装置来检查液压电动机的转动方向，并校正。（　　）

3. 数控机床对安装地基没有特殊的要求。（　　）

4. 数控机床不能安装在有粉尘的车间里，应避免酸腐蚀气体的侵蚀。（　　）

5. 数控车床起吊时应将尾座移至主轴端并锁。（　　）

6. 找正安装水平的基准面，应在机床的主要工作面（如机床导轨面或装配基面）上进行。（　　）

数控机床装调维修工中技大赛样题

2014 第六届全国数控技能大赛广东选拔赛
数控机床装调维修工中技组（学生）理论试题

一、单项选择题

1. 在加工工件单段试切时，快速倍率开关必须置于（　　）挡。

A. 较低　　　　　　　　B. 中间　　　　　　　　C. 较高　　　　　　　　D. 最高

2. 插补运算程序可以实现数控机床的（　　）。

A. 转位换刀控制　　　　　　　　　　　　B. 轮廓控制

C. 点位直线控制　　　　　　　　　　　　D. 点位控制

3. 装配工作是产品制造过程的（　　），工作好坏对产品的质量起着决定性的作用。

A. 第一工序　　　　　B. 最初工序　　　　　C. 最后工序　　　　　D. 中间环节

4. 销的用途主要是（　　）。

A. 过载保护作用　　　　　　　　　　　　B. 定位作用

C. 定位与过载保护作用　　　　　　　　　D. 缓冲作用

5. 清洗机械产品时，要注意清洗液和清洗的（　　）等参数。

A. 温度、压力、时间　　　　　　　　　　B. 温度、压力、湿度

C. 压力、时间、湿度　　　　　　　　　　D. 温度、时间、湿度

6. 整体式向心滑动轴承装配之前要把轴套和轴承座孔擦洗干净，并在轴套外径和轴承座孔内涂上（　　）。

A. 红丹粉　　　　　　B. 润滑油　　　　　　C. 滑石粉　　　　　　D. 蓝油

7. 机械手松刀动作：当液压缸（　　）时，支架上的导向槽迫使抓刀爪张开，放松刀具。

A. 停止　　　　　　　B. 后退　　　　　　　C. 回缩　　　　　　　D. 前进

8. 一般轴类的滑动轴承（　　）与箱体之间出现间隙、松动等现象时应更换。

A. 内圆　　　　　　B. 外侧　　　　　　C. 外圆　　　　　　D. 内圆

9. 主轴发热时，检修的方向是从（　　）开始。

A. 刀具　　　　　　B. 液压缸压力　　　C. 冷却润滑油　　　D. 变挡复位开关

10. 液压站是由（　　）组合而成。

A. 泵装置、集成块或阀组合、油箱、电气盒

B. 电动机、集成块或阀组合、油箱、电气盒

C. 发动机、集成块或阀组合、油箱、电气盒

D. 发电机、集成块或阀组合、油箱、电气盒

11. 数控机床上的气压传动系统用于（　　）。

A. 主轴锥孔吹气　　　　　　　　　　B. 实现机械手的动作、主轴松刀

C. 开关防护门　　　　　　　　　　　D. 以上都是

12. 油泵是一种使（　　）能转变为液压能的转换装置。

A. 电　　　　　　　B. 动　　　　　　　C. 光　　　　　　　D. 机械

13. 机床的（　　）综合反应了该设备的关键零部件组装后的几何形状误差。

A. 装配　　　　　　B. 几何精度　　　　C. 零件　　　　　　D. 制造

14. 数控系统编辑键盘上的 RESET 键的作用主要是使 CNC 复位、（　　）等。

A. 替换　　　　　　B. 删除程序　　　　C. 清除报警　　　　D. 结束换行

15. 设定数控系统的（　　），可以避免步进电动机失步。

A. 电子齿轮比　　　B. 快速移动速度值　C. 切削速度上限值　D. 螺距误差补偿参数

16. （　　）是向液压系统提供油液的动力元件。

A. 液压缸　　　　　B. 液压泵　　　　　C. 液压阀　　　　　D. 油箱

17. 通常情况下，数控机床手摇脉冲发生器的转动方向是（　　）。

A. 右转为－方向，左转为＋方向　　　B. 右转为＋方向，左转为－方向

C. 只能左转，是＋方向　　　　　　　D. 只能右转，是＋方向

18. 配有（　　）数控系统的机床，可以用来加工螺旋槽、叶片等立体曲面零件。

A. 二坐标　　　　　B. 两坐标半　　　　C. 三坐标　　　　　D. 四坐标

19. 数控系统的自动运行方式包括（　　）、MDI 运行和 DNC 运行。

A. 存储器运行　　　B. PLC 运行　　　　C. CPU 运行　　　　D. 参数运行

20. 数控机床在轮廓拐角处产生"欠程"现象，应采用（　　）方法控制。

A. 提高进给速度　　B. 降低进给速度　　C. 减速或暂停　　　D. 修改坐标点

21. 数控机床在加工品种更换频繁的工件时，更具有良好的（　　）。

A. 经济性　　　　　B. 连续性　　　　　C. 稳定性　　　　　D. 可行性

22. 导致脉冲编码器同步出错的主要原因是编码器（　　）不良或回参考点速度太低。

A. 转速　　　　　　B. 代码信号　　　　C. 零位脉冲　　　　D. 高位组合

23. 在电气系统图和框图中，框与框、框与图形符号之间的连接用（　　）表示。

A. 双实线　　　　　B. 单实线　　　　　C. 双虚线　　　　　D. 单虚线

24. 使用万用表时，正确的操作是（　　）。

A. 使用前要机械调零

B. 测量电阻时，转换挡位后不必进行欧姆挡调零

C. 测量完毕，转换开关置于最大电流挡

D. 测电流时，最好使指针处于标度尺中间位置

25. 变频器的选型应满足以下（　　）条件之一。

A. 额定电流为控制电动机额定电流的 2.5～3 倍

B. 额定电流为控制电动机额定电流的 1.1～1.5 倍

C. 额定电流为控制电动机额定电流的 0.2 倍

D. 额定电流为控制电动机额定电流的 0.5 倍

26. 数控机床的性能很大程度上取决于（　　）的性能。

A. 计算机运算　　　B. 伺服系统　　　C. 位置检测系统　　　D. 机械结构

27. 数控机床开环控制系统中部件的移动速度和位移量由（　　）决定。

A. 输入脉冲的频率和脉冲数　　　　　　B. 输入电流的类型和大小

C. 输入电压的类型和大小　　　　　　　D. 方波信号的大小

28. 数控机床的位置控制主要是将（　　）与输入微机的指令值进行比较。

A. 位置反馈量　　　B. 速度反馈量　　　C. 电流反馈量　　　D. 电压反馈量

29. CNC 装置是（　　）的简称。

A. 中央处理器　　　B. 随机存储器　　　C. 可编程控制器　　　D. 计算机数字控制

30. CNC 装置的硬件结构主要由存储器、输入输出接口、位置控制部分和（　　）等组成。

A. 速度控制单元　　　B. 速度控制程序　　　C. 管理软件　　　D. 中央处理器

31. 数控系统的急停输入信号名称是（　　）。

A. G04　　　　　　B. ESP　　　　　　C. TW　　　　　　D. SP

32. 给数控机床进行电气配线时应注意（　　）。

A. 大电流的电源线与低频的信号线可以捆扎成一束

B. 没有屏蔽措施的高频信号不要与其他导线捆成一束

C. 高电平信号输入线与输出线可以捆扎在一起

D. 直流主电路线可以与低电平信号捆扎在一起

33. 数控机床最常采用的安全措施是（　　）。

A. 动力线和信号线分开安装　　　　　　B. 信号线用屏蔽线

C. 保护接地　　　　　　　　　　　　　D. 动力线使用屏蔽线

34. 与设备连接的接地线要有（　　）装置的连接。

A. 接地　　　　　　B. 防松脱　　　　　　C. 金属跨线　　　　　　D. 跳线

35. 数控系统的（　　）是数控系统用来匹配机床及数控功能的一系列数据。

A. 参数　　　　　　B. 程序　　　　　　C. 数据　　　　　　D. 文件

36. 数控机床伺服系统实行点动运行功能前，请务必（　　）。

A. 断开负载　　　　B. 接通负载　　　　C. 断开电源　　　　D. 断开电机

37. 三相混合式步进电动机驱动器的输入信号有脉冲、方向和（　　）信号。

A. 报警清除　　　　B. 使能　　　　C. 零速钳位　　　　D. 转矩限制

38. 常用数控系统 PLC 编程软件的主界面组成元素包括工作区窗口、（　　）、菜单栏和状态栏等。

A. 功能模块管理栏　　　B. 梯图编辑区　　　C. 信息栏　　　　　　　D. 时间显示区

39. 数控系统的报警大体可以分为操作错报警、程序错误报警、驱动报警及系统错误报警等，某机床在运行过程中出现"指令速率过大"报警，这属于（　　）。

A. 系统错误报警　　　B. 程序错误报警　　　C. 操作报警　　　　D. 驱动报警

40. 数控机床总电源接通后，检查各种（　　）在允许的波动范围内后，才能接通 CNC 电源。

A. 直流电流　　　　　B. 直流电压　　　　　C. 交流电流　　　　D. 交流电压

41. 对于数控系统控制轴参数的设定，正确的说法是（　　）。

A. 其设定值小于机床实际轴数　　　　　B. 其设定值大于机床实际轴数

C. 其设定值等于机床实际轴数　　　　　D. 其设定值与机床实际轴数无关

42. 数控机床的位移量与指令脉冲数量（　　）。

A. 相反　　　　　　　B. 相等　　　　　　　C. 成正比　　　　　D. 成反比

43. 按数控系统的翻页按钮，可分别显示（　　）位置画面。

A. 零件坐标系、相对坐标系和综合位置三个

B. 零件坐标系和相对坐标系两个

C. 相对坐标系和综合位置两个

D. 零件坐标系和综合位置两个

44. 选用指示灯可以不考虑（　　）指标。

A. 额定电压　　　　　B. 发光颜色　　　　　C. 电容量　　　　　D. 规格尺寸

45. 三相同步电动机的制动控制应采用（　　）。

A. 反接制动　　　　　B. 再生发电制动　　　C. 能耗制动　　　　D. 机械制动

46. 伺服电动机的信号线带有屏蔽，为了减免干扰，一定要将屏蔽（　　）。

A. 接电源　　　　　　B. 隔离　　　　　　　C. 接地　　　　　　D. 接零

47. （　　）可能造成数控系统的软件故障。

A. 直流 24V 电源断开　　　　　　　　　B. 数控系统后备电池失效

C. 驱动器出错　　　　　　　　　　　　D. I/O 单元内部熔断器烧坏

48. 数控机床在强电部分接通后，马上跳闸，可能的故障原因是（　　）。

A. 机床设计时选择的空气开关容量过大

B. 空气开关的电流选择拨码开关选择了一个较大的电流

C. 机床上使用了较大功率的变频器或伺服驱动

D. 系统上按钮接触不良

二、判断题

49. 每个数控机床一定得配有手摇脉冲发生器，才能手动移动进给轴。（　　）

50. 数控系统的自动运转方式主要包括存储器运转和 MDI 运转两种方式。（　　）

51. 数控系统的"全轴机床锁住"功能有效时，机床不能移动，M、S、T 也都不能执行。（　　）

52. 从螺纹的粗加工到精加工，主轴的转速必须保证恒定。（　　）

53. 插补运动中，实际终点与理想终点的误差，一般不大于半个脉冲。（　　）

54. 插补功能指 CNC 装置可以实现插补加工线型的能力。（　　）

55. 滑动轴承一般由轴瓦与轴承座构成。（　　）

56. 密封件分为静密封和动密封。（　　）

57. 装配修配法常用于精度要求较高的单件或小批生产。（　　）

58. 安装联轴器时要进行同轴度的检测和校准。（　　）

59. 机械手臂可以在垂直面内作 90°回转。（　　）

60. 油需要定期检查和更换，根据数控机床说明书有关要求执行。（　　）

附答案

一、单项选择题

1. A	2. B	3. C	4. B	5. A	6. B
7. C	8. C	9. C	10. A	11. D	12. D
13. B	14. C	15. C	16. B	17. B	18. D
19. A	20. D	21. A	22. C	23. B	24. A
25. B	26. B	27. A	28. A	29. B	30. D
31. B	32. B	33. C	34. B	35. A	36. A
37. B	38. B	39. D	40. B	41. C	42. C
43. A	44. C	45. C	46. C	47. B	48. C

二、判断题

49. ×	50. ×	51. ×	52. √	53. √	54. √
55. √	56. √	57. √	58. √	59. ×	60. √

2014 第六届全国数控技能大赛广东选拔赛（数控装调维修项目）故障排除（中技组）实操 试卷

注 意 事 项

一、本试卷总体做题时间 240 分钟，可自行安排时间。

二、请根据试题考核要求，完成试题内容。

三、请服从考评人员指挥，保证考核安全顺利进行。

试题 1 GCY01 设备上由软件随机设置三个电气故障和人工设置 5 个参数故障，请检查机床功能检测出故障并排除。

（1）本题分值：15 分。

（2）考试时间：根据总体做题时间自行控制安排。

（3）考核形式：实操。

（4）具体要求。

1）根据故障现象，利用电气原理图、数控系统自诊断功能等分析诊断引起机床故障的原因，最后排除故障（在 A4 纸上写明检测出来的故障原因与现象）。

2）正确使用工具和仪表。

3）参数设置应能保证机床正常运行。

（5）安全文明操作。

（6）否定项：若考生发生下列情况之一，则应及时终止考试，考生该试题成绩记为零分。

1）由于操作失误引起的触电、短路等电气事故。

2）由于操作不当引起的设备损坏。

3）使用导线或万用表表笔等连接电路。

试题 2 根据电气原理图安装 GCY13 设备主轴正反转及加减速的控制电路。

（1）本题分值：15 分。

（2）考试时间：根据总体做题时间自行控制安排。

（3）考核形式：实操。

（4）具体要求。

1）根据电气原理图正确接线。

2）正确使用工具和仪表。

（5）安全文明操作。

（6）否定项：若考生发生下列情况之一，则应及时终止考试，考生该试题成绩记为零分。

1）由于操作失误引起的触电、短路等电气事故。

2）由于操作不当引起的设备损坏。

3）未经过裁判员同意擅自通电。

2014 第六届全国数控技能大赛广东选拔赛（数控装调维修项目）中技组实操 试卷

机械调试（中技组）部分试卷

注 意 事 项

一、本试卷总体做题时间 240 分钟，可自行安排时间。

二、请根据试题考核要求，完成试题内容。

三、请服从考评人员指挥，保证考核安全顺利进行。

试题 安装调试 GCY22 车床 Z 轴丝杠螺母副部件。

（1）本题分值：15 分。

（2）考试时间：根据总体做题时间自行控制安排。

（3）考核形式：实操。

（4）具体要求。

借助测量工具，安装丝杠螺母座，调整左右丝杠座检验棒的同轴度并与导轨平行，将平行度调整到规定的范围内。

（5）安全文明操作。

（6）否定项说明：若考生发生下列情况之一，则应及时终止考试，考生该试题成绩记为零分。

1）使用未校准的测量工具，测量数据不准确。

2）操作不当损坏机床或者测量工具。

3）紧固螺栓螺母没达到一定的锁紧力，测量数据不在机床可工作状态下获得。

2014 第六届全国数控技能大赛广东选拔赛（数控装调维修项目）中技组实操　试卷（评分表）

试题 1. GCY01 设备（故障排除部分）评分表

参赛队编号：　　　　　　　　参赛单位：

机位号：　　　　　组　　　　　号机

1. 电气故障

检测项目		项目要求	配分	评分标准	故障现象	故障原因	备注	得分
随机的三个电气故障	故障 1	根据故障现象找出电气故障点	4.5	电气故障的总分为 4.5 分，全部排除正确得 4.5 分，排除错误或未排除 1 个故障扣 1.5 分，扣完为止				
	故障 2							
	故障 3							

参赛队员签名：
裁判员签名：

2. 数控系统参数

检测项目		项目要求	配分	评分标准	故障现象	故障原因	备注	得分
数控系统参数	参数 1	根据故障现象找出参数并修改	6	数控系参数的总分为 6 分，全部排除正确得 6 分，排除错误或未排除 1 个故障扣 2 分，扣完为止				
	参数 2							
	参数 3							

参赛队员签名：
裁判员签名：

3. 变频器参数

检测项目	项目要求	配分	评分标准	故障现象	故障原因	备注	得分
变频器参数	根据故障现象找出参数并修改	1.5	数控系统参数的总分为1.5分,全部排除正确得1.5分,排除错误或未排除1个故障扣1.5分,扣完为止				

参赛队员签名:
裁判员签名:

4. 驱动器参数

检测项目	项目要求	配分	评分标准	故障现象	故障原因	备注	得分
驱动器参数	根据故障现象找出参数并修改	1.5	数控系统参数的总分为1.5分,全部排除正确得1.5分,排除错误或未排除1个故障扣0.5分,扣完为止				

参赛队员签名:
裁判员签名:

5. 安全文明与生产

检测项目	项目要求	配分	评分标准	备注	得分
安全文明生产	1. 正确操作机床。 2. 正确使用测量仪器。 3. 正确操作系统、驱动器、变频器及参数修改与保存。 4. 遵守操作规程。 5. 文明生产,尊重考评员	1.5	1. 每违反一条酌情扣0.5分。 2. 当出现重大违纪或事故隐患应立即制止并扣1.5分		

参赛队员签名:
裁判员签名:

试题 2　GCY13 设备（电气接线部分）评分表

序号	测定项目	配分	评分标准	检测说明	得分	备注
1	线路工艺	1	损坏元器件，每处扣 0.5 分，扣完为止			
		1	合理布线，不按线槽走线，飞线、线与线之间交叉每处扣 0.2 分，扣完为止			
		0.5	螺丝每处未拧紧扣 0.1 分，扣完为止			
		0.5	未接地每处扣 0.1 分，扣完为止			
		1	导线端部露铜过长每处扣 0.2 分，扣完为止			
		0.5	三线接一点每处扣 0.1 分，扣完为止			
		3	导线未套号码每处扣 0.1 分，扣完为止			
		0.5	主控电路没有区分线颜色每处扣 0.1 分，扣完为止			
		3	导线未压接端子每处扣 0.1 分，扣完为止			
2	安全文明生产	0.5	材料浪费费扣 0.5 分			
		1	不按顺序断电每次扣 0.5 分，扣完为止			
		0.5	板面不清洁扣 0.3 分，工量具未摆放整齐扣 0.2 分			
3	通电调试	2	第一次通电成功得 2 分，第二次通电成功得 1.5 分，第三次通电成功得 1 分，依次类推，扣完为止			

2014 第六届全国数控技能技能大赛广东选拔赛（数控装调维修项目）中技组实操　试卷

机械调试（中技组）部分评分表

参赛队编号：　　　　　　　参赛单位：

试题　评分表：

GCY22 丝杠螺母座验棒的安装调试

机位号：　　　　　组　　　号机

检测项目	项目要求	分值	评分标准	检测说明	备注记录	检测结果	得分
左右丝杠座验棒的同轴度	≤0.03/500	5	≤0.01 得 5 分；≤0.02 得 4 分；≤0.03 得 3 分；>0.03 不得分				
左侧丝杠座验棒主母线与导轨的平行度	≤0.03/500	2.5	≤0.01 得 2.5 分；≤0.02 得 2 分；≤0.03 得 1.5 分；>0.03 不得分	检测点 1 丝杠主母线上主轴箱一端任选一监测点。检测点 2 丝杠主母线上距离"监测点 1" 300mm 处。工具：百分表。从检测点 1 移动到检测点 2			
左侧丝杠座验棒侧母线与导轨的平行度	≤0.03/500	2.5	≤0.01 得 2.5 分；≤0.02 得 2 分；≤0.03 得 1.5 分；>0.03 不得分				
右侧丝杠座验棒主母线与导轨的平行度	≤0.03/500	2.5	≤0.01 得 2.5 分；≤0.02 得 2 分；≤0.03 得 1.5 分；>0.03 不得分				
右侧丝杠座验棒侧母线与导轨的平行度	≤0.03/500	2.5	≤0.01 得 2.5 分；≤0.02 得 2 分；≤0.03 得 1.5 分；>0.03 不得分				

附录B

数控机床装调维修工高技大赛样题

2014 第六届全国数控技能大赛广东选拔赛
数控机床装调维修工 高技组（学生）理论试题

一、单项选择题

1. 以下论述错误的是（   ）。

A. 质量是文明与进步的重要标志   B. 注重质量才能赢得信誉

C. 确保质量才能求得生存与发展   D. 企业的信誉主要来自公关

2. 以下不是电路负载的是（   ）。

A. 电炉   B. 电灯   C. 电话   D. 电阻

3. 装配工作是产品制造过程的（   ），工作好坏对产品的质量起着决定性的作用。

A. 第一工序   B. 最初工序   C. 最后工序   D. 中间环节

4. 销的用途主要是（   ）。

A. 过载保护作用   B. 定位作用

C. 定位与过载保护作用   D. 缓冲作用

5. 清洗机械产品时，要注意清洗液和清洗的（   ）等参数。

A. 温度、压力、时间   B. 温度、压力、湿度

C. 压力、时间、湿度   D. 温度、时间、湿度

6. 整体式向心滑动轴承装配之前要把轴套和轴承座孔擦洗干净，并在轴套外径和轴承座孔内涂上（   ）。

A. 红丹粉   B. 润滑油   C. 滑石粉   D. 蓝油

7. 机械手松刀动作：当液压缸（   ）时，支架上的导向槽迫使抓刀爪张开，放松刀具。

A. 停止   B. 后退   C. 回缩   D. 前进

8. 一般轴类的滑动轴承（　　）与箱体之间出现间隙、松动等现象时应更换。

A. 内圆 　　　　B. 外侧 　　　　C. 外圆 　　　　D. 内圆

9. 主轴发热时，检修的方向是从（　　）开始。

A. 刀具 　　　　B. 液压缸压力 　　　　C. 冷却润滑油 　　　　D. 变挡复位开关

10. 液压站是由（　　）组合而成。

A. 泵装置、集成块或阀组合、油箱、电气盒

B. 电动机、集成块或阀组合、油箱、电气盒

C. 发动机、集成块或阀组合、油箱、电气盒

D. 发电机、集成块或阀组合、油箱、电气盒

11. 数控机床上的气压传动系统用于（　　）。

A. 主轴锥孔吹气 　　　　　　　　B. 实现机械手的动作、主轴松刀

C. 开关防护门 　　　　　　　　　D. 以上都是

12. 油泵是一种使（　　）能转变为液压能的转换装置。

A. 电 　　　　B. 动 　　　　C. 光 　　　　D. 机械

13. 机床的（　　）综合反应了该设备的关键零部件组装后的几何形状误差。

A. 装配 　　　　B. 几何精度 　　　　C. 零件 　　　　D. 制造

14. 数控系统编辑键盘上的 RESET 键的作用主要是使 CNC 复位、（　　）等。

A. 替换 　　　　B. 删除程序 　　　　C. 清除报警 　　　　D. 结束换行

15. 设定数控系统的（　　），可以避免步进电动机失步。

A. 电子齿轮比 　　　　B. 快速移动速度值 　　　　C. 切削速度上限值 　　　　D. 螺距误差补偿参数

16. （　　）是向液压系统提供油液的动力元件。

A. 液压缸 　　　　B. 液压泵 　　　　C. 液压阀 　　　　D. 油箱

17. 通常情况下，数控机床手摇脉冲发生器的转动方向是（　　）。

A. 右转为－方向，左转为＋方向 　　　　　　B. 右转为＋方向，左转为－方向

C. 只能左转，是＋方向 　　　　　　　　　　D. 只能右转，是＋方向

18. 配有（　　）数控系统的机床，可以用来加工螺旋槽、叶片等立体曲面零件。

A. 二坐标 　　　　B. 两坐标半 　　　　C. 三坐标 　　　　D. 四坐标

19. 数控系统的自动运行方式包括（　　）、MDI 运行和 DNC 运行。

A. 存储器运行 　　　　B. PLC 运行 　　　　C. CPU 运行 　　　　D. 参数运行

20. 数控机床在轮廓拐角处产生"欠程"现象，应采用（　　）方法控制。

A. 提高进给速度 　　　　B. 降低进给速度 　　　　C. 减速或暂停 　　　　D. 修改坐标点

21. 数控机床在加工品种更换频繁的工件时，更具有良好的（　　）。

A. 经济性 　　　　B. 连续性 　　　　C. 稳定性 　　　　D. 可行性

22. 导致脉冲编码器同步出错的主要原因是编码器（　　）不良或回参考点速度太低。

A. 转速 　　　　B. 代码信号 　　　　C. 零位脉冲 　　　　D. 高位组合

23. 在电气系统图和框图中，框与框、框与图形符号之间的连接用（　　）表示。

A. 双实线 　　　　B. 单实线 　　　　C. 双虚线 　　　　D. 单虚线

24. 使用万用表时，正确的操作是（　　）。

A. 使用前要机械调零

B. 测量电阻时，转换挡位后不必进行欧姆挡调零

C. 测量完毕，转换开关置于最大电流挡

D. 测电流时，最好使指针处于标度尺中间位置

25. 变频器的选型应满足以下（　　）条件之一。

A. 额定电流为控制电动机额定电流的 2.5～3 倍

B. 额定电流为控制电动机额定电流的 1.1～1.5 倍

C. 额定电流为控制电动机额定电流的 0.2 倍

D. 额定电流为控制电动机额定电流的 0.5 倍

26. 数控机床的性能很大程度上取决于（　　）的性能。

A. 计算机运算　　　B. 伺服系统　　　C. 位置检测系统　　　D. 机械结构

27. 数控机床开环控制系统中部件的移动速度和位移量由（　　）决定。

A. 输入脉冲的频率和脉冲数　　　B. 输入电流的类型和大小

C. 输入电压的类型和大小　　　D. 方波信号的大小

28. 数控机床的位置控制主要是将（　　）与输入微机的指令值进行比较。

A. 位置反馈量　　　B. 速度反馈量　　　C. 电流反馈量　　　D. 电压反馈量

29. CNC 装置是（　　）的简称。

A. 中央处理器　　　B. 随机存储器　　　C. 可编程控制器　　　D. 计算机数字控制

30. CNC 装置的硬件结构主要由存储器、输入输出接口、位置控制部分和（　　）等组成。

A. 速度控制单元　　　B. 速度控制程序　　　C. 管理软件　　　D. 中央处理器

31. 数控系统的急停输入信号名称是（　　）。

A. G04　　　B. ESP　　　C. TW　　　D. SP

32. 给数控机床进行电气配线时应注意（　　）。

A. 大电流的电源线与低频的信号线可以捆扎成一束

B. 没有屏蔽措施的高频信号不要与其他导线捆成一束

C. 高电平信号输入线与输出线可以捆扎在一起

D. 直流主电路线可以与低电平信号捆扎在一起

33. 数控机床最常采用的安全措施是（　　）。

A. 动力线和信号线分开安装　　　B. 信号线用屏蔽线

C. 保护接地　　　D. 动力线使用屏蔽线

34. 与设备连接的接地线要有（　　）装置的连接。

A. 接地　　　B. 防松脱　　　C. 金属跨线　　　D. 跳线

35. 数控系统的（　　）是数控系统用来匹配机床及数控功能的一系列数据。

A. 参数　　　B. 程序　　　C. 数据　　　D. 文件

36. 数控机床伺服系统实行点动运行功能前，请务必（　　）。

A. 断开负载　　　B. 接通负载　　　C. 断开电源　　　D. 断开电机

37. 三相混合式步进电动机驱动器的输入信号有脉冲、方向和（　　）信号。

A. 报警清除　　　B. 使能　　　C. 零速钳位　　　D. 转矩限制

38. 常用数控系统 PLC 编程软件的主界面组成元素包括工作区窗口、（　　）、菜单栏和状态栏等。

  A. 功能模块管理栏　　　B. 梯图编辑区　　　　C. 信息栏　　　　D. 时间显示区

39. 数控系统的报警大体可以分为操作错警、程序错误报警、驱动报警及系统错误报警等，某机床在运行过程中出现"指令速率过大"报警，这属于（　　）。

  A. 系统错误报警　　　B. 程序错误报警　　　C. 操作报警　　　D. 驱动报警

40. 数控机床总电源接通后，检查各种（　　）在允许的波动范围内后，才能接通 CNC 电源。

  A. 直流电流　　　　　B. 直流电压　　　　　C. 交流电流　　　　D. 交流电压

41. 对于数控系统控制轴参数的设定，正确的说法是（　　）。

  A. 其设定值小于机床实际轴数　　　　　　B. 其设定值大于机床实际轴数

  C. 其设定值等于机床实际轴数　　　　　　D. 其设定值与机床实际轴数无关

42. 数控机床的位移量与指令脉冲数量（　　）。

  A. 相反　　　　　　　B. 相等　　　　　　　C. 成正比　　　　　D. 成反比

43. 按数控系统的翻页按钮，可分别显示（　　）位置画面。

  A. 零件坐标系、相对坐标系和综合位置三个　　B. 零件坐标系和相对坐标系两个

  C. 相对坐标系和综合位置两个　　　　　　　　D. 零件坐标系和综合位置两个

44. 选用指示灯可以不考虑（　　）指标。

  A. 额定电压　　　　　B. 发光颜色　　　　　C. 电容量　　　　　D. 规格尺寸

45. 三相同步电动机的制动控制应采用（　　）。

  A. 反接制动　　　　　B. 再生发电制动　　　C. 能耗制动　　　　D. 机械制动

46. 伺服电动机的信号线带有屏蔽，为了减免干扰，一定要将屏蔽（　　）。

  A. 接电源　　　　　　B. 隔离　　　　　　　C. 接地　　　　　　D. 接零

47. （　　）可能造成数控系统的软件故障。

  A. 直流 24V 电源断开　　　　　　　　　B. 数控系统后备电池失效

  C. 驱动器出错　　　　　　　　　　　　　D. I/O 单元内部熔断器烧坏

48. 数控机床在强电部分接通后，马上跳闸，可能的故障原因是（　　）。

  A. 机床设计时选择的空气开关容量过大

  B. 空气开关的电流选择拨码开关选择了一个较大的电流

  C. 机床上使用了较大功率的变频器或伺服驱动

  D. 系统上按钮接触不良

二、判断题

49. 每个数控机床一定得配有手摇脉冲发生器，才能手动移动进给轴。（　　）

50. 数控系统的自动运转方式主要包括存储器运转和 MDI 运转两种方式。（　　）

51. 数控系统的"全轴机床锁住"功能有效时，机床不能移动，M、S、T 也都不能执行。（　　）

52. 从螺纹的粗加工到精加工，主轴的转速必须保证恒定。（　　）

53. 插补运动中，实际终点与理想终点的误差，一般不大于半个脉冲。（　　）

54. 插补功能指 CNC 装置可以实现插补加工线型的能力。（　　）

55. 滑动轴承一般由轴瓦与轴承座构成。（　　）

56. 密封件分为静密封和动密封。(　　)

57. 装配修配法常用于精度要求较高的单件或小批生产。(　　)

58. 安装联轴器时要进行同轴度的检测和校准。(　　)

59. 机械手臂可以在垂直面内作 90°回转。(　　)

60. 油需要定期检查和更换，根据数控机床说明书有关要求执行。(　　)

附答案

一、单项选择题

1. D	2. C	3. C	4. B	5. A	6. B
7. C	8. C	9. C	10. A	11. D	12. D
13. B	14. C	15. C	16. B	17. B	18. D
19. A	20. D	21. A	22. C	23. B	24. A
25. B	26. B	27. A	28. A	29. D	30. D
31. B	32. B	33. C	34. B	35. A	36. A
37. B	38. B	39. D	40. B	41. C	42. C
43. A	44. C	45. C	46. C	47. B	48. C

二、判断题

49. ×	50. ×	51. ×	52. √	53. √	54. √
55. √	56. √	57. √	58. √	59. ×	60. √

2014 第六届全国数控技能大赛广东选拔赛（数控装调维修项目）高职组实操 试卷

机械调试（高技组）部分试卷

注 意 事 项

一、本试卷总体做题时间 240 分钟，可自行安排时间。

二、请根据试题考核要求，完成试题内容。

三、请服从考评人员指挥，保证考核安全顺利进行。

试题 安装调试 GCY22 车床 Z 轴丝杠螺母副部件。

（1）本题分值：15 分。

（2）考试时间：根据总体做题时间自行控制安排。

（3）考核形式：实操。

（4）具体要求。

借助测量工具，安装丝杠螺母座，调整左右丝杠座验棒的同轴度并与导轨的平行，将平行度调整到规定的范围内。

（5）安全文明操作。

（6）否定项说明：若考生发生下列情况之一，则应及时终止考试，考生该试题成绩记为零分。

a）使用未校准的测量工具，测量数据不准确。

b）操作不当损坏机床或者测量工具。

c）紧固螺栓螺母没达到一定的锁紧力，测量数据不在机床可工作状态下获得。

2014 第六届全国数控技能大赛广东选拔赛（数控装调维修项目）高职组实操　试卷

电气装调（高技组）部分试卷

注　意　事　项

一、本试卷总体做题时间 240 分钟，可自行安排时间。

二、请根据试题考核要求，完成试题内容。

三、请服从考评人员指挥，保证考核安全顺利进行。

试题 1　GCY01 设备上由软件随机设置三个电气故障和人工设置 7 个参数故障，请检查机床功能检测出故障并排除。

（1）本题分值：15 分。

（2）考试时间：根据总体做题时间自行控制安排。

（3）考核形式：实操。

（4）具体要求。

a）根据故障现象，利用电气原理图、数控系统自诊断功能等分析诊断引起机床故障的原因，最后排除故障（在 A4 纸上写明检测出来的故障原因与现象）。

b）正确使用工具和仪表。

c）参数设置应能保证机床正常运行。

（5）安全文明操作。

（6）否定项：若考生发生下列情况之一，则应及时终止考试，考生该试题成绩记为零分。

a）由于操作失误引起的触电、短路等电气事故。

b）由于操作不当引起的设备损坏。

c）使用导线或万用表表笔等连接电路。

试题 2　根据电气原理图安装 GCY13 设备主轴正反转及加减速的控制电路。

（1）本题分值：15 分。

（2）考试时间：根据总体做题时间自行控制安排。

（3）考核形式：实操。

（4）具体要求。

a）根据电气原理图正确接线。

b）正确使用工具和仪表。

（5）安全文明操作。

（6）否定项：若考生发生下列情况之一，则应及时终止考试，考生该试题成绩记为零分。

a）由于操作失误引起的触电、短路等电气事故。

b）由于操作不当引起的设备损坏。

c）未经过裁判员同意擅自通电。

2014 第六届全国数控技能大赛广东选拔赛（数控装调维修项目）高职组实操 试卷

机械调试（高技组）部分评分表

参赛单位：

参赛队编号：

机位号：　　　　组　　　　号机

试题评分表：

GCY22 丝杠螺母座验棒的安装调试

检测项目	项目要求	分值	评分标准	检测说明	备注记录	检测结果	得分
左右丝杠座验棒的同轴度	≤0.03/500	5	≤0.01 得 5 分；≤0.02 得 4 分；≤0.03 得 3 分；>0.03 不得分	检测点 1 丝杠主母线上主轴箱一端任选一监测点。检测点 2 丝杠主母线上距离"监测点 1" 300mm 处。工具：百分表。从检测点 1 移动到检测点 2			
左侧丝杠座验棒主母线与导轨的平行度	≤0.03/500	2.5	≤0.01 得 2.5 分；≤0.02 得 2 分；≤0.03 得 1.5 分；>0.03 不得分				
左侧丝杠座验棒侧母线与导轨的平行度	≤0.03/500	2.5	≤0.01 得 2.5 分；≤0.02 得 2 分；≤0.03 得 1.5 分；>0.03 不得分				
右侧丝杠座验棒主母线与导轨的平行度	≤0.03/500	2.5	≤0.01 得 2.5 分；≤0.02 得 2 分；≤0.03 得 1.5 分；>0.03 不得分				
右侧丝杠座验棒侧母线与导轨的平行度	≤0.03/500	2.5	≤0.01 得 2.5 分；≤0.02 得 2 分；≤0.03 得 1.5 分；>0.03 不得分				

2014 第六届全国数控技能大赛广东选拔赛（数控装调维修项目）高技组实操 试卷（评分表）

试题 1. GCY01 设备（故障排除部分）评分表

参赛队编号：

参赛单位：

电气调试（高技组）部分评分表

机位号：_____ 组 _____ 号机

1. 电气故障

检测项目	项目要求	配分	评分标准	故障现象	故障原因	备注	得分
随机的三个电气故障	根据故障现象找出电气故障点			电气故障的总分为 4.5 分，全部排除正确得 4.5 分，排除错误或未排除 1 个故障扣 1.5 分，扣完为止			
故障 1		4.5					
故障 2							
故障 3							

参赛队员签名：

裁判员签名：

2. 数控系统参数

检测项目	项目要求	配分	评分标准	故障现象	故障原因	备注	得分
数控系统参数	根据故障现象找出参数并修改			数控系统参数的总分为 4.5 分，全部排除正确得 4.5 分，排除错误或未排除 1 个故障扣 1.5 分，扣完为止			
参数 1		4.5					
参数 2							
参数 3							

参赛队员签名：

裁判员签名：

3. 变频器参数

检测项目		项目要求	配分	评分标准	故障现象	故障原因	备注	得分
变频器参数	参数1	根据故障现象找出参数并修改	2	数控系统参数的总分为2分，全部排除正确得2分，排除错误或未排除1个故障扣1分，扣完为止				
	参数2							

参赛队队员签名：
裁判员签名：

4. 驱动器参数

检测项目		项目要求	配分	评分标准	故障现象	故障原因	备注	得分
驱动器参数	参数1	根据故障现象找出参数并修改	2	数控系统参数的总分为2分，全部排除正确得2分，排除错误或未排除1个故障扣1分，扣完为止				
	参数2							

参赛队队员签名：
裁判员签名：

5. 安全文明与生产

检测项目	项目要求	配分	评分标准	备注	得分
安全文明生产	1. 正确操作机床。2. 正确使用测量仪器。3. 正确操作系统、驱动器、变频器及参数修改与保存。4. 遵守操作规程。5. 文明生产，尊重考评员	2	1. 每违反一条酌情扣0.5分。2. 当出现重大违纪或事故隐患应立即制止并扣2分		

参赛队队员签名：
裁判员签名：

试题 2 GCY13 设备（电气接线部分）评分表

序号	测定项目	配分	评分标准	检测说明	得分	备注
1	线路工艺	1	损坏元器件，每处扣 0.5 分，扣完为止			
		1	合理布线，不按线槽走线、飞线、线与线之间交叉每处扣 0.2 分，扣完为止			
		0.5	螺丝每处未拧紧扣 0.1 分，扣完为止			
		0.5	未接地线每处扣 0.1 分，扣完为止			
		1	导线端部露铜过长每处扣 0.2 分，扣完为止			
		0.5	三线接一点每处扣 0.1 分，扣完为止			
		3	导线未套号码每处扣 0.1 分，扣完为止			
		0.5	主控电路没有区分线颜色每处扣 0.1 分，扣完为止			
		3	导线未压接线端子每处扣 0.1 分，扣完为止			
2	安全文明生产	0.5	材料浪费扣 0.5 分			
		1	不按顺序断电每次扣 0.5 分，扣完为止			
		0.5	板面不清洁扣 0.3 分，工量具未摆放整齐扣 0.2 分			
3	通电调试	2	第一次通电成功得 2 分，第二次通电成功得 1.5 分，第三次通电成功得 1 分，依次类推，扣完为止			

参赛队员签名：

裁判员签名：

附录C

综合测试答案

模块一

一、填空题

1. 驱动，执行　2. 步进电动机，直线电动机　3. 进给速度，方向，位移　4. M、S、T
5. 固定式，调节式，开有直槽，孔　6. 水准式水平仪，电子水平仪

二、选择题

1. B　2. A　3. D　4. B　5. C　6. B　7. C　8. B　9. D

三、判断题

1. √　2. ×　3. ×　4. ×　5. √　6. ×　7. ×　8. ×　9. √　10. √　11. √　12. √

模块二

一、填空题

1. 每周，2～3　2. 55～60℃　3. 85％～110％　4. 2～3天，1～2h　5. 电容器，大功率晶体管（晶闸管）　6. 参数　7. 低压电器，1200，1500，低压配电电器，低压控制电器　8. 霍尔元件，稳压电器，放大器，施密特触发器　9. 高电阻态，导通状态，低电平，高阻态，高电平

二、判断题

1. √　2. √　3. √　4. √　5. √　6. √　7. ×　8. √

三、选择题

1. C　2. C　3. B　4. D

模块三

一、填空题

1. 内装式，分离式　2. CNC，串行接口　3. 24V，AC200　4. 报警，CNC　5. 基本系统，选择板　6. 位，字，位轴，位轴　7. 参数写入，0，参数写入为不可　8. 0，1　9. 关闭电源　10. 含义，数据设定　11. 格式化　12. 两个，F—ROM，S—RAM　13. READ，PUNCH

二、判断题

1. √　2. ×　3. ×　4. √　5. √

模块四

一、选择题

1. A　2. C　3. B　4. A　5. D　6. B

二、判断题

1. √　2. √　3. √　4. ×　5. ×　6. √　7. √　8. ×　9. ×

模块五

一、填空题

1. 直线运动，回转运动　2. 垫片调隙式，螺纹调整式，齿差调隙式　3. 伸缩套管，锥形套筒，折叠式　4. 滚珠导轨，滚柱导轨，滚针导轨　5. 滚动体循环式，滚动体不循环式　6. 增量方式，绝对方式，距离编码　7. 增量式编码器，栅格零点　8. 编码器电路，S-RAM，零点　9. 1850号

二、选择题

1. A　2. C　3. C　4. A　5. C　6. C　7. B　8. A　9. B　10. A　11. B　12. C　13. A　14. D　15. D　16. B　17. C

三、判断题

1. √　2. ×　3. ×　4. ×　5. √　6. √　7. √　8. √　9. √　10. ×　11. √　12. √

模块六

一、填空题

1. 刀架抬起，刀架定位　2. 无机械手换刀　3. 电动机，运动机构　4. 储存，换刀位置

二、选择题

1. B　2. C　3. A　4. A　5. B　6. D　7. A　8. A　9. A　10. D

三、判断题

1. ×　2. ×　3. ×　4. √　5. √　6. ×　7. √　8. √　9. ×

模块七

一、填空题

1. 等分转台，任意分度转台　2. 力矩电动机　3. 数控分度头，回转分度　4. 机床防护门　5. 柔性风琴式，卷帘布式　6. 电线，液压，气动

二、选择题

1. A　2. A　3. A　4. A　5. B

三、判断题

1. ×　2. ×　3. ×　4. ×　5. ×　6. ×　7. ×　8. ×

模块八

一、填空题

1. 防振沟　2. 精度，性能　3. 压夯实法，换土垫层法，碎石挤密法　4. 直线运动，直线运动重复，直线运动轴机械原点，矢动量　5. 定位精度，重复定位精度，反向偏差值

二、选择题

1. C　2. C　3. C　4. B　5. A

三、判断题

1. √　2. ×　3. ×　4. √　5. ×　6. √

参 考 文 献

1 郭士义. 数控机床故障诊断与维修. 北京：机械工业出版社，2005.

2 龚仲华. 数控机床故障诊断与维修 500 例. 北京：机械工业出版社，2004.

3 韩鸿鸾. 数控机床维修技师手册. 北京：机械工业出版社，2005.

4 王爱玲. 数控机床结构及应用. 北京：机械工业出版社，2006.

5 韩鸿鸾. 数控机床的结构与维修. 北京：机械工业出版社，2004.

6 黄卫. 数控机床及故障诊断技术. 北京：机械工业出版社，2004.

7 吴国经. 数控机床故障诊断与维修. 北京：电子工业出版社，2004.

8 韩鸿鸾，吴海燕. 数控机床机械维修. 北京：中国电力出版社，2008.

9 韩鸿鸾. 数控机床电气系统检修. 北京：中国电力出版社，2008.

10 周晓宏. 数控维修电工实用技能. 北京：中国电力出版社，2008.

11 周晓宏. 数控维修电工实用技术. 北京：中国电力出版社，2008.

12 劳动和社会保障部教材办公室组织编写. 数控机床故障诊断与维修. 北京：中国劳动社会保障出版社，2007.

13 劳动和社会保障部教材办公室组织编写. 数控机床电气检修. 北京：中国劳动社会保障出版社，2007.

14 郑晓峰，陈少艾. 数控机床及其使用和维修. 北京：机械工业出版社，2008.

15 王兹宜. 数控系统调整与维修实训. 北京：机械工业出版社，2008.

16 刘永久. 数控机床故障诊断与维修技术. 北京：机械工业出版社，2007.

17 蒋建强. 数控机床故障诊断与维修. 北京：机械工业出版社，2008.

18 中国机械工业教育协会组编. 数控机床及其使用维修. 北京：机械工业出版社，2001.

19 龚仲华等. 数控机床维修技术与典型实例——SIEMENS810/802 系统. 北京：人民邮电出版社，2006.

20 人力资源和社会保障部教材办公室组织编写. 数控机床机械装调与维修. 北京：中国劳动社会保障出版社，2012.

21 李河水. 数控机床故障诊断与维护. 北京：北京邮电大学出版社，2009.

22 李善术. 数控机床及其应用. 北京：机械工业出版社，2002.

23 董原. 数控机床维修实用技术. 呼和浩特：内蒙古人民出版社，2008.

24 孙德茂. 数控机床逻辑控制编程技术. 北京：机械工业出版社，2008.

25 劳动和社会保障部教材办公室组织编写. 数控机床机械系统及其故障诊断与维修. 北京：中国劳动社会保障出版社，2008.

26 王凤平，许毅. 金属切削机床与数控机床. 北京：清华大学出版社，2009.

27 韩鸿鸾. 数控机床装调维修工（中/高级）. 北京：化学工业出版社，2011.

28 韩鸿鸾. 数控机床装调维修工（技师/高级技师）. 北京：化学工业出版社，2011.

29 余仲裕. 数控机床维修. 北京：机械工业出版社，2001.

30 王文浩. 数控机床故障诊断与维护. 北京：人民邮电出版社，2010.

31 严峻. 数控机床安装调试与维护. 北京：机械工业出版社，2010.

32 韩鸿鸾，董先. 数控机床机械系统装调与维修一体化教程. 北京：机械工业出版社，2014.

33 韩鸿鸾，吴海燕. 数控机床电气系统装调与维修一体化教程. 北京：机械工业出版社，2014.

34 曹健. 数控机床装调与维修. 北京：清华大学出版社，2011.